RESULTATE

Band 1

Konrad Jacobs

RESULTATE

Ideen und Entwicklungen in der Mathematik

Band 1
Proben mathematischen Denkens

Friedr. Vieweg & Sohn   Braunschweig / Wiesbaden

Prof. Dr. *Konrad Jacobs*, Mathematisches Institut der Universität Erlangen-Nürnberg, 8520 Erlangen.

Vieweg ist ein Unternenmen der Verlagsgruppe Bertelsmann.

Satz: Vieweg, Braunschweig

ISBN 978-3-528-08980-1   ISBN 978-3-322-86136-8 (eBook)
DOI 10.1007/978-3-322-86136-8

Inhaltsverzeichnis

Vorwort

Dies Buch ist aus Vorlesungen hervorgegangen, die ich bisher zweimal unter dem Titel „Mathematik für Philosophen" gehalten habe. Außerdem sind Erfahrungen eingeflossen, die ich bei einem Volkshochschulkurs für Nichtmathematiker, bei Fortbildungsveranstaltungen für Gymnasiallehrer und bei der Abfassung von Überblicksartikeln, z.B. für die Zeitschrift „Die Naturwissenschaften", sammeln konnte.

Mit den vorgesehenen beiden Banden verfolge ich vor allem das Ziel, Nichtmathematikern mit einer ungefahr dem Abitur entsprechenden Mindest-Allgemeinbildung, insbesondere also auch Studienanfängern, ein moglichst deutliches Bild von der Mathematik in ihrem gegenwärtigen Zustand zu vermitteln. Ganz leise hege ich die Hoffnung, dieser Text moge auch Mathematikern in mittleren und hoheren Semestern sowie Gymnasiallehrern vom Fach dazu dienen konnen, ihre ohnehin entstehenden oder schon entstandenen Vorstellungen von der Mathematik zu uberprüfen, zu gestalten, zu ergänzen. Vielleicht wird auch ein Dozent den einen oder anderen Literaturhinweis oder gewisse Arten der Darstellung als Anregung verwerten konnen.

Angesichts solcher Zielsetzungen mußte ich mich bei der Abfassung der beiden Bande natürlich dauernd mit den Grundsatzfragen

Was soll ich erzählen?   Wie soll ich's erzählen?

auseinandersetzen. Diese Fragen stellt man sich ja auch im Umgang mit den eigenen Fachgenossen. Im vorliegenden Falle hieß es also:

Was soll der interessierte Nichtmathematiker von der Mathematik erfahren?   In welchen Formen soll dies Erfahren vor sich gehen?

Ich würde zunachst ganz allgemein antworten:

Der Laie sollte von der Mathematik vor allem das erfahren, wozu er eine personliche Beziehung gewinnen kann.

Die Mathematik geht ihn an
als tägliche Helferin in konkreten Angelegenheiten
als kulturhistorisches Phänomen
als Hort grundlegender Denkfiguren und Vorstellungen, die sich auf Welt und Dasein beziehen.
als notorisches Arbeitsinstrument anderer Leute, mit denen er immer wieder zu tun bekommt.

Die Mathematik ist nicht nur ein Vorrat wißbarer Ergebnisse, sondern vor allem auch ein Feld geschulter Betätigung. Man wird also ein gewisses Gleichgewicht zwischen purem Bericht, beweisender Darlegung und konkretem Mitmachen zu finden haben.

Da der Laie nun aber nicht gleich zum Mathematiker werden will, gilt es,
die Berichte anschaulich, suggestiv und frei von terminologischem Ballast zu halten
die Beweise eher als plausible Skizze am typischen Spezialfall vorzuführen (natürlich sollte man schon mal gesehen haben, wie ein sauberer Beweis aussieht)
das Material zum Mitmachen auch nach außermathematischen Gesichtspunkten auszusuchen.

Bei meinen Erwägungen, wie ich diesem Grundkanon noch am ehesten gerecht werden könne, bin ich auf folgende Leitlinien für das vorliegende Buch gekommen:

Anzubieten sind:

Proben mathematischen Denkens.

Rundgänge durch verschiedene Abteilungen des Mathematik-Gebäudes, mit ciceronemäßigen Erläuterungen über Aufbau, Methodik und Wirkung unserer Wissenschaft; Vorführung der ausgesprochenen Prunkstücke.

Mathematikhistorische Exkurse.

Mitteilungen über die gegenwärtige Lage der Mathematik.

Zur Darstellung:

Einteilung in einen „bunten" selektiven Band 1 und einen mehr systematischen Band 2.

Band 1 weitgehend ohne mengentheoretischen Formalismus; stets lieber Text und Bild als Formel.

Einbeziehung der Mathematikgeschichte in den laufenden Text: Lebensdaten wo immer angängig, Zitate nach Jahreszahlen, u.a. damit man sieht, daß die Mathematiker ständig neue Ergebnisse gewinnen.

Eingehen auf naheliegende Fragen, Hinweise auf Querverbindungen zu anderen Disziplinen, Herausstellen allgemeiner Gesichtspunkte.

Bei Literaturangaben Vorrang für relativ allgemein verständliche Darstellungen oder Lehrbücher für Anfangssemester, aber doch auch Vertiefung bis hin zur Originalabhandlung, jeweils nach Ermessen.

Die unter all diesen Gesichtspunkten bearbeitete Stoffauswahl konnte nun freilich in keiner Weise erschöpfend sein. Dazu fehlt mir einerseits die Kompetenz, andererseits gibt es weite Bereiche der Mathematik, die man Nichtmathematikern beim besten Willen nicht auch nur annähernd treffend erzählen kann. So habe ich mich auf erzählbare Themen beschränkt, für die ich — bei nicht allzu puritanischem Ermessen — einigermaßen geradestehen kann. Ich habe mich bemüht, die reine wie die angewandte Mathematik mit ungefähr gleichem Gewicht zur Geltung zu bringen, bei Gelegenheit auf den algorithmischen Gesichtspunkt aufmerksam zu machen (als Hinweis auf die Informatik, die im Großen und Ganzen nicht zu den Themen dieses Buches gehört), der Grundlagenproblematik maßvoll Raum zu gewähren und mich einer möglichst großen Zahl mathematischer „Prunkstücke" bis auf Sichtweite zu nähern. Mit diesen Prunkstücken meine ich diejenigen mathematischen Gebilde, die ob ihrer erprobten Eindrücklichkeit sozusagen museums- (oder briefmarken-) fähig sind, also zum Beispiel

die fünf platonischen Körper

das Möbiusband

das Cantor-Diskontinuum

die Peano-Kurve

Reidemeisters Knotentabelle

die ebenen Ornamente

Alexanders gehörnte Sphäre

Antoines Halsband.

Die Kapitel sind durch beide Bände hindurch fortlaufend numeriert: Kapitel I–VI in Band 1, Kapitel VII–XII in Band 2. Für Band 2, *Der Aufbau der Mathematik*, den ich bald vorzulegen hoffe, sind folgende Kapitelüberschriften vorgesehen:

VII   Logik
VIII Mengen, Abbildungen, Relationen
IX   Zahlen und algebraische Strukturen
X   Topologische Räume
XI   Analysis
XII   Allgemeine Betrachtungen zur Mathematik.

Kapitel XII wird auch einen knappen Abriß der Mathematik-Geschichte sowie eine Tafel von Lebensdaten enthalten.

Soweit Sätze, Definitionen usw. numeriert sind, werden sie auch dreistellig zitiert: Satz II.5.3 ist in Kapitel II (also Band 1) § 5 zu finden. Das Register wurde betont weitherzig angelegt, um a) viele Assoziationsmoglichkeiten nutzbar zu machen und b) nebenbei einen gewissen Einblick in die tagliche Sprachwelt der Mathematiker zu bieten.

Vielen Kollegen und Freunden bin ich für wichtige Hinweise dankbar, vor allem Herrn Rudolf Kotter und Herrn Christian Thiel (Philosophisches Seminar Erlangen). Frau Helga Zech danke ich für ihre hervorragende Mitarbeit bei der Erstellung des Manuskripts, dem Vieweg Verlag für verlegerischen Mut und umsichtige Betreuung.

Erlangen, Mai 1987   *Konrad Jacobs*

Zusatz während der Korrektur: Herrn W. Felscher (Tübingen) danke ich für hilfreiche Bemerkungen u.a. über den Cantorschen Diagonalschluß und das Cantorsche Discontinuum, insbesondere bezüglich der Vorläuferschaft von du Bois-Reymond; vgl. Felscher, Naive Mengen und abstrakte Zahlen, 3 Bde., Mannheim (Bibl. Inst.) 1978/79.

Kapitel I
Geometrie

Man teilt die Mathematik grob ein in

Algebra   Analysis   Geometrie.

Von diesen drei Teildisziplinen oder Methoden-Typen hat die Geometrie jahrtausendelang für die Mathematik schlechthin gestanden. Bis auf den heutigen Tag gilt der Geometrie die besondere Liebe der Mathematiker wie der Nichtmathematiker, vielleicht wegen ihres engen Bezugs zur Anschauung, wegen ihrer Vielfalt und wegen ihrer Strenge. So wollen wir auch hier die Geometrie als Einstieg in die Mathematik benutzen.

Unter Geometrie im weitesten Sinne versteht man die Beschäftigung mit räumlichen Verhältnissen. Sie stuft sich auf natürliche Weise nach Dimensionen:

Dimension 1: Linie
Dimension 2: Fläche
Dimension 3: Körper.

Sie behandelt ihre Aufgaben auf den verschiedensten methodischen Ebenen. Vom groben geometrischen Netz der Geh-Zeiten zwischen Orten in einer Landschaft ist ein weiter Weg bis zur maßstäblichen Kartographie. Neben qualitativen Betrachtungen à la

wer Deutschland zu Lande oder zu Wasser verläßt, muß irgendwo die Grenze überschreiten

stehen quantitative Aussagen wie

Wir fliegen über den Atlantik auf dem Großkreis, um Treibstoff zu sparen.

Neben handfesten geometrischen Konstruktionen wie

Herstellung einer Sonnenuhr
Praxis der Perspektive

stehen Grundsatz-Aussagen wie

Es gibt nur fünf reguläre Polyeder: Tetraeder, Würfel, Oktaeder, Dodekaeder, Ikosaeder (die platonischen Körper)
Ein ebenes Ornament enthält keine fünfzähligen Ecken
Es gibt genau 230 Kristallklassen
Die Aufgaben der Kreisquadratur, der Winkeldreiteilung und der Kubusverdopplung sind mit Zirkel und Lineal nicht exakt lösbar
Das Parallelenaxiom läßt sich aus den übrigen Axiomen der euklidischen Geometrie nicht logisch herleiten.

Wir erinnern in §1 an eine Reihe von Sätzen aus der euklidischen Geometrie, behandeln in §2 die Möglichkeit und Unmöglichkeit gewisser geometrischer Konstruktionen und stellen in §3 die Beziehung zwischen Symmetrie und Gruppentheorie her. In §4 berichten wir über bedeutende Ideen und Ergebnisse, die im Zusammenhang mit den Bemühungen um eine Systematisierung der Geometrie zustandegekommen sind, u.a. nichteuklidische Geometrie, projektive Geometrie, analytische Geometrie und Felix Kleins Erlanger Programm. Wir schließen in § 5 mit einem kurzen Hinweis auf einige neuere Entwicklungen in der Geometrie.

In Kap. V kommt ein weiterer Themenkreis geometrischer Natur zur Sprache: Topologie. Mathematikern wie Nichtmathematikern seien die Bücher Weyl [1955], Coxeter [1981] und Fejes Tóth [1965] besonders empfohlen.

§ 1   Einige klassische Sätze der euklidischen Geometrie

Die sogenannte euklidische Geometrie tragt ihren Namen nach Euklid von Alexandria (um 300 v.Chr.), der in seinen „Elementen" (Originaltitel: ta stoicheia = Die Elemente, 13 Bücher) das mathematische (uberwiegend geometrische und weitgehend im 6. und 5. Jahrhundert v.Chr. von den Pythagoreern erarbeitete) Wissen des mittelmeerischen Kulturkreises zusammenfassend darstellte: das erfolgreichste Mathematikbuch aller Zeiten. Die grundlegenden Figuren dieser Geometrie sind

Punkt, Gerade, Ebene, Strecke, Winkel, Dreieck, Kreis.

Sie ist durch das Benutzen einer Längen- und Winkelmetrik gekennzeichnet und bevorzugt Konstruktionen mit Zirkel und Lineal.

In diesem Abschnitt erinnern wir den Leser an einige grundlegende Satze der euklidischen Geometrie und an deren Beweise.

1.1   Der Umfangswinkelsatz und der Thaleskreis

Satz vom Umfangswinkel.   Jeder Punkt C auf dem dick gezeichneten Kreisbogen „sieht" die Punkte A und B unter dem gleichen Winkel.

Beweis-Skizze.   Dieser Winkel läßt sich namlich stets als $\alpha + \beta$ schreiben. Nach bekannten Satzen (welchen?) tauchen α und β bzw. 2α und 2β an anderen Stellen der Figur wieder auf. $2\alpha + 2\beta$ bleibt aber unverandert, wenn man mit C spazierenfährt, also $\alpha + \beta$ auch.

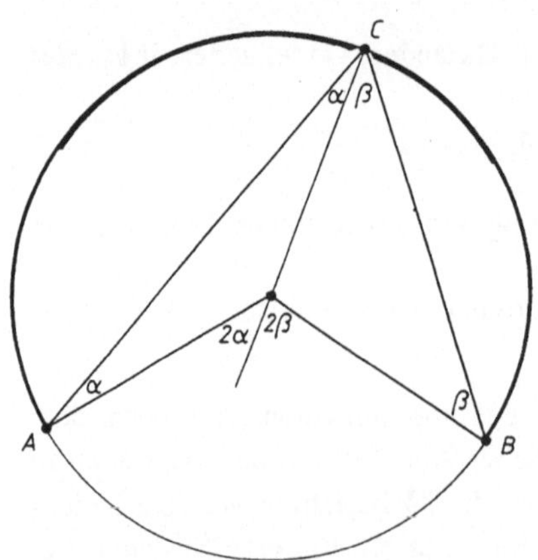

Bild I-1

Übung: Man zeige, daß die Aussage des Satzes auch für alle C auf den verstärkt gezeichneten Bögen stimmt.

Satz vom Thaleskreis. Jeder Punkt C auf einem Halbkreis („Thaleskreis", nach Thales von Milet (ca. 625—ca. 550 v.Chr.)) „sieht" den Durchmesser AB unter einem rechten Winkel.

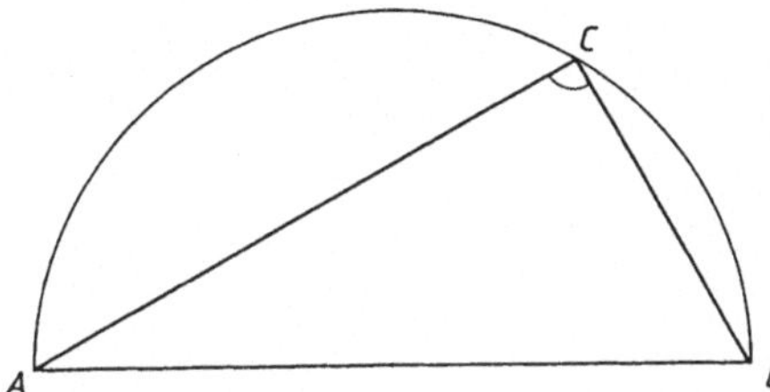

Bild I-2

Beweis. Spezialfall des vorigen Satzes: $2\alpha + 2\beta = 180° = 2$ rechte Winkel $\Rightarrow \alpha + \beta = 1$ rechter Winkel.

1.2   Der Satz von Pythagoras

Dieser Satz gilt vielfach als die grundlegende Entdeckung der Griechen um 550 v.Chr., mit deren beweisender Sicherstellung die Entwicklung der Geometrie ihren Anfang genommen habe. Wie vor allem Seidenberg [1962, 1978] gezeigt hat, war dieser Satz samt Beweis schon um 1000 v.Chr. Gemeingut eines von Europa bis China verbreiteten Wissens; vgl. auch van der Waerden [1983].

Satz von Pythagoras. In einem rechtwinkeligen Dreieck ist das Hypotenusenquadrat flächengleich zur Summe der beiden Kathetenquadrate:

$$c^2 = a^2 + b^2 \; .$$

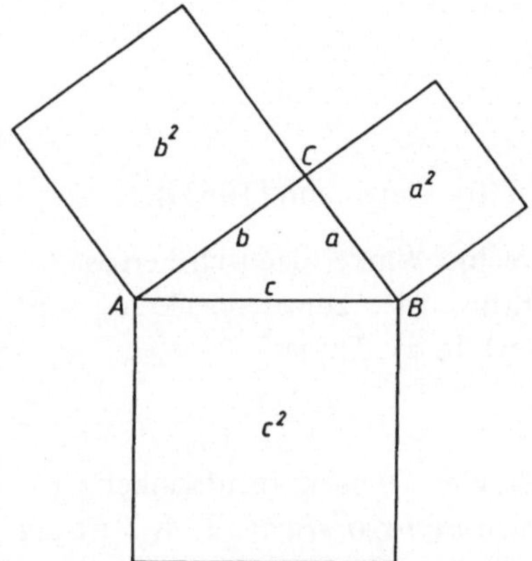

Bild I-3

Beweis I. Aus der untenstehenden Zeichnung liest man ab:

$$c^2 + 2ab = (a + b)^2$$

und rechnet weiter

$$= a^2 + 2ab + b^2 .$$

Durch Heraus-Subtrahieren von $2ab$ entsteht $c^2 = a^2 + b^2$.

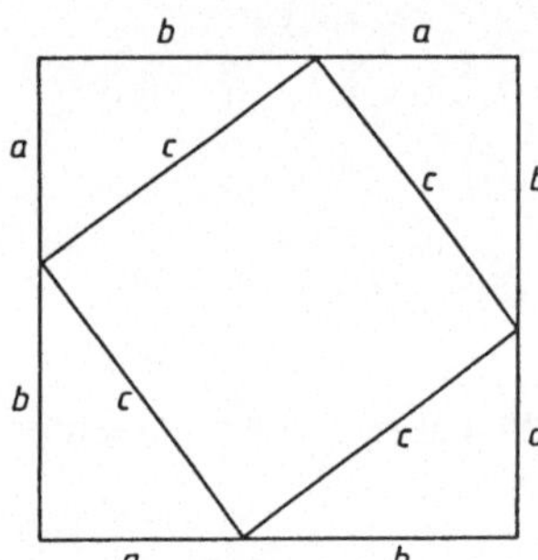

Bild I-4

Beweis II. Man zerlegt die Kathetenquadrate in zusammen 7 Teile, die man dann zum Hypotenusenquadrat zusammenlegen kann. Details als Übung für den Leser.

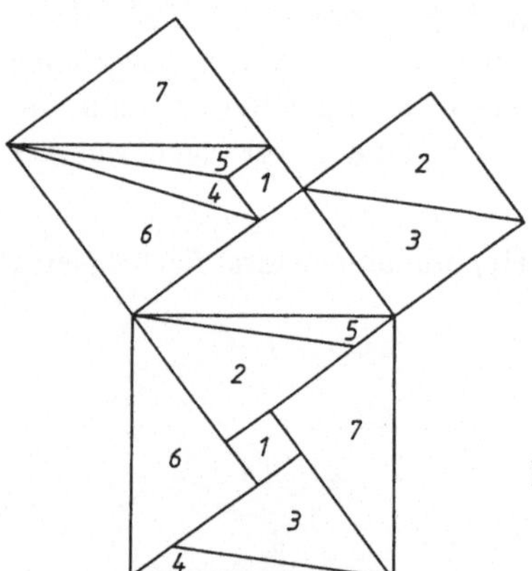

Bild I-5

Es gibt noch zahlreiche weitere Beweise (vgl. Loomis [1940], Lietzmann [1953]).

Es gibt Vermutungen, ägyptische Feldmesser hätten rechte Winkel dadurch hergestellt, daß sie eine Meßkette mit 13 äquidistanten Knoten im Verhältnis 3:4:5 zum Dreieck gespannt hätten (man nannte diese Feldmesser Harpedonaptai = Seilspanner). In der Tat ist

$$5^2 = 3^2 + 4^2 ,$$

so daß nach einer Umkehrung des Satzes von Pythagoras besagtes Dreieck rechtwinkelig ist. Tripel a, b, c von natürlichen Zahlen mit $a^2 + b^2 = c^2$ nennt man *pythagoreisch*. 3, 4, 5 ist ein solches pythagoreisches Tripel. Gibt es andere? Unendlichviele? Welche? Man macht den Ansatz: p, q seien ungerade Zahlen mit $p > q$; setzt man

$$a = pq, \quad b = \frac{1}{2}(p^2 - q^2), \quad c = \frac{1}{2}(p^2 + q^2) ,$$

so wird $c + b = p^2$, $c - b = q^2$, so daß $c^2 - b^2 = (c + b)(c - b) = p^2 q^2 = a^2$ gilt: $a^2 + b^2 = c^2$. Dies zeigt, wie man unendlichviele pythagoreische Tripel gewinnt, indem man für p und q alle möglichen ungeraden Zahlen einsetzt. Man kann leicht zeigen, daß man alle pythagoreischen Tripel bekommt, wenn man diesem Ansatz einen ähnlichen mit geraden Zahlen zur Seite stellt; schon die Pythagoreer wußten dies.

Stellt man die Frage mit höheren Potenzen:

$$a^3 + b^3 = c^3, \quad a^4 + b^4 = c^4, \quad a^5 + b^5 = c^5, \ldots,$$

so kommt man auf das berühmte *Fermatsche Problem* (Pierre de Fermat (1601–1665)). Man weiß heute für alle Primzahlen $3 \leqslant p \leqslant 125000$ (Stand 1976), daß die Gleichung

$$a^p + b^p = c^p \tag{1}$$

keine „diophantische" Lösung (nach Diophantos von Alexandria, der um 250 n.Chr. lebte, sich besonders mit Fragen der ganzzahligen Lösbarkeit beschäftigte, und ein Werk „Arithmetika" (13 Bücher) hinterließ, von dem wir heute leider nur noch die Bücher 1–7 kennen), d.h. kein sie erfüllendes Tripel von natürlichen Zahlen a, b, c gestattet; den Fall von Nicht-Primzahl-Exponenten $\neq 2^k$ kann man leicht auf den Primzahl-Fall zurückführen. Ob es *unendlichviele* Primzahlen p gibt, für die (1) diophantisch unlösbar ist, weiß man bis heute nicht, und erst recht weiß man nicht, ob (1) für *alle* $p > 2$ diophantisch unlösbar ist. Letztere Aussage ist gerade die berühmte *große Fermatsche Vermutung*, die Fermat auf den Rand seines Handexemplars des Diophant geschrieben hat (Original verschollen, im Druck publiziert 1670). Fermats Randbemerkung lautet:

Cubum autem in duos cubos, aut quadrato-quadratum in duos quadrato-quadratos, et generalite nullam in infinitum ultra quadratum potestatem in duas ejusdem nominis fas est dividere; cujus rei demonstrationem mirabilem sane detexi. Hanc marginis exiguitas non caperet.

Es ist unmöglich, eine dritte Potenz in zwei dritte Potenzen zu zerlegen, oder eine vierte in zwei vierte, oder allgemein irgendeine Potenz > 2 in Potenzen gleichen Grades; ich habe hierfür einen wahrhaft bemerkenswerten Beweis entdeckt, für den dieser Buchrand aber zu klein ist.

Auf den Beweis der großen Fermatschen Vermutung steht der von Paul Wolfskehl (1856–1906) testamentarisch 1908 gestiftete Preis von damals 100 000 Reichsmark (angelegt in Aktien, die heute wieder etwas wert sein sollen). Niemand sollte sich an den Beweis der Fermatschen Vermutung wagen, der nicht vorher Fachliteratur wie Edwards [1977], Ribenboim [1979] gründlich studiert hat. „Fermatisten" sind manchmal der Schrecken der mathematischen Institute, die die von ihnen eingesandten angeblichen Lösungen begutachten sollen. Edmund Landau (1877–1938) soll ein Formular verwendet haben, auf dem es hieß „... wurde von meinem Assistenten geprüft; der erste Fehler befindet sich auf Seite...". Ein anderer Mathematiker vereinfachte sich die Mühe, indem er jeweils einen Fermatisten an einen anderen verwies. Man sollte hierüber nicht die Freude daran verlieren, daß sich Nichtmathematiker hingebungsvoll mit mathematischen Problemen befassen; sie haben im Prinzip die Chance, unbelastet von Schul-Prägungen einen originalen Lösungsweg zu finden, aber im Falle der Fermatschen Vermutung ist die Wahrscheinlichkeit, ohne Schulung auf eine nicht schon längst ausprobierte Idee zu kommen, praktisch gleich Null. Vgl. auch Wagon [1986].

1.3 Der Satz vom Höhenschnittpunkt

Das Lot von einer Dreiecks-Ecke auf die gegenüberliegende Seite heißt Höhe im Dreieck.

Satz vom Höhenschnittpunkt. Die drei Höhen in einem Dreieck schneiden sich in einem Punkt.

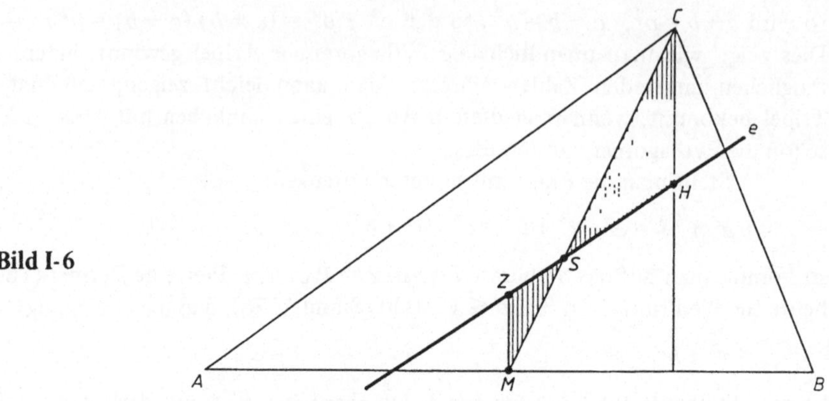

Bild I-6

Beweis-Skizze. Ist das Dreieck gleichseitig, so ist der Satz trivial; andernfalls sziehe man durch das Zentrum Z des Umkreises (= Schnittpunkt der Mittelsenkrechten auf die drei Seiten) und den Schwerpunkt S (= Schnittpunkt der drei Seitenhalbierenden) — wir betrachten diese zwei Punkte als sichergestellt — die sogenannte Eulersche Gerade e und gehen auf ihr um die doppelte Strecke ZS über S hinaus: Punkt H. Nach bekannten Sätzen über ähnliche Dreiecke (man benutzt die bekannte Tatsache, daß SC doppelt so lang ist wie SM) ist dann CH zu ZM parallel also senkrecht zu AB: CH liefert verlängert die Höhe durch C. Analog folgt, daß AH die Hohe durch A und BH die Höhe durch B liefert, also schneiden sich die drei Höhen im Punkte H.

1.4   Der Feuerbachsche Neunpunktekreis

Karl Feuerbach (1800–1834) war Mitglied der bedeutenden fränkischen Feuerbach-Familie (Jurist Anselm (1775–1833), Philosoph Ludwig (1804–1872, „Gott ist ein Geschopf des Menschen"), Maler Anselm (1829–1880) u.a., vgl. Spoerri [1952]). Er publizierte sein Theorem, das schon Euklid hätte beweisen können, 1822 (Feuerbach [1822]). Karl Feuerbach starb im Wahnsinn (Guggenbuhl [1955]).

Satz von Feuerbach. Sei ABC ein beliebiges Dreieck. Dann liegen folgende 9 Punkte auf einem Kreis (dem sogenannten Feuerbachschen Neunpunktekreis):

die Fußpunkte der drei Hohen: H_A, H_B, H_C
die Seitenmitten: M_A, M_B, M_C
die Mitten der Hohen zwischen dem Hohenschnittpunkt H und der jeweiligen Ecke: D_A, D_B, D_C.

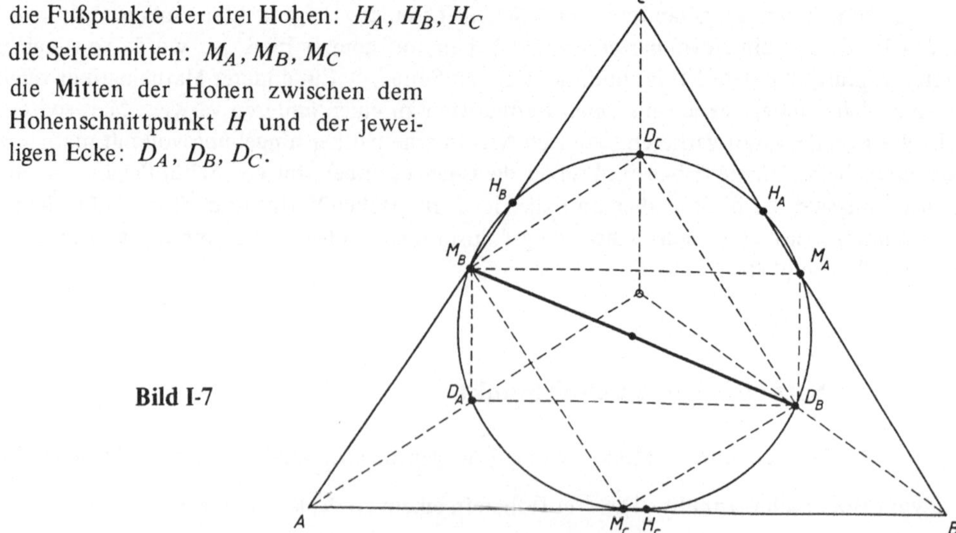

Bild I-7

In unserer Zeichnung kommen u.a. der Durchmesser eines Thales-Kreises und die Seiten-halbierenden von Dreiecken vor. Wir überlassen es dem Leser, aus dieser Zeichnung einen Beweis des Satzes herauszumeditieren (vgl. etwa Coxeter [1981], S. 34).

1.5 Die regulären Polyeder

Zu Euklids Zeiten galt die Aufklärung samtlicher Langen- und Winkelverhältnisse an den fünf sogenannten platonischen Korpern — wir zeigen sie hier sowohl räumlich als auch „flach-gelegt" — als eines der obersten Ziele der Geometrie. Diese fünf Polyeder sind regular in folgendem Sinne: an jeder Ecke hängen gleichviele Kanten und gleichviele Flächen, alle Kanten sind gleich

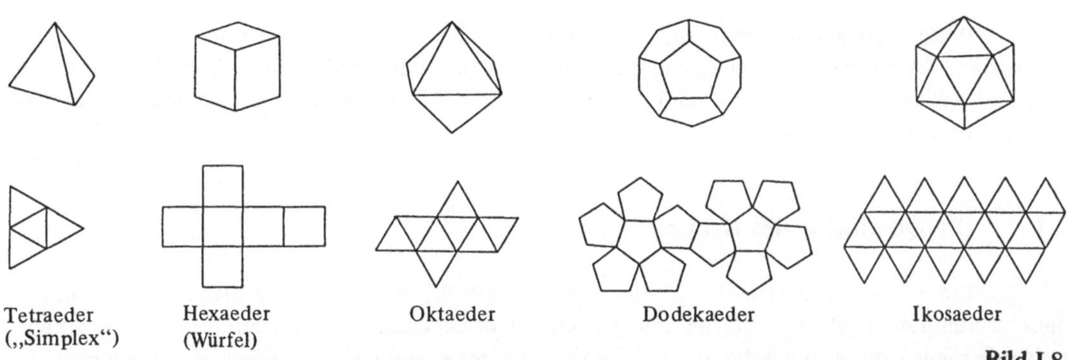

| Tetraeder („Simplex") | Hexaeder (Würfel) | Oktaeder | Dodekaeder | Ikosaeder |

Bild I-8

lang, alle Flächenstücke sind regelmäßige n-Ecke ($n = 3, 4, 5$) und das Polyeder hat keine Einbuch-tungen (Konvexität). Frage:

Gibt es noch andere regulare Polyeder als die fünf platonischen?

Die Antwort lautet „nein" und der Beweis für dieses Unmöglichkeitstheorem war schon Euklid bekannt. So sieht man z.B. leicht ein, daß als Oberflächenstücke nur 3-, 4- und 5-Ecke in Frage kommen: regelmäßige 6-Ecke lassen sich nur zu ebenen Flächen verkleben.

Mildert man die Forderung der Regularität ab, so wächst die Zahl der sie erfüllenden Polyeder sprunghaft. Berühmte nicht ganz reguläre Polyeder sind z.B.:

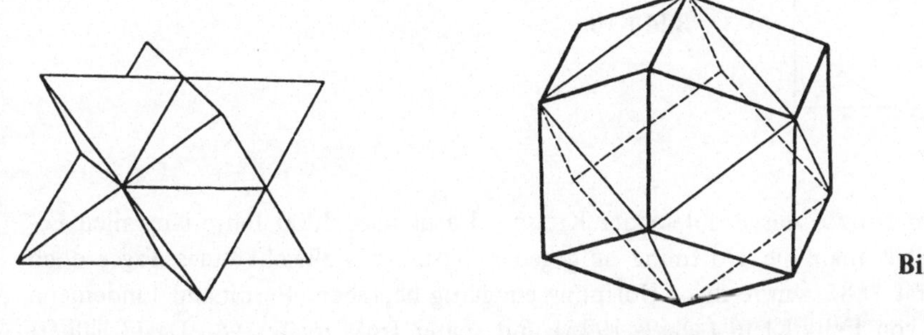

Kepler's „Stella Octangula"   Rhombendodekaeder

Bild I-9

Vgl. Coxeter [1981] und Coxeter et al. [1982], Fejes Tóth [1965].

Solange man nur fünf Planeten – außer der Erde – kannte (Merkur, Mars, Venus, Jupiter, Saturn), spekulierte man, daß diese Zahl mit der Fünfzahl der platonischen Körper zusammenhängen müsse (so z.B. Johannes Kepler (1571–1630) in Kepler [1619]). Mit diesen Spekulationen kollidierte die Entdeckung von Uranus (Herschel 1781), Neptun (Leverrier-Galle 1846) und Pluto (Tombough 1930). Georg Wilhelm Friedrich Hegel (1770–1831) soll kommentiert haben: „Desto schlimmer für die Planeten." In der sogenannten Esoterik werden besagte Spekulationen auch heute noch ernstgenommen.

§ 2   Mögliche und unmögliche Konstruktionen

Euklid schrieb vor, man solle bei geometrischen Konstruktionen nur Zirkel und Lineal verwenden. Damit stellt sich die Frage, welche Konstruktionsaufgaben mit diesen Mitteln lösbar sind und welche nicht. Diesen Problemkreis findet man bei Bieberbach [1952] systematisch behandelt. Wir berichten hier über einige klassische Ergebnisse.

2.1   Die Quadratur des Kreises

Ein Kreis vom Radius 1 („Einheitskreis") bedeckt die Fläche π – dies ist die *Definition* dieser berühmten Zahl. Eine Fläche „quadrieren" heißt ein gleichgroßes Quadrat herstellen; untenstehende Figur kann also anschaulich für das *Problem der Kreisquadratur* stehen. Zu einem präzisen mathematischen Problem wird es erst, wenn man genau sagt, welche Mittel zu seiner Lösung zugelassen werden. Die traditionelle Präzisierung lautet: Zirkel und Lineal.

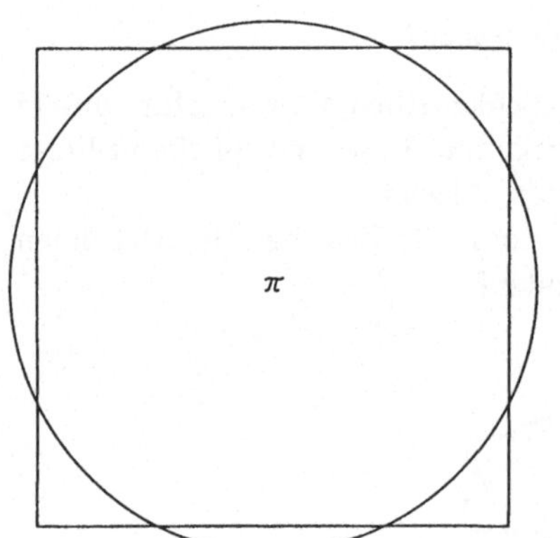

Bild I-10

In dieser Form trotzte das Problem der Kreisquadratur über 2000 Jahre lang allen Lösungsversuchen, ohne daß man die Hoffnung aufgegeben hätte, es vielleicht eines Tages doch noch zu „knacken". Erst 1882 wurde diese Hoffnung endgültig begraben: Ferdinand Lindemann (1852–1939), Schüler von Felix Klein (1849–1925) und später Doktorvater von David Hilbert (1861–1943), bewies die sogenannte *Transzendenz von* π. Warum war damit die Unlösbarkeit der Kreisquadratur mit Zirkel und Lineal bewiesen?

Man kann leicht zeigen, daß man mit Zirkel und Lineal aus einer Strecke der Länge 1 nur solche Längen und Quadrat-Flächen herauskonstruieren kann, deren zahlenmäßiger Wert aus der

Zahl 1 durch die vier Grundrechnungsarten +, −, ·, : und durch Quadrat-Wurzelziehen (all dies in beliebiger Kombination und Wiederholung) hervorgeht. Solche Zahlenwerte gehören stets zum Bereich der sogenannten algebraischen Zahlen. „Transzendent" heißt „nicht algebraisch". Die Transzendenz von π (Lindemann [1882]) impliziert also: π läßt sich aus 1 nicht mit Zirkel und Lineal gewinnen, also ist die Kreisquadratur mit Zirkel und Lineal unlösbar.

Die Kreisquadratur hat die Gebildeten in zwei Jahrtausenden dermaßen beschäftigt, daß sie zum Synonym für Unlösbarkeit wurde. Dante (1265−1321) spielte in Paradiso XXXIII, 133−135 darauf im Zusammenhang mit der Unbegreiflichkeit der Trinität an. Die Tatsache, daß man $\pi = 3.1415926\ldots$ genähert als $\frac{22}{7} = 3.1428571$ darstellen kann, soll die Höflinge von Friedrich II. von Hohenstaufen (1194−1250) zur Sonettform 4:4:3:3, 11 Silben pro Zeile und Petrarca (1304−1374) zur Beachtung zusätzlicher Zahlenverhältnisse in seinem Sonettzyklus „Il Canzoniere" inspiriert haben (Potters [1983]). In diese Interessensphäre der Gebildeten hat sich die Lindemannsche Botschaft anscheinend noch nicht voll verbreitet, so daß es neben den „Fermatisten" etc. auch die „Kreisquadrierer" gibt. Bei allen diesen Versuchen zur Kreisquadratur sind jedoch immerhin einige ganz handliche Näherungskonstruktionen herausgekommen.

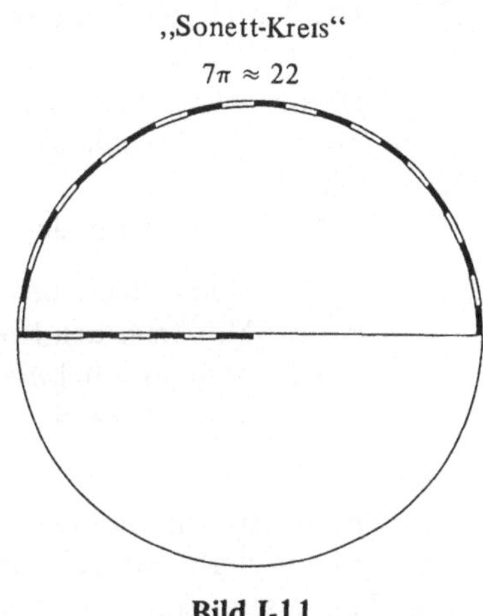

Bild I-11

Diese Näherungskonstruktionen haben aber nur sportliche und ästhetische Bedeutung, da man π bis auf so viele Dezimalen ausrechnen kann, wie es die Speicherkapazität des verwendeten Computers erlaubt, und dann nur noch entsprechende Strecken der Längen $3, \frac{1}{10}, \frac{4}{100}, \ldots$ aneinanderzusetzen braucht. Wir merken noch an: obwohl die Dezimalbruchentwicklung von π nach einer sturen Computer-Regel ausgedruckt werden kann, ist sie bemerkenswert zufällig, wie die Angabe

$$
\begin{array}{lllll}
\pi = 3.1415926535 & 8979323846 & 2643383279 & 5028841971 & 6939937510 \\
5820974944 & 5923078164 & 0628620899 & 8628034825 & 3421170679 \\
8214808651 & 3282306647 & 0938446095 & 5058223172 & 5359408128 \\
4811174502 & 8410270193 & 8521105559 & 6446229489 & 5493038196 \\
4428810975 & 6659334461 & 2847564823 & 3786783165 & 2712019091 \\
4564856692 & 3460348610 & 4543266482 & 1339360726 & 0249141273 \\
7245870066 & 0631558817 & 4881520920 & 9628292540 & 9171536436 \\
7892590360 & 0113305305 & 4882046652 & 1384146951 & 9415116094 \\
3305727036 & 5759591953 & 0921861173 & 8193261179 & 3105118548 \\
0744623799 & 6274956735 & 1885752724 & 8912279381 & 8301194912 \\
9833673362 & 4406566430 & 8602139494 & 6395224737 & 1907021798 \\
6094370277 & 0539217176 & 2931767523 & 8467481846 & 7669405132 \\
0005681271 & 4526356082 & 7785771342 & 7577896091 & 7363717872 \\
1468440901 & 2249534301 & 4654958537 & 1050792279 & 6892589235 \\
4201995611 & 2129021960 & 8640344181 & 5981362977 & 4771309960 \\
5187072113 & 4999999837 & 2978049951 & 0597317328 & 1609631859 \\
5024459455 & 3469083026 & 4252230825 & 3344685035 & 2619311881 \\
7101000313 & 7838752886 & 5875332083 & 8142061717 & 7669147303 \\
5982534904 & 2875546873 & 1159562863 & 8823537875 & 9375195778 \\
1857780532 & 1712268066 & 1300192787 & 6611195909 & 21644201989\ldots
\end{array}
$$

zumindest intuitiv demonstrieren kann (Knuth [1968], Wagon [1985]) und daher schwierig auswendig zu lernen (eine leicht auswendig zu lernende transzendente Zahl ist übrigens $\mu = 0.1234567891011 12\ldots$ (Mahler [1937])). Gründliche Information über π kann man sich in Ebbinghaus et al. [1983], Beckmann [1977] verschaffen.

2.2   Die Konstruktion des regelmäßigen n-Ecks

Dies Problem lautet präzise: man konstruiere mit Zirkel und Lineal eine Unterteilung der Kreisperipherie in n gleichlange Bögen oder, was auf dasselbe hinauslauft, eine Unterteilung von $360°$ in n gleiche Winkel.

Jeder von uns hat in der Schule für einige n gelernt, wie man das macht:

$n = 2$:   Man halbiere den Kreis mittels eines Durchmessers.

$n = 6$:   Man trage den Kreisradius 6 mal auf die Peripherie ab: das geht genau auf.

$n = 3$:   Man lasse bei $n = 6$ jeden zweiten Punkt weg, oder konstruiere gleich das gleichseitige Dreieck.

$n = 4$:   Man konstruiere zwei zueinander orthogonale Durchmesser.

Hat man n, so löst man $2n$ durch Halbieren. Aus 3 und 4 ergibt sich 12 usw.

Komplizierter ist die Fünfeckskonstruktion, aber sie funktioniert exakt mit Zirkel und Lineal. Jahrtausendelang wunderte man sich über das Fehlen einer 7-Ecks-Konstruktion, bis Carl Friedrich Gauß (1777–1855) am 30.3.1796 bewies (Gauß [1796]), daß es keine geben kann, u.z.

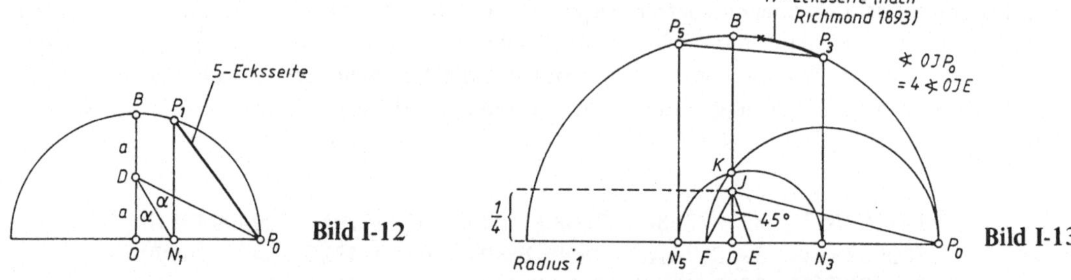

Bild I-12   **Bild I-13**

durch den Nachweis, daß die zugehörigen Längen sich wegen ihrer *algebraischen* Eigenart nicht mit Zirkel und Lineal aus dem Kreisradius (den man auf 1 normieren kann) herausholen lassen. Gauß war damit der erste, der einen Unmöglichkeitsbeweis dieses Typs vorlegte; den Schlußstein dieser Entwicklung bildet der vorhin erwähnte Unmöglichkeitsbeweis von Lindemann für die Kreisquadratur (1882). Gauß (vgl. auch Wantzel [1837]) bewies: ist p eine Primzahl so kann man das regelmäßige p-Eck genau dann mit Zirkel und Lineal konstruieren, wenn p sich in der Form $p = 2^{2^m} + 1$ mit einer natürlichen Zahl m schreiben läßt. Die einzigen bekannten Primzahlen dieser Gestalt sind 3, 5, 17, 257, 65537. Im Laufe der Zeit sind die zugehörigen Konstruktionen bis 257 durchgeführt worden:

m	$p = 2^{2^m} + 1$	konstruiert durch
0	3	Folklore
1	5	Antike
2	17	Gauß 1796
3	257	Richelot, Schwendenwein 1832
4	65537	Hermes 1879

J. Hermes arbeitete 10 Jahre am 65537-Eck, und zwar im wesentlichen rechnerisch. Seine minutiös beschriebenen Ergebnisblätter werden im Mathematischen Institut Göttingen in einem Koffer aufbewahrt.

Gauß schildert in einem Brief an Gerling vom 6.1.1819 (Werke X, 121−126) wie ihm der 17-Eck-Einfall kam:

> Durch angestrengtes Nachdenken uber den Zusammenhang aller Wurzeln unter einander nach arithmetischen Grunden, glückte es mir bei einem Ferienaufenthalt in Braunschweig, am Morgen des gedachten Tages (ehe ich aus dem Bette aufgestanden war) diesen Zusammenhang auf das klarste anzuschauen, so daß ich die specielle Anwendung auf das 17-Eck und die numerische Bestatigung auf der Stelle machen konnte.

Er war zeitlebens stolz auf diese Entdeckung. Daß sein Grabmal irgendwo ein regelmäßiges 17-Eck erkennen lasse, ist eine Legende, die nicht stimmt.

Wir merken noch an: Auf der algebraischen Seite läuft unser Kreisteilungsproblem auf das Losen von Gleichungen der Form $x^n = 1$, d.h. $x^n − 1 = 0$ hinaus; algebraische Gebilde, die mit solchen Gleichungen zusammenhangen, tragen daher Namen wie „Kreisteilungskorper (= cyclotomic field)" etc.

2.3   Die Dreiteilung des Winkels

Die Aussage

Es gibt keine Zirkel-und-Lineal-Konstruktion, die jeden vorgegebenen Winkel exakt dreiteilt

ist ein von Pierre Laurent Wantzel (1814−1949) bewiesener mathematischer Satz (Wantzel [1837]) Der Beweis stützt sich auf zwei Bemerkungen: 1. Für das Konstruieren mit Zirkel und Lineal ist der Cosinus eines Winkels ebenso gut wie der Winkel selbst. 2. Aus den bekannten Formeln $\cos(\alpha + \beta) = \cos\alpha\cos\beta − \sin\alpha\sin\beta$, $\sin(\alpha + \beta) = \cos\alpha\sin\beta + \sin\alpha\cos\beta$, $\cos^2\alpha + \sin^2\alpha = 1$ rechnet man $\cos 3\alpha = 4(\cos\alpha)^3 − 3\cos\alpha$, also (mit $3\alpha = \beta$) $4(\cos\frac{\beta}{3})^3 − 3\cos\frac{\beta}{3} = \cos\beta$ heraus. Ist also der Winkel β zu dritteln und schreibt man a für $\cos\beta$ und x für $\cos\frac{\beta}{3}$, so ergibt sich die Losung der geometrischen Aufgabe durch die Lösung der algebraischen Gleichung

$$4x^3 − 3x = a . \tag{2}$$

Man zeigt nun: eine für *alle* Werte von a gültige Losungsformel für (2) kommt nicht ohne eine 3. Wurzel aus. Mit Zirkel und Lineal bekommt man aber nur 2., 4., etc. Wurzeln und keine 3., und dies liefert Wantzels Theorem.

Dies Ergebnis läßt durchaus die Möglichkeit offen, die Menge aller Winkel β in mehrere Klassen einzuteilen und für jede Klasse eine Zirkel- und Lineal-Methode anzugeben, die die Winkel dieser Klasse exakt drittelt. Obiger Satz besagt hierzu nur, daß es nicht mit *einer* Methode für *alle* Klassen geht. Verfeinerte Untersuchungen haben jedoch gezeigt, daß es auch nicht klassenweise für alle Winkel geht: es gibt ganz konkrete Winkel, die man mit Zirkel und Lineal nicht dritteln kann; einer davon ist $60°$, und deshalb kann man das regelmäßige 9-Eck nicht mit Zirkel und Lineal konstruieren. Für Details vgl. Bieberbach [1952].

Läßt man die Forderung „mit Zirkel und Lineal" fallen, so gibt es sehr wohl exakte Winkeldreiteilungen, wie z.B.

Bild I-14

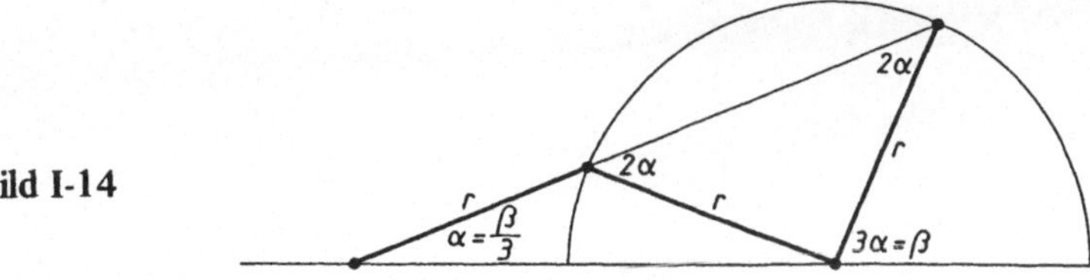

Das dritte Auftreten des Radius r links im Bild ist mit Zirkel und Lineal nicht erreichbar, wohl aber durch Herumschieben eines mit Marken versehenen Lineals.

Ist man mit *genäherter* Drittelung zufrieden, so gibt es pfiffige Konstruktionen mit Zirkel und Lineal. Der bedeutende Mathematiker Oskar Perron (1880–1975) war sich nicht zu gut, eine Note „Eine neue Winkeldreiteilung des Schneidermeisters Kopf" zu publizieren (Perron [1933]), obgleich die Berufsmathematiker mit den „Winkeldreiteilern" ebenso geplagt sind wie mit den „Kreisquadrierern" und „Fermatisten".

Die Aporie der Winkeldreiteilung scheint die Mathematiker daran gehindert zu haben, getrost über dreigeteilte Winkel nachzudenken, so daß der folgende Satz erst um 1899 gefunden wurde:

Satz von Morley. Drittelt man die Winkel eines *beliebigen* Dreiecks, so schneiden sich die betreffenden Geraden in den Ecken eines *gleichseitigen* Dreiecks.

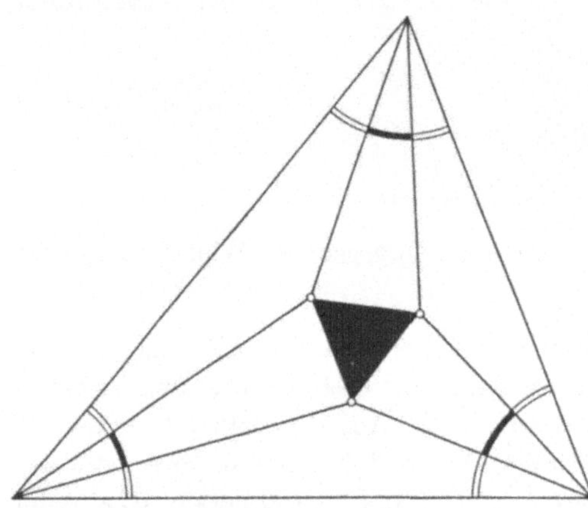

Bild I-15

(Morley um 1899, vgl. Coxeter [1981], 40–42.)

2.4   Die Verdopplung des Würfels

Das Kubusverdopplungsproblem wird meist auf die Apollonpriester von Delos zurückgeführt („delisches Problem") und lautet

Zum Einheitswürfel der Kantenlänge 1 konstruiere man mit Zirkel und Lineal die Kante des Würfels mit dem doppelten Volumen.

Natürlich geht es hier um die Gleichung $x^3 = 2$ mit der Losung $\sqrt[3]{2}$. Man kann zeigen, daß sich $\sqrt[3]{2}$ nicht mittels Quadratwurzeln darstellen läßt. Also ist die Würfelverdopplung mit Zirkel und Lineal nicht zu leisten (Wantzel [1837]).

2.5   Fragen der Zerlegungsgleichheit

Zwei geradlinig begrenzte Ebenenstücke heißen *zerlegungsgleich*, wenn man das eine Ebenenstück in endlichviele Dreiecke so zerlegen kann, daß dieselben Dreiecke sich in anderer Anordnung gerade zum anderen Ebenenstück zusammenfügen. Zerlegungsgleiche Ebenenstücke haben denselben Flächeninhalt. Der in § 1 angegebene Beweis II für den Satz von Pythagoras beruht auf einer solchen Zerlegungsgleichheit. In der euklidischen Geometrie gilt, falls man das sogenannte Archimedische Axiom einbezieht:

Zwei ebene Polygone haben genau dann denselben Flächeninhalt, wenn sie zerlegungsgleich sind.

Gestützt auf Bemerkungen von Gauß stellte Hilbert [1900] die Frage, ob man für von Polygonen begrenzte Raumstücke („Polyeder") analog vorgehen konne oder ob es z.B. zwei Pyramiden mit gleicher Grundfläche und Höhe gebe, die nicht (räumlich) zerlegungsgleich (bzw. „erganzungsgleich") sind (3. Hilbertsches Problem). Binnen kurzem gab sein Schüler Max Dehn (1878–1952) zwei solche Pyramiden an (Dehn [1900, 1902]). Dehn bediente sich dabei einer als Beweisprinzip bewährten Idee: er gab eine sogenannte *Invariante* an, die für die eine Pyramide einen anderen Wert hat als für die andere Pyramide. „Invariante" bedeutet hier eine Zuweisung von Zahlen an Polyeder, derart, daß zerlegungsgleiche Polyeder dieselbe Zahl zugewiesen bekommen: die Zuweisung ist „invariant gegen Zerlegungsgleichheit". Max Dehn konstruierte eine solche Zuweisung als mehrfache Summe von Kantenwinkeln unter Vernachlassigung von Vielfachen von $180°$. Zerlegt man nun ein Polyeder, so entstehen innere Kanten mit einer Winkelsumme von $360° = 2 \times 180°$ —uninteressant; ferner Oberflächenkanten: Winkelsumme $180°$ — uninteressant; und schließlich Kanten auf Polyederkanten — und die liefern die entscheidenden Winkelsummen, die für die beiden Pyramiden verschiedene Werte der Invarianten ergeben.

Offen blieb hierbei die Frage, ob die Gleichheit der Invarianten-Werte für zwei Polyeder deren Zerlegungsgleichheit oder dergleichen impliziert. Unter Heranziehung eines passenden Invariantensystems vom Dehnschen Typus konnte Sydler [1952/65] einen derartigen Satz beweisen. Seine umständliche Beweisführung wurde durch Jessen [1968] stark vereinfacht.

§ 3   Bewegungsgruppen

Zu den bedeutendsten Entwicklungen in der Geometrie gehort die im wesentlichen im 19. Jahrhundert zustandegekommene Verbindung von Geometrie und Gruppentheorie. Hierbei hatte jede der beiden Disziplinen der anderen wesentliche Impulse zu verdanken. Wir behandeln in diesem Buch zwei Aspekte dieser Verbindung: im gegenwärtigen Abschnitt die Theorie der ebenen und räumlichen Bewegungsgruppen, mit Anwendungen in der Theorie der Ornamente und Kristalle, und in § 4 dieses Kapitels die Rolle des Gruppenbegriffs bei der Systematisierung der Geometrie (Felix Kleins Erlanger Programm von 1872). Der Gruppenbegriff wird uns freilich fast überall in der Mathematik wiederbegegnen, in geometrischem Zusammenhang z.B. als Fundamentalgruppe in der Topologie (Kap. V, § 4).

3.1   Decktransformationen geometrischer Figuren

Man kann ein (gleichseitiges) Dreieck auf sechs Arten mit sich selbst zur Deckung bringen
wobei wir das Belassen der Original-Lage mitgezählt haben (es ist ein allgemeines methodisches

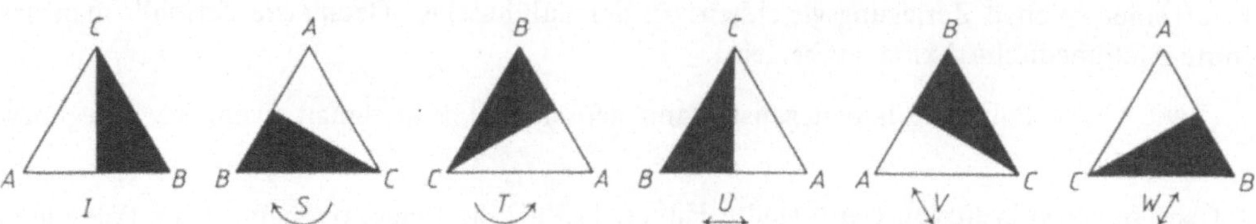

Bild I-16

Prinzip der Mathematiker, die scheinbar trivialen Fälle nicht nur einzubeziehen, sondern ihnen
sogar besondere Aufmerksamkeit zu schenken).

Denkt man sich das Zur-Deckung-Bringen als Bewegungsvorgang, genannt *Deckbewegung,
Deck-Abbildung* oder *Deck-Transformation* (hier für das Dreieck), so entsprechen die ersten drei
Deckungen ebenen *Drehungen*, während bei den übrigen drei noch eine *Umklappung* hinzukommt.
Es kommt in unserem Spezialfall nicht darauf an, ob wir nur das Dreieckplättchen bewegen oder
gleich die ganze Ebene, in der das Dreieck liegt, drehen und umklappen und dabei das Dreieck mit-
nehmen. Die zweite Variante erweist sich jedoch als die weitertragende Idee, insbesondere bei der
Übertragung ins Drei- und Hoherdimensionale.

Folgende Beobachtungen über die angegebenen Deckbewegungen des Dreiecks liegen auf
der Hand:

(1) Die Hintereinanderausführung zweier Deckbewegungen D und E zur Bewegung $E \circ D$ („erst D
     dann E", diese Reihenfolge ist üblich und bewährt) ergibt wieder eine Deckbewegung.

(2) Es gibt (genau) eine Deckbewegung, bei der sich gar nichts bewegt, nämlich die sogenannte
     Identität oder *identische Abbildung I*; sie ist für die Hintereinanderausführung $\circ$ ein *Neutral-
     element* in dem Sinne, daß für jedes D

$$I \circ D = D \circ I = D$$

gilt.

(3) Zu jeder Deckbewegung D gibt es eine zweite, genannt die *Inverse D^{-1}* von D, die das, was D
     bewirkt hat, rückgängig macht oder umkehrt („invertiert"), was sich mittels

$$D^{-1} \circ D = I = D \circ D^{-1}$$

ausdrücken läßt.

(4) $$D \circ (E \circ F) = (D \circ E) \circ F,$$

     das sogenannte *Assoziativgesetz*, gilt für beliebige Bewegungen D, E, F.

Obwohl wir es in diesem Abschnitt nur mit Deckbewegungen in der Ebene und im Raum zu tun
bekommen, wollen wir doch die Gelegenheit benutzen, aus unseren Beobachtungen (1)–(4) den
abstrakten Gruppenbegriff herauszuziehen:

Definition. Sei G eine Menge und jedem Paar a, b von Elementen von G (in dieser Reihenfolge) ein Element $a \circ b$ von G zugeordnet (man sagt kurz: sei in G eine *Verknupfung* $\circ$ definiert). Es gelte

Assoziativgesetz: $a \circ (b \circ c) = (a \circ b) \circ c$ für beliebige a, b, c aus G.

Neutralelement: Es gibt genau ein Element e von G, derart, daß $a \circ e = a = e \circ a$ für jedes a aus G gilt.

Inverses: Zu jedem a aus G gibt es genau ein a^{-1} aus G mit $a^{-1} \circ a = e = a \circ a^{-1}$.

Dann nennt man G mit der Verknupfung $\circ$ (kurz: G, $\circ$ oder $(G, \circ)$) eine Gruppe. Die Gruppe G, $\circ$ heißt *kommutativ*, wenn gilt:

Kommutativgesetz: $a \circ b = b \circ a$ für beliebige a, b aus G.

Statt „kommutativ" sagt man auch *abelsch* zu Ehren von Niels Henrik Abel (1802–1829); dies Wort hat den Nachteil, daß man zu ihm nicht das Substantiv bilden kann. Auch wenn G nicht abelsch ist, kann man definieren: a und b sind *vertauschbar* ($= a$ und b *kommutieren*), wenn $a \circ b = b \circ a$ gilt; Kommutativität bedeutet also, daß jedes Element mit jedem kommutiert.

Ist G, $\circ$ eine Gruppe und U eine Teilmenge von G, derart, daß die Verknüpfung von zwei Elementen a, b aus U stets wieder ein Element $a \circ b$ aus U ergibt, daß e zu U gehort, und das Inverse a^{-1} eines jeden Elements a von U wieder in U liegt, so wird man U (genauer: U, $\circ$) eine *Untergruppe* von G (genauer: von G, $\circ$) nennen.

Kehren wir von diesem Ausflug ins Abstrakte zu unseren ebenen Bewegungen mit der Hintereinanderausführung als Verknüpfung $\circ$ zurück, so konnen wir folgende Beobachtungen machen:

(1) Die Gesamtheit *aller* starren ebenen Bewegungen bildet eine Gruppe.

(2) Man kann diese Bewegungen in zwei Klassen einteilen:
    a) die Klasse derjenigen Bewegungen, die sich durch bloßes Schieben und Drehen der Ebene in sich bewirken lassen,
    b) die Klasse derjenigen Bewegungen, bei denen es nicht ohne Spiegeln oder – äquivalent – Klappen abgeht.
Man nennt die Bewegungen aus der Klasse a) *orientierungserhaltend* oder *orientierungstreu*, die aus b) dagegen *orientierungsumkehrend*.

(3) Aus den Feststellungen

    (or.-treu) $\circ$ (or.-treu) = or.-treu
    (or.-treu)$^{-1}$ = or.-treu
    die Identitat ist or.-treu

sieht man: die orientierungstreuen Bewegungen der Ebene bilden eine Untergruppe der Gruppe aller Bewegungen.

(4) Es gilt

    (or.-treu) $\circ$ (or.-umkehrend) = or.-umkehrend
    (or.-umkehrend) $\circ$ (or.-treu) = or.-umkehrend
    (or.-umkehrend) $\circ$ (or.-umkehrend) = or.-treu

(5) Für jede ebene Figur F ist die Menge all derjenigen ebenen Bewegungen, die F mit sich zur Deckung bringen, eine Untergruppe G_F der Gruppe aller ebenen Bewegungen. Man nennt G_F die *Symmetriegruppe* der Figur F. Die orientierungstreuen Bewegungen aus G_F bilden eine Untergruppe von G_F.

(6) Ist G_F endlich, so besteht G_F entweder nur aus orientierungstreuen Bewegungen oder je zur Hälfte aus orientierungstreuen und orientierungsumkehrenden Bewegungen.

Hierbei ist (6) mittels (3), (4), (5) nicht allzu schwer zu beweisen. Wir führen dies jedoch nicht allgemein durch, sondern sehen uns unseren anfänglichen Spezialfall

$\qquad F =$ gleichseitiges Dreieck

an. G_F besteht aus den sechs aus der obigen Abbildung ablesbaren Bewegungen $I,\ S,\ T,\ U,\ V,\ W$, wird meist mit D_3 bezeichnet und besitzt folgende *Verknüpfungstafel (Gruppentafel)*:

$\circ$	I	S	T	U	V	W
I	I	S	T	U	V	W
S	S	T	I	V	W	U
T	T	I	S	W	U	V
U	U	W	V	I	T	S
V	V	U	W	S	I	T
W	W	V	U	T	S	I

Sie ist so zu lesen

$$I \circ I = I$$
$$V \circ T = W$$
$$S \circ V = W$$

etc.

Das eingerahmte linke obere Viertel enthält nur I, S und T und ist symmetrisch bezüglich \ . I, S, T bilden eine abelsche Untergruppe, nämlich die aus den orientierungstreuen Deckbewegungen des Dreiecks bestehende Hälfte von $G_F = D_3$.

Daß in jeder Zeile unserer Gruppentafel jede der 6 Bewegungen aus D_3 genau einmal vorkommt bedeutet: aus jeder Bewegung in D_3 erhält man jede andere, wenn man eine passende Bewegung aus D_3 rechts an sie dranmultipliziert. Man spricht hier von vollständiger Rechts-Division. Dieselbe Beobachtung an den Spalten der Tafel bedeutet vollstandige Links-Division.

Natürlich ist der Leser eingeladen, ein Ähnliches nun auch mit dem Quadrat, dem Funfeck,..., dem n-Eck anzustellen und seine Beobachtungen zu machen. Er wird dann beim n-Eck eine Gruppe D_n von insgesamt $2\,n$ Deckbewegungen finden, von denen eine Hälfte orientierungstreu, die andere orientierungsumkehrend ist; die n orientierungstreuen kommutieren untereinander, die ubrigen sind ihre eigenen Inversen, weil sie einfach Klappungen sind; ab $n = 4$ werden nicht mehr wie bei $n = 3$ alle möglichen Umordnungen der Ecken-Buchstaben realisiert.

Offensichtlich haben wir es bei alledem mit *Symmetrie*-Erscheinungen zu tun, u.z. mit der anschaulichen Symmetrie von Figuren wie auch mit der inneren abstrakten Symmetrie von Gruppen.

Was wir uns hier am Beispiel des gleichseitigen Dreiecks, und allgemeiner am Beispiel des regelmäßigen n-Ecks überlegt haben, nämlich die Bestimmung der Symmetriegruppe G_F einer ebenen Figur F, wollen wir uns nun noch für einige weitere z.T. unendliche Figuren F ansehen:

F	G_F
asymmetrischer Fries 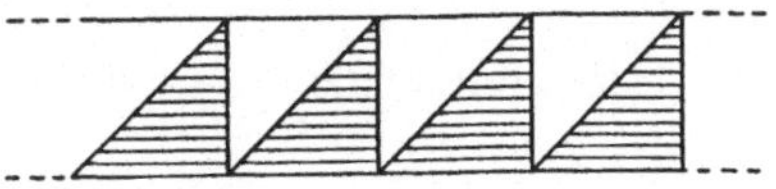	G_F besteht aus Wiederholungen (n-mal, mit n = ganze Zahl) der Translation um eine Periode und ist verknüpfungsmäßig gleich („isomorph") der Gruppe **Z** der ganzen Zahlen mit der Addition als Verknüpfung, also insbesonders abelsch.
symmetrischer Fries 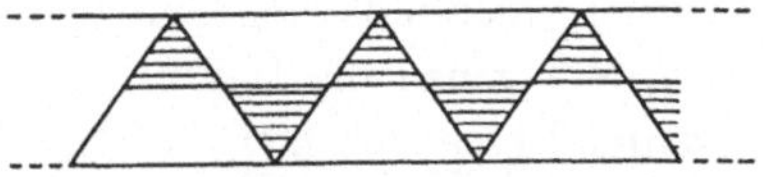	G_F enthält außer Translationen auch Umklappungen um vertikale Gerade und Bewegungen Umklappung ∘ Translation, bei denen die Mittel-Horizontale des Frieses erhalten bleibt: Paddelbewegungen. G_F ist nicht-abelsch.
n-fältige asymmetrische Rosette 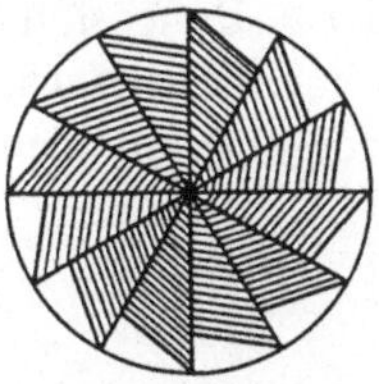	G_F enthält nur orientierungserhaltende Drehungen um den Rosetten-Mittelpunkt und ist abelsch.
n-fältige symmetrische Rosette 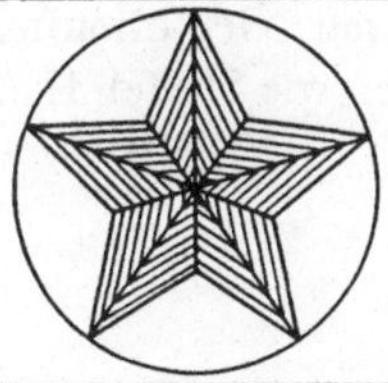	G_F enthält außer Drehungen auch Umklappungen und ist nicht-abelsch.
asymmetrisches Kachelmuster 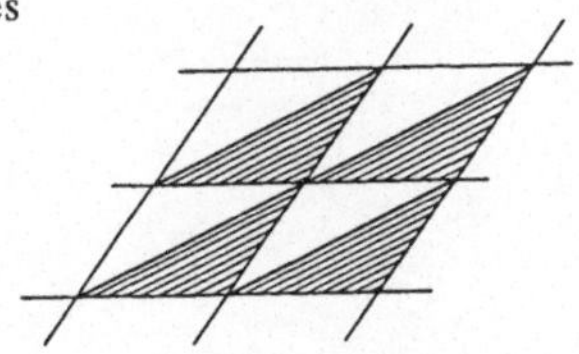	G_F besteht nur aus Translationen und ist abelsch.
Wabenmuster 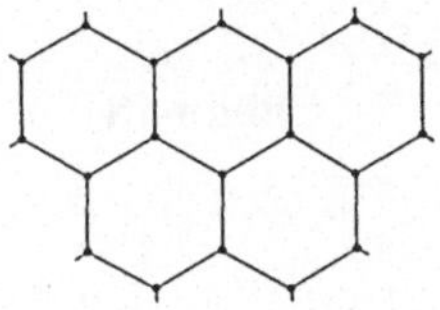	G_F enthält außer Translationen auch zahlreiche Drehungen und Umklappungen und ist nicht-abelsch.

Bild I-17

Allgemein gilt F als um so symmetrischer, je reichhaltiger G_F ist. Gegenüber dem schonen Schein vieler Ornamente erscheinen die obigen, nur das mathematisch Wesentliche hervorhebenden Figuren natürlich spartanisch.

Zum Abschluß dieses Unterabschnitts dehnen wir unsere Betrachtungen auf die nächsthöhere Dimension 3 aus:
Die starren Abbildungen im dreidimensionalen Raum bilden mit der Hintereinanderausfuhrung ∘ eine Gruppe und zerfallen in zwei Klassen:

a) Abbilddungen, die sich durch bloßes Schieben und Drehen des Raumes in sich bewirken lassen,
b) Abbildungen, die nicht ohne eine Spiegelung auskommen.

Die Abbildungen der Klasse a) heißen *orientierungserhaltend* oder *orientierungstreu* und bilden eine Untergruppe der Gruppe aller starren Abbildungen im Raum; in jeder endlichen Untergruppe dieser riesigen Gruppe machen sie entweder die ganze Gruppe oder genau die Halfte aus. Die Abbildungen der Klasse b) heißen *orientierungsumkehrend*; wahrend man sich hier im Falle der Ebene auch Umklappungen im die Ebene enthaltenden dreidimensionalen Raum vorstellen konnte, bleibt es im Dreidimensionalen bei der Veranschaulichung mittels Spiegelungen; rechnet man mit Koordinaten (vgl. Abschnitt 4.3), so hat man freilich mit der 4. Dimension keine Probleme und kann Spiegelungen im dreidimensionalen Raum durch vierdimensionales Umklappen realisieren. — Für das Verknupfen von orientierungstreuen und orientierungsumkehrenden Abbildungen gelten wieder unsere früheren Feststellungen

treu ∘ treu = treu
umkehrend ∘ umkehrend = treu

etc. Ob eine starre Abbildung des Raumes orientierungstreu oder orientierungsumkehrend ist, kann man an ihrer Wirkung auf „typisch orientierte" Figuren wie Stiefel, Hände, numerierte Dreibeine oder Tetraeder sehen.

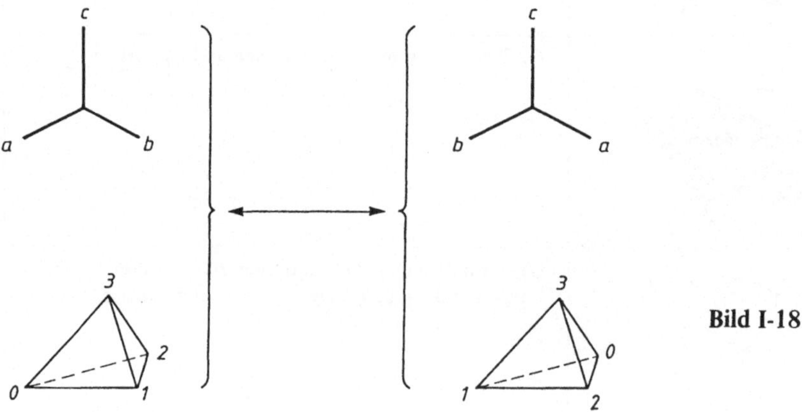

Bild I-18

Beispielsweise besteht die Symmetriegruppe G_F der Figur F = reguläres Tetraeder aus 24 starren Abbildungen im Raum, die man so auflisten kann

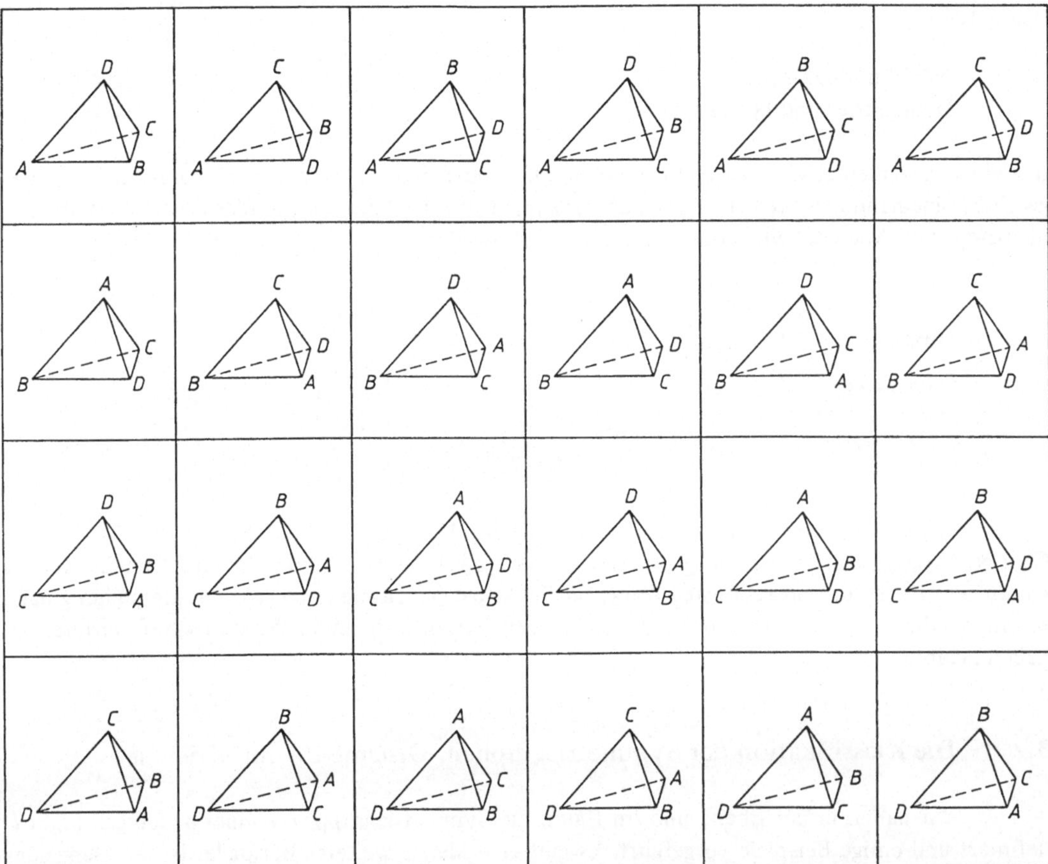

Bild I-19

Hierbei stehen in der linken Hälfte der Tafel gerade die 12 orientierungstreuen Deckabbildungen, rechts die 12 orientierungsumkehrenden. Die vier Zeilen entsprechen den vier Möglichkeiten, die linke untere Ecke des Tetraeders durch sich selbst oder eine der drei anderen Ecken zu ersetzen.

Analoge Auflistungen kann man für alle anderen platonischen Körper vornehmen; man erhält so die fünf „platonischen Gruppen". Wir geben nur die Anzahlen an

Name	Tetraeder	Würfel	Oktaeder	Dodekaeder	Ikosaeder
Figur					
Anzahl der Decktransformationen (incl. Spiegelungen)	24	48	48	120	120

Bild I-20

Daß dabei für

> Würfel und Oktaeder
> Dodekaeder und Ikosaeder

dieselben Anzahlen stehen, ist nicht verwunderlich: man muß nur einen Würfel und ein Oktaeder geschickt ineinanderstecken um zu sehen, daß nicht nur die Anzahlen, sondern sogar die Gruppen identisch sind; Analoges gilt für Dodekaeder und Ikosaeder:

$$G_{\text{Würfel}} = G_{\text{Oktaeder}}$$
$$G_{\text{Dodekaeder}} = G_{\text{Ikosaeder}}$$

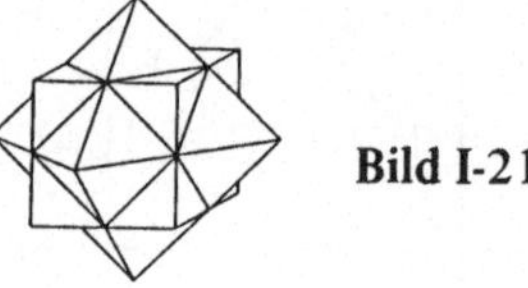

Bild I-21

In seinem berühmten Ikosaeder-Buch Klein [1884] stellte Felix Klein (1849–1925) die Gruppe $G_{\text{Ikosaeder}}$ in eine Fülle geometrischer und algebraischer Bezüge hinein. Manche Kenner halten dies Buch für sein schönstes Werk; für ihn selbst bedeutete es die Wiederauferstehung nach einem nervlichen Zusammenbruch, in dem er den besten Teil seiner Produktivkraft verloren zu haben glaubte.

3.2   Die Klassifikation der Symmetriegruppen: Ornamente und Kristalle

Wir haben in der Ebene und im Raum die Symmetriegruppe G_F einer beliebigen Figur F definiert und einige Beispiele vorgeführt. Es gibt eine Menge weiterer Beispiele. Ist die Menge der Beispiele unabsehbar, oder kommt man irgendwann an einen Punkt, wo man sagen kann: jetzt haben wir alle G_F, die man jemals wird bilden konnen, schon beisammen?

Diese Fragestellung tritt in der Mathematik immer wieder auf: man bildet einen Begriff und sucht Beispiele mathematischer Gegenstande, die unter diesen Begriff fallen; kommt man dabei irgendwann an einen Punkt, wo keine neuen Beispiele mehr auftreten konnen? Hierbei wird man ein Beispiel „neu" nennen, wenn es sich nicht durch gewisse Umformungen, die man dann als „Isomorphien" bezeichnet, in eins der schon bekannten Beispiele überführen läßt. Formal sieht das so aus: man denkt sich die Gesamtheit aller moglichen Beispiele in Klassen eingeteilt; dabei kommen zwei Beispiele genau dann in eine Klasse, wenn sie isomorph sind („Isomorphie-Klassen"); gesucht wird ein sogenanntes vollständiges wiederholungsfreies Repräsentantensystem dieser Klasseneinteilung, d.h. eine Beispiel-Liste, die aus jeder Klasse genau ein Beispiel enthält. Man nennt dies die *Klassifikations-Aufgabe* für besagten Begriff. In unserem Falle geht es um die Klassifikation aller ebenen bzw. räumlichen Symmetriegruppen.

Nach unserem bisherigen Vorgehen handelt es sich also darum, aus der Liste der Gruppen G_F, die man für alle erdenklichen Figuren F bekommen kann, sämtliche Isomorphie-Duplikationen (wie z.B. $G_{\text{Würfel}} = G_{\text{Oktaeder}}$) zu eliminieren. Einer erfolgreichen Tradition folgend, vereinfachen wir unsere Aufgabe ein wenig, indem wir die Menge aller G_F durch eine etwas kleinere ersetzen:

Für jede Gruppe G von starren Abbildungen – sagen wir: der Ebene – bilden wir zu jedem Punkt x der Ebene seine sogenannte *G-Bahn*, nämlich die Menge aller Punkte, die man aus x

durch Anwendung von Abbildungen aus G bekommen kann. Man nennt so eine Bahn *diskret*, wenn sie in jedem beschränkten Teil der Ebene nur endlichviele Punkte hat, und man nennt G *diskret*, wenn die G-Bahn eines jeden Punktes x diskret ist. Bei unseren früheren Beispielen sind offenbar immer nur diskrete Gruppen G_F herausgekommen, aber hätten wir z.B. F aus einem einzigen Punkt x_0 bestehen lassen, so wären die G_F-Bahnen komplette Kreislinien mit Zentrum x_0 geworden. Solche Fälle schließen wir aus, wenn wir uns die Aufgabe der

Klassifikation aller diskreten Gruppen starrer Abbildungen in der Ebene bzw. im Raum

stellen. Natürlich muß man sich dazu als erstes einen Überblick über alle moglichen starren Abbildungen verschaffen. Das liefert

in der Ebene	im Raum
Identität	Identität
Drehungen um jeweils einen Punkt	Drehungen um jeweils eine Achse
Spiegelungen an jeweils einer Geraden	Spiegelungen an jeweils einer Ebene
Translationen (Parallelverschiebungen)	Translationen
Gleitspiegelungen (= (Spiegelung an einer Geraden) ∘ (Translation parallel zu dieser Geraden))	Schraubungen (= Drehung um eine Gerade) ∘ (Translation parallel zu dieser Geraden))

Die Klassifikation der diskreten Gruppen verläuft nun nach folgendem Schema: für jede diskrete Gruppe G erhält man einen sogenannten Fundamentalbereich F_G, indem man sich aus jeder G-Bahn genau einen Punkt herauspickt; dies kann auf viele verschiedene Arten geschehen, aber immer bilden die Mengen, die man aus F_G durch Anwendung von Abbildungen aus G erhält, eine im wesentlichen disjunkte Überdeckung oder *Parkettierung* der Ebene bzw. des Raumes; man gibt die gesuchte vollständige wiederholungsfreie Beispielliste an, indem man eine vollständige Liste der möglichen Parkettierungen durch Fundamentalbereiche aufstellt.

Das Ergebnis sieht in der Ebene (Pólya [1924]) so aus (nach Fejes Tóth [1965]):

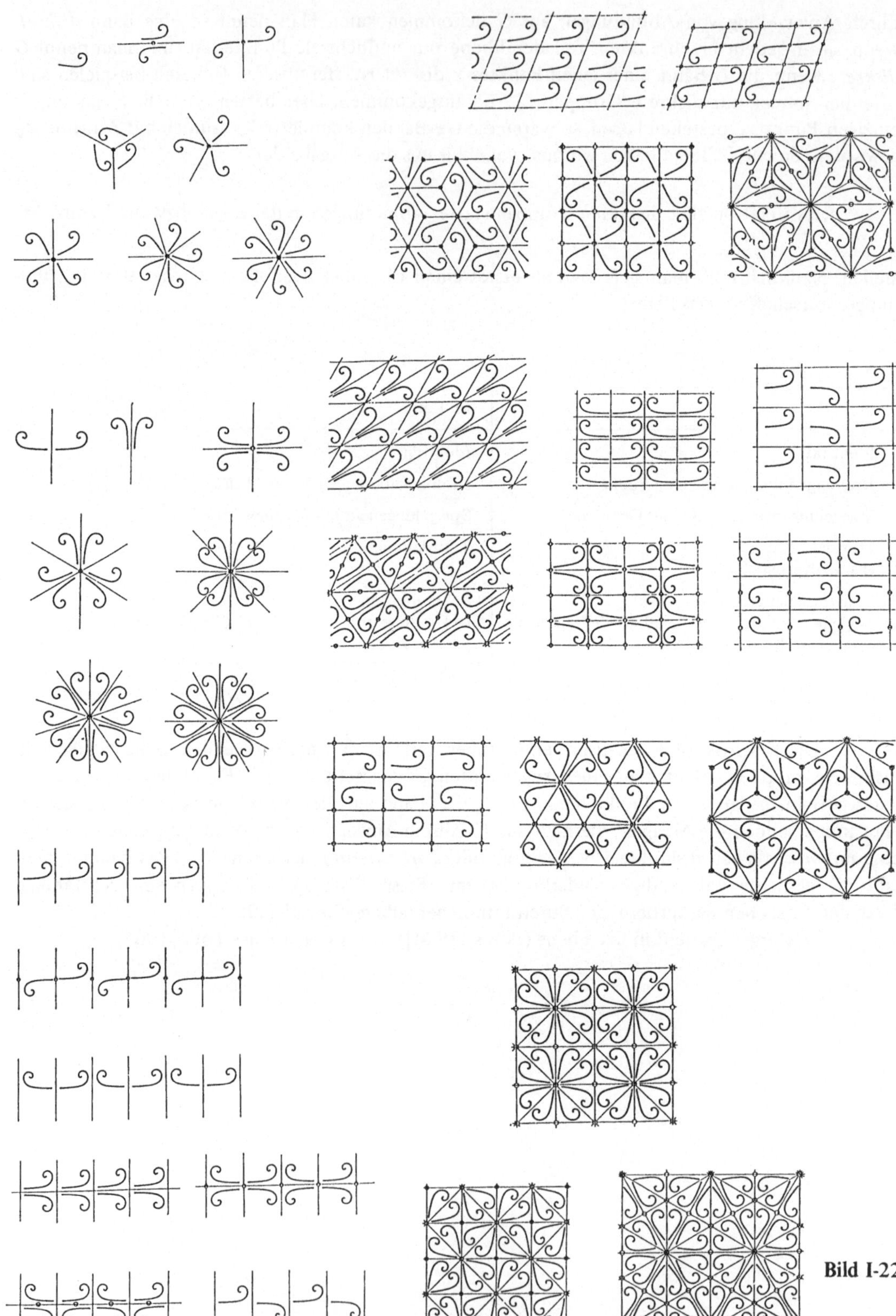

Bild I-22

und ist so zu lesen:

Jede Figur zeigt die Parkettierung der Ebene mit Fundamentalbereichen einer diskreten Gruppe G. In jeden dieser Fundamentalbereiche ist eine „Orientierungslocke" eingetragen. Packt man die Ebene an einem dieser Fundamentalbereiche und bewegt sie so, daß er mit einem anderen Fundamentalbereich zur Deckung kommt (inkl. Locke), so hat man eine Transformation aus der betreffenden Gruppe realisiert, und so bekommt man die ganze Gruppe. ⊖ bedeutet Drehpunkte mit 180°-Drehungen, bei ⊛ sind 120°-Drehungen am Werk, bei ⊕ 90° und 180°.

Diese Klassifikation der diskreten Gruppen starrer Abbildungen in der Ebene ist der Beitrag der Mathematik zur *Theorie der Ornamente*. Er erklärt z.B., warum es kein ebenes Ornament mit 5-zähligen strengen Symmetriepunkten geben kann, ein Problem, mit dem die islamische Ornamentik jahrhundertelang gekampft hat, vgl. Critchlow [1976], El-Said-Parman [1976], Rempel [1961]. Wir stellen ein islamisches Beispiel zur Fünfzahligkeit und ein modernes mathematisches Gegenstück (Kline [1979]) nebeneinander:

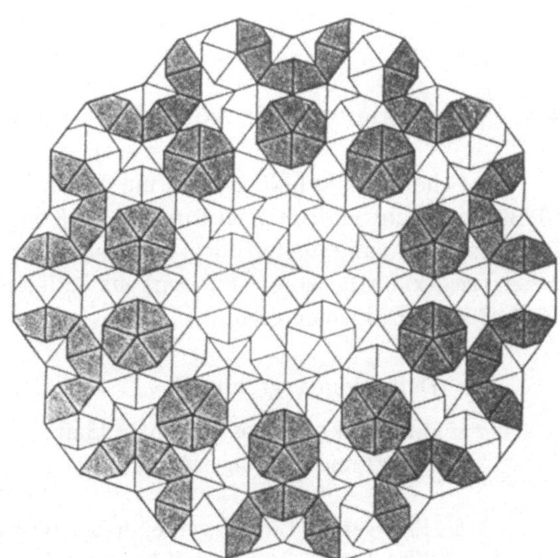

Bild I-23

Ein klassisches Werk über Ornamente ist Jones [1868].

Überträgt man das für die ebenen Ornamente Dargelegte auf die nachsthohere Dimension 3, so gelangt man zur Klassifikation der Kristalle, einer Großleistung des 19. Jahrhunderts. Die Beispielliste umfaßt hier 230 diskrete Gruppen – die sogenannten Kristallgruppen. Die Originalarbeiten: Fedorov (1853–1919) [1890], Schoenflies (1853–1928) [1891], Barlow (1845–1934) [1894]. Eine neuere Darstellung gibt z.B. Fejes Tóth [1965]. Zur rechnerischen Behandlung (Algorithmik) vgl. Zassenhaus [1948]. Beschränkt man sich auf *endliche* diskrete Gruppen, so kommt man auf 32 Beispiele, die sich schon bei Hessel [1830, 1831] finden. Da hier nur Bewegungen stattfinden die mindestens einen Punkt festlassen, spricht man auch von den 32 *Punktgruppen*. Von der Klassifi-

kation der diskreten Gruppen im dreidimensionalen Raum bis zur Anwendung auf konkrete, in der
Natur vorkommende Kristalle ist noch eine gewisse Wegstrecke zurückzulegen, an deren Ende eine
Tafel von 47 sogenannten einfachen Kristallformen steht (vgl. Shubnikov-Koptsik [1974]). Über
ihre Verwirklichung in der Natur vgl. z.B. Kleber [1977]. Neuerdings gewinnt auch die Klassifika-
tion vierdimensionaler Kristalle physikalische Bedeutung (Brown et al. [1978]). Der Gedanke einer
Gitterstruktur der Kristalle läßt sich bis auf Christian Huyghens (1629–1695) und Johannes
Kepler (1571–1630) zurückführen.

§ 4   Systematisierung der Geometrie

In diesem Abschnitt besprechen wir eine Reihe von Unternehmungen, die das Ziel verfolgen, die Geometrie, oder größere Teile von ihr, als systematische Theorien aufzubauen

4.1   Der axiomatische Aufbau der euklidischen Geometrie

Schon Euklid (Alexandria, um 300 n.Chr.) reihte in seinen „Elementen" (gr. ta stoicheia,
13 Bücher) nicht einfach Konstruktion an Konstruktion, Satz an Satz, sondern suchte dem z.B.
von Aristoteles aufgestellten Ideal zu genügen, wonach eine Wissenschaft sich von gewissen Grund-
sätzen (gr. Axiomata, koinai Ennoiai) aus definierend und beweisend aufzubauen habe. So beginnt
das 1. Buch der „Elemente" mit

Definitionen (gr. horoi)

α'. Ein Punkt ist, was keinen Teil hat.
β'. Eine Linie ist Länge ohne Breite
......
δ'. Eine gerade Linie ist eine, die zu allen ihren Punkten gleich liegt.
ϵ'. Eine Flache ist, was nur Lange und Breite hat
......

Wir empfinden heute diese Anfangserläuterungen als ungenügend, vor allem als unscharf;
im weiteren Aufbau der Theorie schleichen sich bei Euklid immer wieder anschauliche „Selbst-
verständlichkeiten" ohne klaren logischen Status ein.

Das aristotelische Programm wurde für die euklidische Geometrie erstmals 1899 durch
David Hilbert (1862–1943) erfüllt. In seinem Buch „Grundlagen der Geometrie" (Hilbert [1899])
stellte Hilbert folgende Aussagen als Axiome an den Anfang (Zitat auszugsweise):

Die fünf Axiomgruppen.

Die Elemente der Geometrie und die fünf Axiomgruppen.

Erklärung· Wir denken drei verschiedene Systeme von Dingen. die Dinge des ersten Systems nennen wir *Punkte* und bezeichnen sie mit A, B, C, .. ; die Dinge des zweiten Systems nennen wir *Geraden* und bezeichnen sie mit a, b, c, ... , die Dinge des dritten Systems nennen wir *Ebenen* und bezeichnen sie mit α, β, γ, .. , die Punkte heißen auch die *Elemente der linearen Geometrie*, die Punkte und Geraden heißen die *Elemente der ebenen Geometrie*, und die Punkte, Geraden und Ebenen heißen die *Elemente der räumlichen Geometrie* oder *des Raumes*

Wir denken die Punkte, Geraden, Ebenen in gewissen gegenseitigen Beziehungen und bezeichnen diese Beziehungen durch Worte wie „liegen", „zwischen", „kongruent", „parallel", „stetig", die genaue und für mathematische Zwecke vollständige Beschreibung dieser Beziehungen erfolgt durch die *Axiome der Geometrie.*

Die Axiome der Geometrie können wir in fünf Gruppen teilen; jede einzelne dieser Gruppen drückt gewisse zusammengehörige Grundtatsachen unserer Anschauung aus Wir benennen diese Gruppen von Axiomen in folgender Weise·

I 1–8 Axiome der *Verknüpfung,*
II 1–4. Axiome der *Anordnung,*
III 1–5. Axiome der *Kongruenz,*
IV Axiome der *Parallelen,*
V 1–2 Axiome der *Stetigkeit*

Die Axiomgruppe I: Axiome der Verknüpfung.

Die Axiome dieser Gruppe stellen zwischen den oben eingeführten Dingen· Punkte, Geraden und Ebenen eine *Verknüpfung* her und lauten wie folgt·

I 1 *Zu zwei Punkten A, B gibt es stets eine Gerade a, die mit jedem der beiden Punkte A, B zusammengehört.*

I 2 *Zu zwei Punkten A, B gibt es nicht mehr als eine Gerade, die mit jedem der beiden Punkte A, B zusammengehört*

··· ···

Die Axiomgruppe II: Axiome der Anordnung.

Die Axiome dieser Gruppe definieren den Begriff „zwischen" und ermöglichen auf Grund dieses Begriffes die *Anordnung* der Punkte auf einer Geraden, in einer Ebene und im Raume.
Erklärung. Die Punkte einer Geraden stehen in gewissen Beziehungen zueinander, zu deren Beschreibung uns insbesondere das Wort „zwischen" dient

II 1. *Wenn ein Punkt B zwischen einem Punkt A und einem*

$$\underline{\quad\quad A\quad\quad B\quad\quad\quad C\quad\quad\quad}$$

Punkt C liegt, so sind A, B, C drei verschiedene Punkte einer Geraden, und B liegt dann auch zwischen C und A.

II 2 *Zu zwei Punkten A und C gibt es stets wenigstens einen Punkt B auf der Geraden AC, so daß C zwischen A und B liegt*

$$\underline{\quad\quad A\quad\quad\quad C\quad\quad\quad B\quad\quad\quad}$$

II 3. *Unter irgend drei Punkten einer Geraden gibt es nicht mehr als einen, der zwischen den beiden anderen liegt*

Die Axiomgruppe III: Axiome der Kongruenz.

Die Axiome dieser Gruppe definieren den Begriff der Kongruenz und damit auch den der Bewegung

Erklärung. Die Strecken stehen in gewissen Beziehungen zu einander, zu deren Beschreibung uns die Worte „*kongruent*" oder „*gleich*" dienen.

III 1 *Wenn A, B zwei Punkte auf einer Geraden a und ferner A' ein Punkt auf derselben oder einer anderen Geraden a' ist, so kann man auf einer gegebenen Seite der Geraden a' von A' stets einen Punkt B' finden, so daß die Strecke AB der Strecke A'B' kongruent oder gleich ist, in Zeichen·*

$$AB \equiv A'B'.$$

Dieses Axiom fordert die Möglichkeit der Strecken*abtragung* Ihre Eindeutigkeit wird später bewiesen.

— —·· ···

Die Axiomgruppe IV: Axiom der Parallelen.

Es sei α eine beliebige Ebene, a eine beliebige Gerade in α und A ein Punkt in α, der außerhalb a liegt Ziehen wir dann in α eine Gerade c, die durch A geht und a schneidet, und sodann in α eine Gerade b durch A, so daß die Gerade c die Geraden a, b unter gleichen Gegenwinkeln schneidet, so folgt leicht aus dem Satze vom Außenwinkel, Satz 22, daß die Geraden a, b keinen Punkt miteinander gemein haben, d h. in einer Ebene α läßt sich durch einen Punkt A außerhalb einer Geraden a stets eine Gerade ziehen, welche jene Gerade a nicht schneidet

Das Parallelenaxiom lautet nun

IV (Euklidisches Axiom) *Es sei a eine beliebige Gerade und A ein Punkt außerhalb a dann gibt es in der durch a und A bestimmten Ebene höchstens eine Gerade, die durch A läuft und a nicht schneidet*

Erklärung Nach dem Vorhergehenden und auf Grund des Parallelenaxioms erkennen wir, daß es in der durch a und A bestimmten Ebene eine und nur eine Gerade gibt, die durch A läuft und a nicht schneidet, wir nennen dieselbe *die Parallele zu a durch A*

Die Axiomgruppe V: Axiome der Stetigkeit.

V 1 (Axiom des Messens oder Archimedisches Axiom). *Sind AB und CD irgend welche Strecken, so gibt es eine Anzahl n derart, daß das n-malige Hintereinander-Abtragen der Strecke CD von A aus auf den durch B gehenden Halbstrahl über den Punkt B hinausführt.*

V 2 (Axiom der linearen Vollständigkeit). *Das System der Punkte einer Geraden mit seinen Anordnungs- und Kongruenzbeziehungen ist keiner solchen Erweiterung fähig, bei welcher die zwischen den vorigen Elementen bestehenden Beziehungen sowie auch die aus den Axiomen I–III folgenden Grundeigenschaften der linearen Anordnung und Kongruenz, und V 1 erhalten bleiben.*

Aus diesem Text spricht Hilberts radikale Umwandlung von Aristoteles' Forderung:

> Es kommt bei der Formulierung der Axiome nicht darauf an, welche Vorstellungen man
> mit den darin vorkommenden Begriffsnamen verbindet (Hilbert soll gesagt haben, man
> konne statt „Punkt", „Gerade", „Ebene" ebensogut auch „Stuhl", „Tisch", „Bierseidel"
> sagen), sondern nur auf die Eigenschaften der Beziehungen zwischen diesen Begriffsna-
> men. Vorstellungen und Interpretationen dürfen zwar als Motive fur die Richtung des
> weiteren Theorie-Aufbaus dienen, aber nie in die Formulierung von Definitionen, Satzen
> und Beweisen eingehen. Die Sicherheit des Theorie-Aufbaus darf sich nur auf die Einhal-
> tung der Gesetze der Logik stützen.

Diese Inhalts-Entleerung wurde von Friedrich Ludwig Gottlob Frege (1848–1925) alsbald moniert. Sie führte schließlich zu dem Vorwurf, die Mathematik habe nunmehr aufgehort,
eine Wissenschaft zu sein, da sie keinen Gegenstand mehr habe; vielmehr konne sie erst durch
Hinzufugung einer Interpretation der in ihr nur noch rein formal hin und hergeschobenen Begriffe
zur Wissenschaft gemacht werden; so wie Hilbert sie auffasse, sei sie bloß eine Theorie-Form
(Frege [1903], Nelson [1928]).

Da praktisch alle Mathematiker die Hilbertschen Ideen als verbindlich für die gesamte
Mathematik ansehen, trifft besagte Kritik m.E. in der Tat auf die gesamte Mathematik zu: die
Mathematik ist weithin keine Wissenschaft im üblichen Sinne, sondern eine Meta-Wissenschaft,
einige ihrer Teile sind auf bestimmte Interpretationen, die sie zu Wissenschaften im ublichen Sinne
machen, von vornherein zugeschnitten; bei anderen Teilen ist dies nicht der Fall — sie konnen aber
jeweils schlagartig durch Hinzufugen einer Interpretation zu Wissenschaften im ublichen Sinne
gemacht werden; als Mathematiker sehe ich darin keinen Vorwurf, sondern eine Auszeichnung; die
Mathematik im Sinne Hilberts verkorpert eine hohere Form der Erkenntnis-Organisation als das
klassische Wissenschaftsideal.

4.2   Das Parallelenpostulat und die nichteuklidische Geometrie

Erst ein Aufbau à la Hilbert erlaubt es, die Struktur einer Theorie exakt zu untersuchen
und Fragen der logischen Abhangigkeit wie

> was laßt sich in dieser Theorie mit welchen Mitteln beweisen und was nicht

vollstandig aufzuklären. Doch reichen Fragestellungen dieser Art jahrhunderteweit zurück. Die
beruhmteste Frage dieser Art wurde angeblich schon zu Euklids Lebzeiten gestellt und betrifft
das sogenannte *Parallelenaxiom.* Es lautet bei Euklid

> 5. Wenn die Innenwinkel auf einer Seite einer zwei Gerade schneidenden Geraden zusam-
> men weniger als zwei Rechte ausmachen, dann schneiden sich die beiden Geraden bei
> unbegrenzter Verlängerung nach jener Seite

(Elemente I) und wird heute fur die ebene Geometrie meist so formuliert:

> Ist g eine Gerade und P ein Punkt außerhalb g, so gibt es genau eine Gerade durch P,
> die zu g parallel ist (und das heißt in der Ebene: die mit g keinen Punkt gemein hat)

Hilbert hatte seine Gründe für seine oben zitierte etwas andere Formulierung.
Wie man der Figur entnimmt, ist dies Axiom im Verbund mit anderen Axiomen aquivalent zu der Aussage

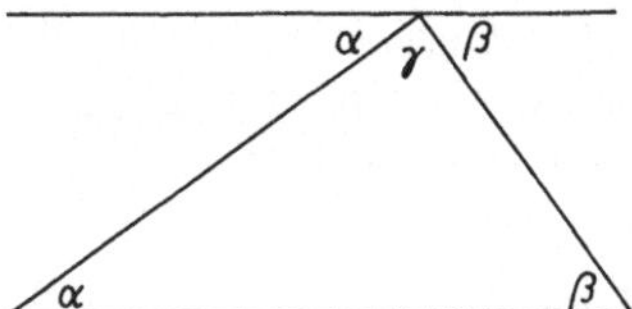

Bild I-24

Die Winkelsumme im Dreieck beträgt 2 rechte Winkel (180°)

Die Frage lautet:

> Läßt sich das Parallelenaxiom aus den übrigen Axiomen der euklidischen Geometrie (wie sie z.B. Hilbert ausgearbeitet hat) logisch deduzieren?

Noch der bedeutende Jesuitenpater Girolamo Saccheri (1667–1733) glaubte, eine solche Deduktion in seiner Schrift „Euclides ab omni naevo vindicatus" (1733) geleistet zu haben. Immerhin war sein Beweis für „Winkelsumme $\leqslant 2$ rechte" innerhalb seines Systems korrekt; der „Beweis" für $\geqslant$ war dagegen fehlerhaft.

Heute wissen wir, daß die obige Frage mit „nein" zu beantworten ist. Wie leistet man einen solchen Unbeweisbarkeits-Beweis? Indem man eine Theorie aufstellt, die in sich genau so widerspruchsfrei ist wie die euklidische Geometrie (dies kann man z.B. dadurch erreichen, daß man sie logisch exakt auf die euklidische Geometrie gründet) und in der das Parallelenaxiom verletzt ist, während die übrigen Axiome erfüllt sind. So eine Theorie nennt man eine *nichteuklidische Geometrie*.

Die erste publizierte nichteuklidische Geometrie findet sich bei Lobatschevski [1829]. Wenig später folgte Bolyai [1832]. Das 19. Jahrhundert war nicht imstande, die nichteuklidische Geometrie mit Gelassenheit als ein rein logisches Manöver zur Kenntnis zu nehmen: wenn etwas „Geometrie" genannt wurde, mußte es sich mit unserer Raumvorstellung verbinden lassen; hierfür aber hatte Immanuel Kant (1724–1804) die euklidische Geometrie als die apriori einzig zulässige dekretiert. Zu der damit umrissenen offentlichen Dramatik kam noch die wissenschaftsinterne Problematik der Priorität. Carl Friedrich Gauß (1777–1855) lernte Russisch, um Lobatschevski im Original lesen zu konnen; er schrieb am 6.3.1832 seinem Freunde Wolfgang Bolyai (1775–1836), der ihm die nichteuklidischen Untersuchungen seines Sohnes Janos Bolyai (1793–1856) mitgeteilt hatte, daß er schon über 30 Jahre früher dieselben Untersuchungen angestellt habe, ohne sie jedoch zu publizieren, da er, wie er sich in einem Brief an Bessel vom 27.1.1829 ausdrückt, „das Geschrei der Booter" fürchte. Diese Eroffnung wirkte auf die Bolyais niederschmetternd. Der ungarische Dichter Laszlo Nemeth (*1901) hat diese Geschichte zu einem Drama verarbeitet, das in Budapest mit Erfolg aufgeführt wurde (Nemeth [1961]).

Kants oben erwähntes Dekret war eines der gewichtigsten Beiträge zur Diskussion über folgende Fragen:

Naive Frage:
Welcher Geometrie gehorcht der wirkliche Raum?

Nach-Frage:
Ist dies eine Frage an die Wirklichkeit oder an unsere Art, uns ein Urteil über die Wirklichkeit zu bilden?

Nach-Nach-Frage:
Wie kann man solche Fragen entscheiden? Inwiefern sind sie zulässig, zwingend?

Im Laufe des 19. Jahrhunderts hat diese Diskussion die Mathematiker bewogen, die nichteuklidische Geometrie nicht nur als ein logisches Manover anzusehen, sondern sie zusammen mit der euklidischen Geometrie in ein breitgefächertes Angebot mathematischer Modelle zur Deutung empirisch-geometrischer Sachverhalte einzufügen. Einen der entscheidenden Schritte in dieser Richtung tat Bernhard Riemann (1826–1866) mit seinem berühmten Habilitationsvortrag „Über die Hypothesen, welche der Geometrie zugrunde liegen" (Riemann [1854]). Gauß (†1855), der die Wahl des Themas mitbestimmt hatte, war tief beeindruckt. Über ein halbes Jahrhundert später lieferte die „Riemannsche Geometrie" eine der mathematischen Grundlagen für die allgemeine Relativitätstheorie (Einstein [1915, 1916]; moderne Darstellung z.B. bei Sachs-Wu [1977]).

Die klassischen nichteuklidischen Geometrien gehoren auch heute immer wieder zum Vorlesungsangebot unserer Hochschulen, vgl. Perron [1962], Nobeling [1975]. Man teilt sie ein in

hyperbolische (von hyperballein = übertreffen):
Winkelsumme im Dreieck $< 180°$ ($\Leftrightarrow$ mehrere Parallelen), und

elliptische (von ekleipein = auslassen):
Winkelsumme im Dreieck $> 180°$ ($\Leftrightarrow$ keine Parallelen).

Der Witz bei der „euklidischen Konstruktion dieser nichteuklidischen Geometrien" besteht darin, Gegenstande der euklidischen Geometrie, die dort keine Geraden sind, künstlich zu „nichteuklidischen Geraden" zu ernennen; sie übernehmen lediglich in logischer Hinsicht dieselbe Funktion, die die euklidischen Geraden in der euklidischen Geometrie haben; für den angestrebten Unbeweisbarkeits-Beweis genugt dies vollig.

Eine zweidimensionale elliptische Geometrie erhält man z.B., wenn man eine Kugelfläche zugrundelegt und ihre Großkreise zu „Geraden" umdefiniert; dann gibt es naturlich uberhaupt keine sich nicht schneidenden „Geraden" und man konstruiert leicht z.B. Dreiecke mit drei rechten Winkeln, also der Winkelsumme $270° > 180°$. Diese sphärische Geometrie ist für Geographen und Seeleute keineswegs neu, nur das Umdefinieren Großkreis = „Gerade" ist zunächst ungewohnt, macht jedoch bei Beschränkung auf kleine Teilgebiete der Kugelfläche nur einen geringen Unterschied zur euklidischen Geometrie.

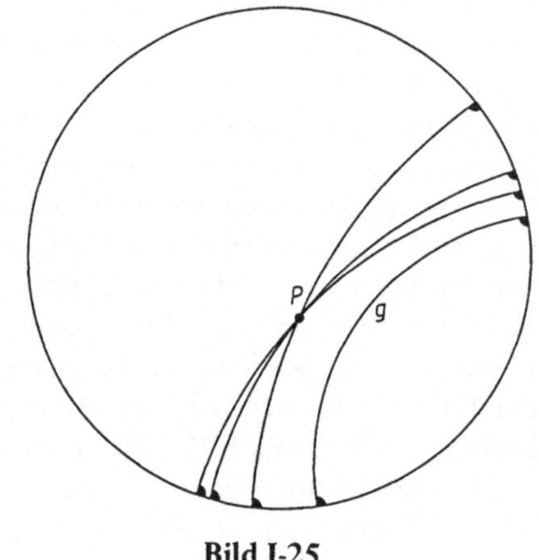

Bild I-25

Eine zweidimensionale hyperbolische Geometrie erhält man z.B., wenn man sich auf das Innere eines Kreises zurückzieht und die auf seiner Peripherie senkrecht stehenden Kreisbögen als neue „Gerade" definiert:
Auch hier gilt z.B. „durch zwei Punkte geht genau eine Gerade", aber durch einen Punkt P außerhalb einer Geraden g gehen unendlichviele Parallele. – Statt der Kreisbogen kann man auch geradlinige Sehnen nehmen. Es geht auch mit einer Halbebene und den auf der Randgerade senkrecht stehenden Halbkreisen:

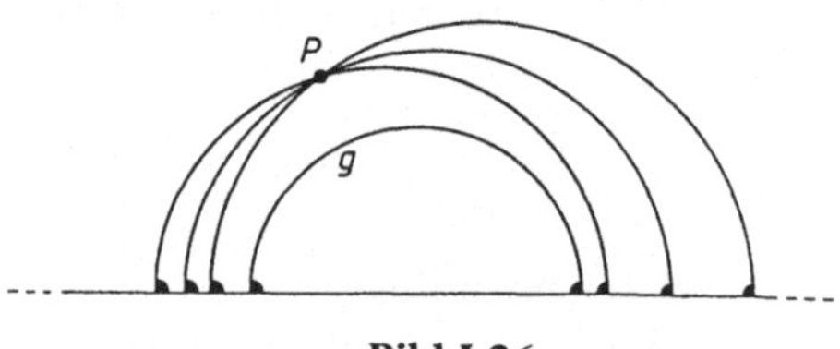

Bild I-26

4.3 Analytische Geometrie

René Descartes (1596–1650) war nicht nur einer der folgenreichsten Philosophen, er bescherte auch der Mathematik einen grundlegenden Gedanken, die sogenannte analytische Geometrie (Descartes [1637]). In ihr werden Punkte in der Ebene mittels eines Koordinatensystems durch Zahlenpaare (x, y) repräsentiert. Geometrische Figuren werden dann z.B. zu Lösungsmengen von Gleichungen und Gleichungssystemen, die Algebra wird der Geometrie dienstbar. Die folgende Tafel demonstriert dies an einigen Beispielen:

Figur und Koordinatensystem	Gleichung
Gerade 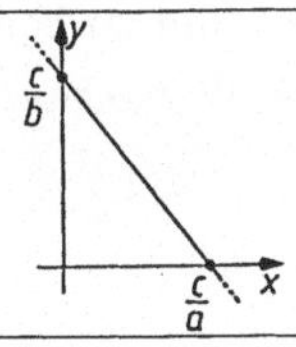	$ax + by = c$
Kreis 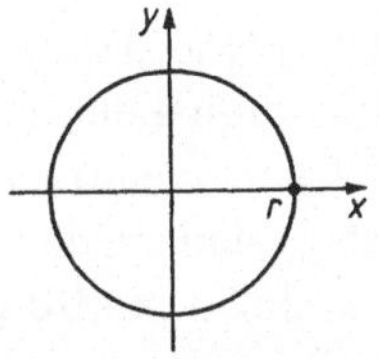	$x^2 + y^2 = r^2$
Ellipse 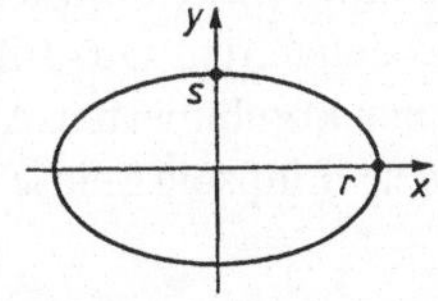	$\dfrac{x^2}{r^2} + \dfrac{y^2}{s^2} = 1$
Hyperbel 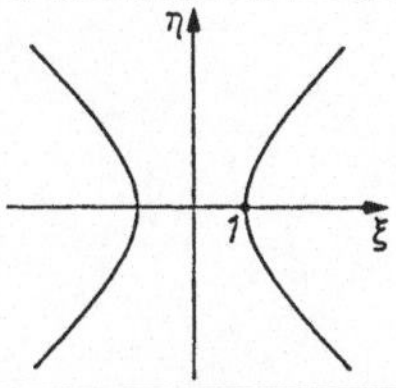	$\xi^2 - \eta^2 = 1$
Hyperbel 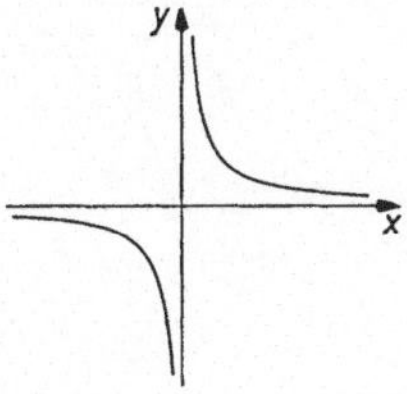	$xy = 1$
Parabel 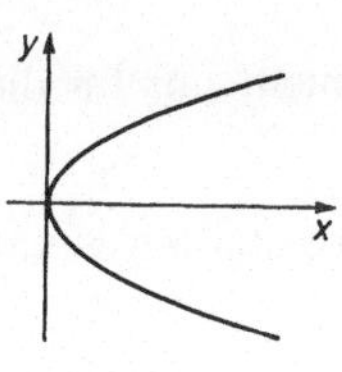	$x = y^2$

Bild I-27

Wir haben hier das Beispiel der Hyperbel benutzt, um zu demonstrieren, daß ein und derselbe geometrische Sachverhalt sich in verschiedenen Koordinatensystemen algebraisch verschieden darstellen kann. Gibt man die Koordinatenänderung algebraisch vor (z.B. $x = \xi + \eta$, $y = \xi - \eta$), so kann man die eine Darstellung in die andere umrechnen (z.B. $xy = 1$ in $(\xi + \eta)(\xi - \eta) = 1 = \xi^2 - \eta^2$). Dergleichen gehort in der analytischen Geometrie zur Routine. Man sucht z.B. nach Koordinatenumrechnungen („Transformationen"). die zu möglichst einfachen algebraischen Darstellungen führen. Dieser zunächst fast nur asthetische oder rechenpraktische Gesichtspunkt gewinnt weltanschauliche Virulenz, wenn er sich — mathematisch noch weiter aufgestockt — mit dem Wunsch des Physikers nach klaren und einfachen Naturgesetzen verbindet. Ein Beispiel: ob sich die Sonne um die Erde dreht oder umgekehrt, ist für den Mathematiker und Physiker lediglich eine Frage der Koordinatentransformation; er bevorzugt das heliozentrische Modell, weil in ihm die Gesetze der Planetenbewegung einfacher zu formulieren und zu begreifen sind; er kann aber jederzeit auf geozentrische Koordinaten umrechnen, und in der astronomischen Praxis wird dies auch ständig getan.

Die Transformation von Gleichungen der Form

$$ax^2 + by^2 + cxy + dx + ey = g$$

(mit fest vorgegebenen Zahlen $a, b, \ldots, g$) auf einfache Gestalten, wie sie die obige Tabelle zeigt, liefert die *Klassifikation der sogenannten Quadriken* bis auf Koordinatentransformation (dies ist der hier zustandige Isomorphiebegriff): die obige Tafel enthält den wesentlichen Teil der zugehorigen Beispiel-Liste. Die Kegelschnitte (Ellipse, Hyperbel, Parabel) sind freilich schon in der Antike intensiv studiert worden, z.B. durch Apollonios von Perga (ca. 262 – ca. 190 v.Chr.), dem bedeutenden jüngeren Zeitgenossen von Archimedes (ca. 287 – 212 v.Chr.).

Fuhrt man dasselbe Programm in 3 Dimensionen, also mit drei Koordinaten x, y, z durch, so entsteht die längere Beispiel-Liste der dreidimensionalen sogenannten Quadriken. Statt sie einzeln vorzuführen, präsentieren wir hier drei von ihnen in einer kombinierten Abbildung, bei der man sieht, wie sich solche Flächen orthogonal durchdringen: Ellipsoid, einschaliges und zweischaliges Hyperboloid.

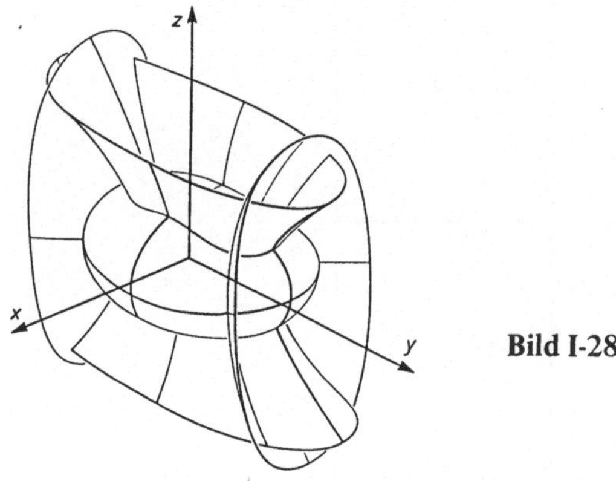

Bild I-28

Descartes Idee der analytischen Geometrie hat nicht nur für die Geometrie, sondern für die gesamte Mathematik ungeheure Folgen gezeitigt:

(1) Die analytische Geometrie hat die in §2 vorgestellten Unmöglichkeitsbeweise bis zu einem gewissen Grade erst moglich gemacht.

(2) Sie hat der gesamten Geometrie einen Grundlagen-Dienst erwiesen: weil man sie mittels Zahlen repräsentieren kann, ist sie genau so widerspruchsfrei wie die Zahlenlehre. Für deren Widerspruchsfreiheits-Problematik vgl. Bd. 2, Kap. VII.

(3) Schließlich hat die analytische Geometrie den Schritt in die höheren Dimensionen 4, 5, ... ermöglicht: es ist nicht prinzipiell schwieriger, mit 4 oder 5 oder mehr Koordinaten zu rechnen als mit 2 oder 3: z.B. ist $x^2 + y^2 + z^2 + t^2 = 1$ die Gleichung der Einheits-Kugelfläche im 4-dimensionalen Raum, $x^2 + y^2 + z^2 + t^2 + u^2 = 1$ im 5-dimensionalen; so überwand die Mathematik eine durch die Grenzen unseres Anschauungsvermögens aufgebaute Blockierung, zum Segen der Anwendung (Physik, Ökonomie etc.).

4.4   Projektive Geometrie

Der strenge axiomatische Aufbau der Geometrie durch Hilbert [1899] ermoglicht eine Ausleuchtung der Geometrie nach logischen Abhängigkeitsverhältnissen. Naturlich hat man mit Fragen dieser Art nicht bis 1899 gewartet, und sich schon das ganze 19. Jahrhundert über insbesondere gefragt, welcher Teil der Geometrie sich allein aus Axiomen des Verbindens und Schneidens deduzieren lasse. Dabei empfand man die Parallelität von Geraden als storenden Sonderfall — man hatte lieber mit einem glatten Axiom „zwei verschiedene Gerade schneiden sich in genau einem Punkt" gearbeitet, statt immer zwischen Schneiden und Parallelität unterscheiden zu mussen. Man verfiel nun auf den Ausweg, die Aussage „die Geraden g und g' sind parallel" in die Aussage

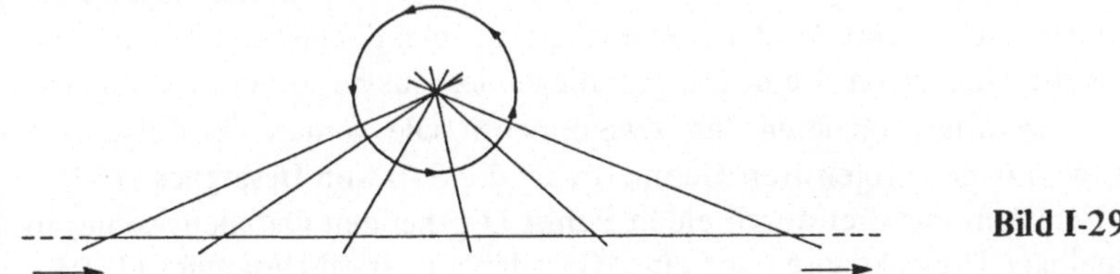

Bild I-29

„g und g' schneiden sich in einem unendlichfernen Punkt' umzuformen. Bilder wie die bekannten Eisenbahnschienen oder wie Bild I-29 legen eine solche Sprechweise nahe und suggerieren auch die Vorstellung, man gehe rechts zum unendlichfernen Punkt und komme links von ihm wieder zurück, so daß die Gerade eine Art Kreis-Struktur erhält.

Wie macht man aus anschaulichen Vorstellungen dieser Art exakte Mathematik? Indem man die unendlichfernen Punkte *definiert, macht, hinzufügt*. Eine Moglichkeit, dies zu tun, besteht in der Definition: die Gesamtheit aller zu einer gegebenen Geraden parallelen Geraden *heißt* oder *ist* der ihnen allen gemeinsame unendlichferne Punkt. Der Laie wird einwenden: so eine Parallelenschar *ist* doch kein Punkt. Der Mathematiker antwortet: es kommt in der Mathematik nicht darauf an, was die Dinge sind, sondern welche logische Rolle sie spielen, und wir haben hier den Begriff „unendlichfernen Punkt" gerade so definiert, daß er die Aussage „zwei verschiedene Gerade haben genau einen Punkt gemeinsam" richtig macht, ohne daß noch Fallunterscheidungen zwischen parallel und nicht-parallel erforderlich wären; wir entdecken die unendlichfernen Punkte nicht sondern *machen* sie. Diese Einstellung der Mathematiker ruft bei Nichtmathematikern häufig Befremden hervor. Man kann aber nicht genug betonen: daß sich zwei parallele Geraden in einem unendlichfernen Punkt schneiden, ist kein mathematischer Satz, sondern eine Einrichtung, für die die Mathematiker gesorgt haben; man kann es so machen, man kann es anders machen, und man kann es auch bleiben lassen (vgl auch Kap. V, § 5: Kompaktifizierung).

Macht man es so, so entsteht eine Theorie, die *projektive Geometrie* genannt wird und die sich auf folgendes knappe System von nur drei Axiomen gründet (für die Ebene – im Raum entsprechend mehr):

PI.   Durch zwei verschiedene Punkte geht genau eine Gerade
PII. Zwei verschiedene Gerade schneiden sich in genau einem Punkt
PIII. Es gibt 4 Punkte von denen keine drei auf einer Geraden liegen

Die Knappheit dieses Axiomensystems bedeutet keine geistige Verarmung, sondern einen ungeahnte Moglichkeiten eroffnenden Abstraktionsgrad. Man benotigt nicht die riesige euklidische Ebene, samt den vorhin betrachteten Parallelenscharen, um diese drei Axiome zu erfüllen (und damit als widerspruchsfrei zu erkennen), sondern z.B. nur ein System von 7 Punkten und 7 Geraden, deren jede aus 3 Punkten besteht: die sogenannte *projektive 7-Punkte-Ebene* (nur die 7 dick gezeichneten Punkte zahlen).

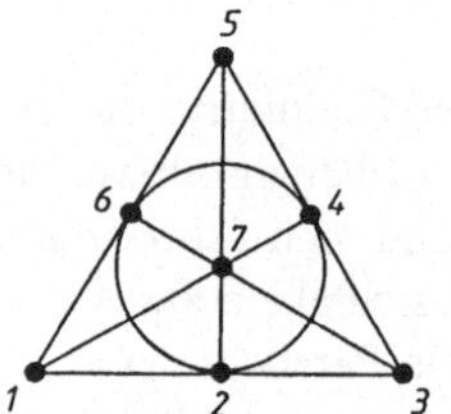

Bild I-30

Oder tabellarisch:

Punkte 1, 2, 3, 4, 5, 6, 7
Gerade 123, 345, 561, 174, 572, 376, 264.

Daß diese Geraden keine üblichen Geraden „sind", beeintrachtigt die logische Richtigkeit dieses Modells in keiner Weise. Es gibt andere Modelle, endliche und unendliche, und es gibt eine projektive Geometrie auch für die Dimension 3 etc. Ein grundlegendes, aus der dreidimensionalen projektiven Geometrie durch Herunterprojizieren ins Zweidimensionale gemäß der folgenden Abbildung zu gewinnendes Ergebnis der projektiven Geometrie ist der **Satz von Desargues (1648)**. Liegen die Ecken von zwei Dreiecken auf drei durch einen Punkt O gehenden Geraden, so liegen die Schnittpunkte P, Q, R analoger Dreiecksseiten auf einer Geraden g (Gérard Desargues (1593–1661)). Im Dreidimensionalen ergibt sich die Gerade g als Schnitt der beiden Dreiecks-Ebenen Interessanterweise kann man diesen Satz nicht zweidimensional, also allein aus PI–III, beweisen: es gibt projektive Ebenen, in denen er nicht gilt, sogenannte nicht-desarguesche Ebenen. Die kleinste bekannte solche Ebene hat 91 Punkte und ist praktisch nicht zu veranschaulichen.

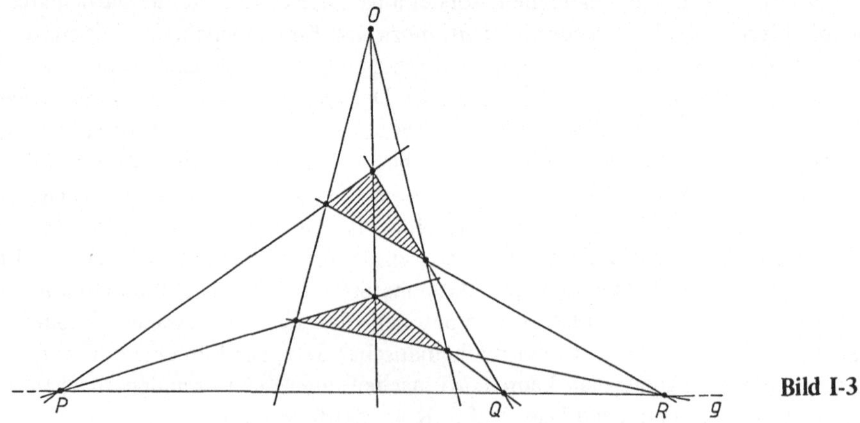

Bild I-31

Wir verzichten auf eine detaillierte Darlegung der Ergebnisfülle der projektiven Geometrie und begnügen uns mit folgenden Hinweisen:

(1) PI und PII gehen auseinander durch Vertauschung der Worte „Punkt" und „Gerade" hervor (die Ausdrücke „geht durch" und „schneiden sich" lassen sich mit dem Ausdrucksmittel „Punkt und Gerade inzidieren" symmetrisch formulieren).
Neben PIII tritt die aus PI–III beweisbare Aussage: es gibt 4 Gerade, von denen keine 3 durch einen Punkt gehen. Aus rein formalen Gründen pflanzt sich diese sprachliche Symmetrie von den Axiomen durch das gesamte Theorie-Gebaude der projektiven Geometrie fort: zu jedem Satz der projektiven Geometrie gibt es den durch besagte Vertauschung aus ihm entstehenden „dualen" Satz, und die Vertauschung macht aus seinem Beweis einen Beweis des dualen Satzes. Diese Symmetrie-Feststellung betrifft nicht die Gegenstande der projektiven Geometrie, sondern die Struktur der sie behandelnden mathematischen Theorie: sie ist kein mathematischer sondern ein formallogischer *metamathematischer* Satz. Man nennt sie das *Dualitatsprinzip* der projektiven Geometrie. Es wurde wohl zuerst – Vorstufen reichen bis François Viète (1540–1603) zuruck – von Joseph Diaz Gergonne (1771–1859) voll ausformuliert (Gergonne [1825]).

(2) Die sogenannte projektive Abschließung von Ebenen durch Hinzunahme unendlichferner Punkte läßt sich auf der nach dem Prinzip „analytische Geometrie" zu gewinnenden algebraischen Seite der Theorie durch einen einfachen Kunstgriff („homogene Koordinaten") vollziehen – wenn man von einem entsprechenden Rechenbereich, einem sogenannten Korper (Kap. II, § 2) ausgehen darf. Dies ist nicht für alle projektiven Ebenen der Fall, vielmehr hat die Theorie der projektiven Ebenen auf der algebraischen Seite zu hochst interessanten Verallgemeinerungen des Korperbegriffs gefuhrt („loops"). Man kann die zu einer Ebene gehorenden algebraischen Rechengesetze aus geometrischen Figuren („Schließungsfiguren") in der Ebene ablesen; z.B. ist die zum Satz von Desargues gehorende Figur eine solche und entspricht dem Assoziativgesetz $a(bc) = (ab)c$ (Pickert [1955], Dembowski [1968]).

(3) Die Theorie der endlichen projektiven Ebenen, für die wir vorhin das 7-Punkte-Beispiel gegeben haben, spielt heute eine große Rolle in der Kombinatorik (vgl. Jacobs [1983], Beth-Jungnickel-Lenz [1985]) und erreicht auf diesem Wege Anwendungen wie das Entwerfen von statistischen Experimenten oder von elektrischen Schaltungen.

4.5 Die gruppentheoretische Systematik der Geometrie: Felix Kleins Erlanger Programm (1872)

Als Felix Klein (1849–1925) im Jahre 1872, also mit 23 Jahren, Ordinarius für Mathematik an der Universität Erlangen wurde, publizierte er, einem Erlanger Brauch folgend, eine sogenannte Programmschrift

Vergleichende Betrachtungen über neuere geometrische Forschungen (Klein [1872])

(sie ist nicht mit seiner Antrittsvorlesung zu verwechseln, die didaktischen Fragen gewidmet war (Rowe [1985]; für das Erlanger Programm-Wesen vgl. Jacobs-Utz [1984]).

Der Grundgedanke dieses Erlanger Programms von Felix Klein hat die Systematisierung der Geometrie grundlegend und nachhaltig beeinflußt. Er lautet:

jede Teildisziplin der Geometrie ist durch eine Transformationsgruppe gekennzeichnet; die Teildisziplin untersucht genau die unter den Transformationen dieser Gruppe invarianten (d.h. unverändert bleibenden) Eigenschaften geometrischer Figuren.

So entspricht z.B. die euklidische Geometrie der Gruppe aller langentreuen Transformationen der
Ebene bzw. des Raumes; da sich z.B. Winkel auf Langen (etwa von Dreiecksseiten) zuruckfuhren
lassen und daher bei besagten Transformationen invariant bleiben, gehoren Aussagen uber die
Große von Winkeln zur euklidischen Geometrie. Die Teildisziplinen „affine Geometrie" und
„projektive Geometrie" gehoren zu weiteren Gruppen und auch die Topologie (Kap. V) und selbst
die Mengenlehre (Band 2, Kap. VIII) laßt sich in solcher Weise charakterisieren. In geeigneter
Verallgemeinerung gehoren die Ideen von Felix Klein's Erlanger Programm heute zu den standigen
Gedanken eines jeden Mathematikers.

§ 5   Ausblick

Das durch Descartes' Idee der analytischen Geometrie ermoglichte Eindringen algebraischer und analytischer (und das heißt allemal: auf dem Arbeiten mit Zahlen und anderen Rechen-
großen beruhenden) Ideen und Methoden hat der Geometrie in den letzten drei Jahrhunderten
eine vollig neue Gestalt gegeben. Über einen Großteil dieser Untersuchungen berichtet zusammenfassend Dubrovin-Fomenko-Novikov [1984].

In diesem Gesamtbild erscheint die anschaulichen Fragestellungen verbundene Geometrie
à la Euklid heute fast wie ein Randgebiet. Bei naherem Hinsehen erweist sich dies Randgebiet jedoch als eine hochst lebendige mathematische Disziplin, der im 20. Jahrhundert bedeutende For-
schergestalten wie Wilhelm Blaschke (1885–1962, vgl. Strubecker [1986]) und Harold Scott
MacDonald Coxeter (*1907) das Geprage gegeben haben.
Ich nenne einige Problemkreise und Ergebnisse

> Lagerungen in der Ebene und im Raum (z.B.: dichteste Kugelpackungen); vgl. Fejes Tóth
> [1953], [1965], Coxeter [1981].

> Parkettierungsfragen (vgl. Grünbaum-Shephard [1983] und die nebenstehende Parkettie-
> rung der Ebene von Voderberg [1936], [1937]).

Bild I-32

Danzers Vier-Nägel-Theorem (Danzer [1986]): Legt man eine beliebige Anzahl n von Kreisscheiben so auf einen Tisch, daß sie sich paarweise überlappen, so kann man 4 Nägel so durch die Kreisscheiben in den Tisch schlagen, daß kein Kreis auf den Boden rutscht, wenn man den Tisch kippt.

Minimalflächen (z.B. Seifenblasen-Figuren, Zeltdach-Konstruktionen, vgl. Hildebrandt-Tromba [1985] und die dort genannte Literatur).

Hiermit verwandt ist das isoperimetrische Problem; sein klassischer Spezialfall lautet: welche unter allen geschlossenen ebenen Kurven gegebener Länge schließen die größte Fläche ein? Die Antwort: genau eine, nämlich die Kreislinie. Eine analoge Aussage gilt für die Kugel. Ein klassisches Buch zu dieser Thematik ist Blaschke [1916]. Verallgemeinerungen solcher Fragestellungen sind immer noch Gegenstand der Forschung (Hadwiger [1957]). In diesen Zusammenhang gehört auch die Frage nach der Optimalität der Bienenwabe (Fejes Tóth [1964]).

Kapitel II
Elemente der Algebra

Mathematiker gelten beim nichtmathematischen Publikum oft als Leute, die „alles berechnen konnen" oder gar „alles ausrechnen wollen". In Wahrheit ist ein wesentlicher Teil der Mathematiker kaum mit Berechnungen beschaftigt. Angewandte Mathematiker, Computerpraktiker, vor allem die Programmierer, rechnen freilich häufig. Der *reine Mathematiker* dagegen denkt die meiste Zeit daruber nach, wie er gewisse *Vermutungen beweisen* konnte. Dabei kann es vorkommen, daß er Beispiele rechnet, um mehr konkrete Erfahrung in sein Vermuten hineinzubringen; manchmal muß er im Verlauf eines Beweises lange Serien konkreter Fälle uberprufen und dabei große Gedankenmassen bewältigen, was durchaus auch rechnerischen Charakter annehmen kann. Carl Friedrich Gauß (1777–1855) holte viele seiner bedeutendsten Ideen aus seiner umfänglichen Rechenpraxis (Maennchen [1930]) heraus. Mit dem Aufkommen der Computer hat das konkrete Rechnen viel von seiner Öde verloren; das Auftreten grundsätzlicher Fragen (wie z.B. „Was ist rechnerisch sinnvoll und durchführbar?" „Kann ein Computer denken?") haben aus dem Rechenwesen die anspruchsvolle geistige Provinz „Informatik" gemacht, und so entdecken manchmal auch reine Mathematiker heute erneut die Reize des Rechnens und der konkreten Zahlenangabe.

Mathematiker werden aber nie damit zufrieden sein, gut rechnen zu konnen. Gemaß den Traditionen ihrer Wissenschaft werden sie vor allem die Grundsatzfragen aufs Korn nehmen, die mit dem Rechnen verknupft sind, also Fragen wie

Was heißt Rechnen?

Was heißt „Gleichungen lösen"?

Was braucht man, um bestimmte Rechenoperationen durchfuhren zu konnen?

Welche Rechenschritte und wieviel Rechenzeit erfordert die Losung einer gegebenen Aufgabe?

In diesem Kapitel wird nicht das konkrete Rechnen geübt, sondern ein Einblick in die mathematische Behandlung der ersten drei unter diesen Grundsatzfragen gegeben: ein Einblick in die Algebra.

Wir erinnern in § 1 an die vier Grundrechnungsarten $+$, $-$, $\cdot$, $:$ und untersuchen, welche Minimalia erforderlich sind, um sie durchfuhren zu konnen. Dies fuhrt uns auf den Begriff des Korpers. Neben dem klassischen Korper $\mathbb{Q}$ der rationalen Zahlen lernen wir endliche Korper wie $GF(2)$ und $GF(3)$ kennen und deduzieren einige der in jedem Korper gültigen Rechenregeln (wie „minus mal minus gibt plus"), die man in der Schule meist als unbegründete Anweisungen lernt. In § 2 steigen wir eine algebraische Stufe hoher und definieren sorgfältig, was es heißt, eine Quadratwurzel zu ziehen. In § 3 erforschen wir die Problematik des Wurzelziehens genauer: $\sqrt{2}$ ist in $\mathbb{Q}$ nicht moglich, wie schon die Pythagoreer wußten, aber durch sogenannte quadratische Korpererweiterung wird beliebiges Wurzelziehen moglich, auch $\sqrt{-1} = i$. In § 4 beschäftigt uns die Problematik des Losens von Gleichungen und Gleichungssystemen, sowie die Numerik des Wurzelziehens.

Wie überall in diesem Buch werden Schlüssel-Überlegungen im Detail vorgeführt. Das Einüben von Bezeichnungs-, Rechen- und Beweistechniken wird meist durch die Demonstration am typischen Beispiel ersetzt.

Die hier behandelten mathematischen Sachverhalte liegen innerhalb der Mathematik breit-gestreut. Das Buch Driver [1984] deckt jedoch einen Teil unserer Thematik auf Abiturniveau ab, vgl. auch Engel [1977], wo auch die hier nur gestreiften Fragen der Algorithmik elementar behandelt werden; für dies spezielle Thema ist Knuth [1968] die grundlegende Referenz. Von Körpern und Körpererweiterungen handelt jedes Hochschulbuch über Algebra; ein Klassiker ist hier van der Waerden [1966]; vgl. auch Bd. 2, Kap. IX; zur Geschichte der Algebra vgl. van der Waerden [1983, 1985].

§ 1 Die vier Grundrechnungsarten und der Begriff des Körpers

Die sogenannten vier Grundrechnungsarten sind: Addition, Subtraktion, Multiplikation, Division. Ein großer Teil unserer Alltagsrechnungen — früher sagte man auch „Milchmädchenrech-nungen" — kommen mit diesen vier Operationen aus: Abrechnungen, Bilanzen, Zinsrechnungen usw. Für die tatsächliche Durchführung verläßt man sich heute gern auf Computer. Das gesammelte Rechenmeister-Wissen vergangener Jahrhunderte ist heute in der Informatik und Algorithmik auf-gegangen (vgl. etwa Knuth [1968], Engel [1977]).

Für die Mathematik ist dies Rechenwesen ein Anlaß, folgenden Grundsatzfragen nach-zugehen:

Welches sind die minimalen Voraussetzungen, die man benotigt, um die vier Grund-rechnungsarten uneingeschränkt anwenden zu konnen?

Die Antwort ist der mathematische Begriff des Korpers. Im vorliegenden Abschnitt wollen wir diesen Begriff näher kennenlernen. Hierzu beginnen wir mit einigen grundsätzlichen Bemerkungen über die vier Grundrechnungsarten.

Eine erste Beobachtung: Subtraktion ist die Umkehrung der Addition und Division ist die Umkehrung der Multiplikation. In der Tat:

$a - b$ ist diejenige Zahl, die man zu b addieren muß, um a zu erhalten:

$$b + (a - b) = a$$

$a : b$ auch $\frac{a}{b}$ geschrieben, ist diejenige Zahl, mit der man b multiplizieren muß, um a zu erhalten:

$$b \cdot \frac{a}{b} = a$$

Es genügt also, eine Addition und eine Multiplikation zu haben und sicherzustellen, daß man sie beide umkehren kann in dem Sinne, daß es zu a und b stets ein d („Differenz") mit $b + d = a$ und ein q („Quotient") mit $b \cdot q = a$ gibt. Dabei hat man bei der Multiplikation noch auf folgendes zu achten: Multiplikation mit 0 gibt immer 0; ist also $b = 0$, so kann man sich mit der Wahl von q anstrengen soviel man will, bq wird immer $= 0$ sein; $bq = a$ ist also für $b = 0$ nur dann überhaupt durch ein q erfüllbar, wenn auch $a = 0$ ist; dann allerdings wird $0 \cdot q = 0$ durch *jedes* q erfüllt; für $b = 0$ gibt es also nur triviale Situationen, und dies ist der Grund, warum man beim Rechnen in der Regel dafür sorgt, daß $\frac{a}{0}$ nie in Betracht gezogen wird; kurz und bündig:

durch 0 darf man nicht dividieren.

Diese Regel lernt man in der Schule manchmal als unbegrundeten Befehl. Wir haben nun gesehen, daß dieser Befehl seine guten Grunde hat. Es sei verraten, daß man bei sogenannten Grenzübergangen manchmal Ausdrücke wie $\frac{1}{0} = \infty$ als Kurzbezeichnung fur etwas Komplizierteres bildet; dies soll uns jedoch im Augenblick nicht weiter beschäftigen.

Zweitens: die Umkehrung von Addition und Multiplikation ist bereits sichergestellt, wenn man weiß:

Zu jedem b gibt es ein $-b$ mit $b + (-b)\quad = 0$

Zu jedem $b \neq 0$ gibt es ein b^{-1} mit $b \cdot b^{-1} = 1$

(sog. Inversenbildung): denn hat man dies, so hat man nur

$d = a + (-b)$ (meist $a - b$ geschrieben) zu bilden, um

$b + d = b + (a + (-b)) = a + (b + (-b)) = a + 0 = a$

zu erhalten

$q = a \cdot b^{-1}$ (meist $\frac{a}{b}$ oder $a : b$ geschrieben) zu bilden, um

$b \cdot q = b \cdot (a \cdot b^{-1}) = a \cdot (b \cdot b^{-1}) = a \cdot 1 = a$

zu erhalten.

Wir fassen zusammen: um alle vier Grundrechnungsarten ungehemmt (bis auf das Verbot der Division durch 0) anwenden zu konnen, mussen wir uns in einem Rechenbereich K bewegen, in dem man

weiß, was es heißt, zwei Elemente a, b des Bereichs zu addieren, d.h. $a + b$ zu bilden

weiß, was es heißt, zwei Elemente a, b des Bereichs zu multiplizieren, d.h. $a \cdot b$ zu bilden,

und in dem dann folgende Tafel von Rechengesetzen gilt:

Addition	Multiplikation	Name der Regel
$a + b = b + a$	$a \cdot b = b \cdot a$	Kommutativgesetze
$a + (b + c) = (a + b) + c$	$a \cdot (b \cdot c) = (a \cdot b) \cdot c$	Assoziativgesetze
Es gibt ein Element 0, genannt Null, mit $a + 0 = a$	Es gibt ein Element 1, genannt Eins, mit $a \cdot 1 = a$	Neutralelement
Zu jedem a gibt es ein $-a$ mit $a + (-a) = 0$	Zu jedem $a \neq 0$ gibt es ein a^{-1} mit $a \cdot a^{-1} = 1$	Inverses
$a \cdot (b + c) = (a \cdot b) + (a \cdot c)$		Distributivgesetz

(1)

Dabei haben wir die Kurze des Ausdrucks fast ein bißchen zu weit getrieben. Zum Beispiel lautet das Assoziativgesetz der Multiplikation eigentlich: für beliebige a, b, c aus unserem Bereich gilt

$a \cdot (b \cdot c) = (a \cdot b) \cdot c$

Ähnlich sind auch die beiden Kommutativgesetze und das Distributivgesetz zu lesen.

Wir begrunden noch die Wortwahl: „Kommutativgesetz" kommt von „kommutieren", hier = „vertauschen"; es besagt ja, daß man Summanden stets vertauschen darf, ohne am Wert der Summe etwas zu andern, und analog Faktoren bei der Produktbildung. „Assoziativgesetz" kommt von „assoziieren", hier = „zusammenfassen"; es besagt ja, daß man Summanden beliebig durch Klammern zusammenfassen darf, ohne etwas an der Summe zu andern, und analog Faktoren bei der Produktbildung. Natürlich dehnt man diese Grundregeln stets leicht auf mehrere Summanden bzw. Faktoren aus (Beweismittel: vollständige Induktion Kap. III); man drückt die Kommutativ- und Assoziativgesetze dann verbal kurz so aus:

Addition	Multiplikation	Name der Regel
Beim Addieren kommt es auf die Reihenfolge nicht an	Beim Multiplizieren kommt es auf die Reihenfolge nicht an	Kommutativgesetze
Beim Addieren ist es einerlei, wie man klammert	Beim Multiplizieren ist es einerlei, wie man klammert	Assoziativgesetze

und läßt beim reinen Addieren wie auch beim reinen Multiplizieren die Klammern einfach weg, weil es ja nicht darauf ankommt, wie man sie setzt. Kommen Addition und Multiplikation dagegen vermischt vor, so braucht man die Klammern, doch vereinfacht man die Schreibung, indem man den Multiplikationspunkt meist wegläßt und nur noch Summen klammert („Multiplikationen gehen vor, wenn nicht eine Klammer das Gegenteil sagt"), so daß das Distributivgesetz auch

$$a(b + c) = ab + ac$$

geschrieben wird. $ab + ac$ ist also z.B. von $a(b + a)c$ sorgfältig zu unterscheiden.

Stilisieren wir den Kernbestand des Gesagten nochmals professionell mathematisch, so erhalten wir die

Definition. Sei K ein Bereich (eine Menge) von irgendwelchen Dingen. In K sei eine Addition + und eine Multiplikation · erklärt, d.h. jedem Paar a, b (in dieser Reihenfolge) von Dingen aus K sei ein Ding $a + b$ aus K und ein Ding $a \cdot b$ aus K zugeordnet. Es gelte die Regel-Tafel (1). Dann heißt K (mit diesem + und diesem ·) ein *Körper*.

Das gängigste Beispiel eines Körpers ist natürlich der Bereich $\mathbb{Q}$ (wie „Quotient") der rationalen Zahlen mit der üblichen Addition und Multiplikation: rationale Zahlen werden als Brüche $\frac{m}{n}$ von ganzen Zahlen m, n mit $n \neq 0$ geschrieben, wobei zwei Brüche als gleich gelten, wenn sie durch Kürzen oder Erweitern ineinander übergehen. Man definiert:

Addition: $\quad \dfrac{m}{n} + \dfrac{m'}{n'} = \dfrac{mn'}{nn'} + \dfrac{m'n}{nn'} = \dfrac{mn' + m'n}{nn'}$

(„auf gleichen Nenner bringen und dann die Zähler addieren")

Multiplikation: $\quad \dfrac{m}{n} \cdot \dfrac{m'}{n'} = \dfrac{m \cdot m'}{n \cdot n'}$

(„Zähler mal Zähler, Nenner mal Nenner")

In der Tat hat man historisch

a) die natürlichen Zahlen zum (Zählen und) Addieren und Multiplizieren erfunden

b) die Null und die negativen Zahlen hinzugenommen, um unbeschränkt subtrahieren zu können

c) die gebrochenen Zahlen hinzugenommen, um auch beliebig dividieren zu können (nicht durch die Null natürlich).

Wir haben indessen bei obiger Definition des Begriffs „Körper" die Abstraktion so weit getrieben, daß auch ganz unerwartete Bereiche plötzlich als Beispiele für Körper auftreten. Der einfachste Körper, den es überhaupt gibt, ist nicht der Körper $\mathbb{Q}$ der rationalen Zahlen, sondern

— abgesehen von der trivialen Moglichkeit, aus einem einzigen Element $0 = 1$ einen Korper zu machen — der

Körper von zwei Elementen, genannt $GF(2)$

(„Galois-Feld 2", nach dem Mathematiker Evariste Galois (1811—1832)). Die zwei Elemente sind gerade das Minimum, das man braucht, nämlich die 0 und die 1, und die Addition und Multiplikation sind so definiert:

<table>
<tr><td colspan="2" align="center">Addition</td></tr>
<tr><td>explizit</td><td>in Tafelform</td></tr>
<tr><td>$0 + 0 = 0$, $0 + 1 = 1$
$1 + 0 = 1$, $\boxed{1 + 1 = 0}$</td><td>

+	0	1
0	0	1
1	1	$\boxed{0}$

</td></tr>
<tr><td colspan="2" align="center">Multiplikation</td></tr>
<tr><td>explizit</td><td>in Tafelform</td></tr>
<tr><td>$0 \cdot 0 = 0$, $0 \cdot 1 = 0$
$1 \cdot 0 = 0$, $1 \cdot 1 = 1$</td><td>

·	0	1
0	0	0
1	0	1

</td></tr>
</table>

Hierbei ist alles zwangslaufig, bis auf — so scheint es vielleicht zunachst — die umrahmte Festsetzung

$$1 + 1 = 0 \, .$$

Denn das Addieren von 0 (Neutralelement der Addition) muß alles ungeandert lassen, und ebenso das Multiplizieren mit 1. Daß das Multiplizieren mit 0 immer 0 liefern muß, werden wir alsbald allgemein beweisen. — Aber auch $1 + 1 = 0$ ist zwangsläufig: wir mussen zu 1 eine Additions-Inverse -1 haben, die $1 + (-1) = 0$ liefert, und dafur kommt 0 nicht in Frage, also bleibt nur $-1 = 1$, d.h. $1 + 1 = 0$.

Wenn also aus zwei Elementen 0, 1 ein Korper entstehen sollte, so mußten wir die Addition und Multiplikation so festsetzen wie eben. Daß wir dabei nun wirklich einen Korper erhalten haben, möge der Leser bitte nachrechnen. Beispielsweise besagen die Kommutativgesetze, daß die beiden Verknüpfungstafeln klappsymmetrisch um die Diagonale \ sind.

Dem Nichtmathematiker liegt sicher langst folgende Frage auf der Zunge: „Wieso kann $1 + 1 = 0$ gesetzt werden: $1 + 1$ ist doch 2?" Aber die Eins in einem Korper ist nicht dasselbe wie die ubliche natürliche Zahl 1, die wir z.B. beim Zählen verwenden. Die Eins in einem Korper ist ein Neutralelement der Multiplikation und sonst nichts; in einem konkreten Beispiel — etwa beim Korper $\mathbb{Q}$ der rationalen Zahlen — mag sie mit der natürlichen Zahl 1, fur die naturlich $1 + 1 = 2$ gilt, übereinstimmen, aber es steht dem Mathematiker frei, künstlich Sachverhalte zu schaffen, bei denen die Korper-Eins beliebig wenig mit der natürlichen Zahl 1 zu tun hat, so daß z.B. auch die natürliche Regel $1 + 1 = 2$ durchbrochen bzw. durch die kokette Festsetzung $2 = 0$ ersetzt werden kann.

Natürlich wird der Laie weiterfragen: „wie kommt man denn auf ein Gebilde wie den Korper $GF(2)$?" und „wozu ist der Körper $GF(2)$ gut?".

Man kann auf $GF(2)$ kommen (und so etwa ist es historisch, um 1800, auch gelaufen), wenn man

„gerade Zahl" statt 0 (Rest 0 bei Division durch 2)

„ungerade Zahl" statt 1 (Rest 1 bei Division durch 2)

sagt. Die Tafeln (G = gerade, U = ungerade)

+	G	U
G	G	U
U	U	G

·	G	U
G	G	G
U	G	U

leuchten jedermann sofort ein.

Der Korper $GF(2)$ ist gut für Informatiker. Er beherrscht die gesamte elektronische Datenverarbeitung aufgrund der Tatsache, daß die Elektronik dort meist binären Charakter hat: ein Strom fließt $\rightarrow$ oder $\leftarrow$, er fließt oder fließt nicht etc.

Wer begriffen hat, daß man „gerade" und „ungerade" am Rest bei der Division durch 2 ablesen kann, wird leicht auf die Idee kommen, es auch mit anderen Zahlen statt 2 zu versuchen.

Beispielsweise geht alles genau so mit 3 statt 2. Reste-Rechnung beim Dividieren durch 3 liefert einen Korper $GF(3)$ mit drei Elementen 0, 1, 2:

+	0	1	2
0	0	1	2
1	1	2	0
2	2	0	1

·	0	1	2
0	0	0	0
1	0	1	2
2	0	2	1

Die Verifikation der Regel-Tafel (1) sei wieder dem Leser überlassen.

Versucht man es mit Rest-Rechnung bei Division durch 4, so erhalt man die Tafeln

+	0	1	2	3
0	0	1	2	3
1	1	2	3	0
2	2	3	0	1
3	3	0	1	2

·	0	1	2	3
0	0	0	0	0
1	0	1	2	3
2	0	2	0	2
3	0	3	2	1

Die Additionstafel tut hier alles was sie soll, aber die Multiplikationstafel spielt uns in dem umrahmten Teilen Streiche: wir bekommen keine Multiplikations-Inverse zu 2. Erst wenn wir die Multiplikationstafel, und dann auch noch die Additionstafel in

+	0	1	2	3
0	0	1	2	3
1	1	0	3	2
2	2	3	0	1
3	3	2	1	0

·	0	1	2	3
0	0	0	0	0
1	0	1	2	3
2	0	2	3	1
3	0	3	1	2

abändern, bekommen wir einen Körper $GF(4)$.

$GF(5)$ bekommen wir wieder durch Reste-Rechnung, aber ein $GF(6)$ gibt es nicht. Man kann beweisen, daß es einen Körper $GF(n)$ mit n Elementen genau dann gibt, wenn n eine Primzahlpotenz ist (vgl. Bd. 2, Kap. IX). Primzahlpotenzen sind z.B.

$$2,\ 3,\ 4 = 2^2,\ 5,\ 7,\ 8 = 2^3,\ 9 = 3^2,\ 11,\ 13$$

dagegen nicht 6, 10, 12. Man kann auch zeigen, daß es fur n = Primzahlpotenz im wesentlichen nur einen $GF(n)$ gibt: je zwei Korper von n Elementen gehen durch bloße Bezeichnungsanderung (wie vorhin $0 \leftrightarrow G$, $1 \leftrightarrow U$) ineinander uber, sie sind, wie der Mathematiker sagt, isomorph.

Nachdem wir nun einige Beispiele von Korpern kennen, wollen wir eine kleine Kollektion von Grundtatsachen lernen, die für jeden Korper gelten. Danach sollten Sie es plausibel finden, daß sich in der Tat alle allgemeinen Rechenregeln, die man in der Schule lernt, aus der Regel-Tafel fur Korper ableiten lassen.

Im folgenden ist stets ein fester Korper zugrundegelegt, auf den sich die Aussagen beziehen.

1. *Es gibt nur eine Null*

Sind 0 und $0'$ Neutralelemente der Addition, so gilt

$$0' + 0 = 0' \qquad \text{weil 0 Neutralelement ist}$$
$$0 + 0' = 0 \qquad \text{weil } 0' \text{ Neutralelement ist}$$
$$0' + 0 = 0 + 0' \quad \text{Kommutativgesetz fur die Addition.}$$

Zusammen

$$0 = 0 + 0' = 0' + 0 = 0' \, ,$$

also $0 = 0'$: die beiden Neutralelemente sind gleich, es gibt also nur eines.

2. *Es gibt nur eine Eins*

Man verfahre genauso mit zwei Neutralelementen 1, $1'$ für die Multiplikation, indem man die Addition durch die Multiplikation ersetzt.

3. *Es gibt zu einem Korperelement nur ein Additions-Inverses*

Sei a ein beliebiges Korperelement und seien $-a$ und a' zwei Additions-Inverse dazu:

$$a + (-a) = 0$$
$$a + a' = 0$$

Wir rechnen jetzt etwas flotter als in Nr. 1

$$(-a) = 0 + (-a) = (a + a') + (-a)$$
$$= a + (a' + (-a)) = a + ((-a) + a')$$
$$= (a + (-a)) + a' = 0 + a' = a' \, .$$

Der Leser moge bei jedem Gleichheitszeichen das dort benutzte Gesetz aus der Regel-Tafel bzw. die benutzte Voraussetzung herausfinden. –
Genau analog beweist man

4. *Es gibt nur ein Multiplikations-Inverses*

5. *Multiplikation mit 0 gibt immer 0*

$$0 \cdot a = (0 + 0) \cdot a = 0 \cdot a + 0 \cdot a \, .$$

Zu $0 \cdot a$ und beliebigem b gibt es ein $c (= b + (-(0 \cdot a)))$ mit $c + 0 \cdot a = b$.

$$b = c + 0 \cdot a = (c + 0 \cdot a) + 0 \cdot a = b + 0 \cdot a \, .$$

Also ist $0 \cdot a$ ein Neutralelement der Addition. Da es nur ein solches gibt (Nr. 1) ist

$$0 \cdot a = 0 \, .$$

6. *Minus eins mal a gibt* $-a$

Nach Definition ist $-a$ dasjenige Korperelement, das

$$a + (-a) = 0$$

erfüllt: das Additions-Inverse zu a. Da es nur ein Additions-Inverses gibt (Nr. 3), genügt es,

$$a + ((-1) \cdot a) = 0$$

zu beweisen. Es gilt aber

$$a + ((-1) \cdot a) = 1 \cdot a + ((-1) \cdot a) = (1 + (-1)) \cdot a$$
$$= 0 \cdot a = 0,$$

wobei u.a. Nr. 5 benutzt wurde.

7. *Minus mal minus gibt plus*

Es genügt

$$(-1) \cdot (-1) = 1 \cdot 1 \tag{2}$$

zu beweisen, denn dann folgt

$$(-a) \cdot (-b) = ((-1) \cdot a) \cdot ((-1) \cdot b)$$
$$= (-1) \cdot (-1) \cdot a \cdot b = 1 \cdot 1 \cdot a \cdot b = a \cdot b$$

(2) bedeutet

$$(-1) \cdot (-1) = 1 .$$

Wegen

$$(-1) + 1 = 0$$

ist 1 das Additions-Inverse von -1. Da es nur ein Additions-Inverses gibt (Nr. 3), genügt es

$$(-1) + (-1) \cdot (-1) = 0$$

zu zeigen. Wir rechnen

$$(-1) + (-1) \cdot (-1) = 1 \cdot (-1) + (-1) \cdot (-1)$$
$$= (1 + (-1)) \cdot (-1)$$
$$= 0 \cdot (-1) = 0,$$

wobei wieder u.a. Nr. 5 benutzt wurde.

8. *Zweimal zwei ist vier*

Unter „zwei" = 2 versteht man $1 + 1$:

$$2 = 1 + 1 .$$

Unter „vier" = 4 versteht man $1 + 1 + 1 + 1$

$$4 = 1 + 1 + 1 + 1 .$$

Man muß natürlich ein naives Bewußtsein von der Anzahl 4 haben, um dies überhaupt korrekt hinschreiben zu können. Nun rechnen wir:

$$2 \cdot 2 = (1 + 1) \cdot (1 + 1) = 1 \cdot (1 + 1) + 1 \cdot (1 + 1)$$
$$= 1 \cdot 1 + 1 \cdot 1 + 1 \cdot 1 + 1 \cdot 1$$
$$= 1 + 1 + 1 + 1 = 4 .$$

„Zweimal zwei = vier" ist also keine Sache der Konvention oder Definition, wie z.B. Goethe meinte, sondern ein zu beweisender mathematischer Satz.

9. *Sind zwei Körperelemente $\neq 0$, so auch ihr Produkt, d.h. $ab = 0 \Rightarrow a = 0$ oder $b = 0$*

In der Tat: $a \neq 0 \neq b \Rightarrow aba^{-1}b^{-1} = (aa^{-1}) \cdot (bb^{-1}) = 1 \cdot 1 = 1 \neq 0$, was mit $ab = 0$ nicht vereinbar ist.

10. *Zwei Formeln*

Häufig gebraucht werden die beiden (sog. Binomial-)Formeln

$$(a + b)^2 \quad\;\; = a^2 + 2ab + b^2 \quad \text{(Variante: } (a - b)^2 = a^2 - 2ab + b^2))$$
$$(a + b)(a - b) = a^2 - b^2$$

Sie ergeben sich durch Anwendung des Distributivgesetzes wie folgt:

$$
\begin{aligned}
(a + b)^2 = (a + b)(a + b) &= (a + b)a + (a + b)b \\
&= aa + ba + ab + bb \\
&= a^2 + 2ab + b^2
\end{aligned}
$$

$$
\begin{aligned}
(a + b)(a - b) = (a + b)a - (a + b)b &= aa + ba - ab - bb \\
&= a^2 - b^2
\end{aligned}
$$

Noch eine Grundsatzfrage: Warum bringt die Mathematik das Rechnen mittels $+$, $-$, $\cdot$, $:$ auf die Minimalform der Körperaxiome, aus denen ja dann doch viele gängige Rechenweisen erst mühsam deduziert werden müssen?

Antwort: Bei diesem Vorgehen genügt der Nachweis eben jener wenigen Körperaxiome, um schon das ganze Repertoire mit $+$, $-$, $\cdot$, $:$ verfügbar zu machen; man spart also im Endeffekt doch mathematische Arbeit und gewinnt durchsichtige logische Verhältnisse.

§ 2   Quadratwurzeln

In diesem Abschnitt gehen wir einen Schritt über die vier Grundrechnungsarten hinaus und führen einige Rechnungen vor, in denen die Operationen

Quadrieren (= mit sich selbst multiplizieren)   (Quadrat-)Wurzelziehen

vorkommen. Das Quadrieren ist natürlich einfach eine spezielle Anwendung der Multiplikation. Als wirklich neu dagegen erweist sich das Wurzelziehen. Es wird als die Umkehrung des Quadrierens definiert, also als Lösung der Aufgabe

Gegeben sei eine Zahl a

Gesucht ist eine Zahl b, die quadriert a ergibt: $b^2 = a$.

Allgemeiner

Gegeben sei ein Körper K und ein Element a von K.

Gesucht ist ein Element b von K mit $b^2 = a$, d.h. eine Lösung der Gleichung $x^2 = a$, oder äquivalent $x^2 - a = 0$.

Diese Aufgabe hat zwei Pferdefüße:

(1) Sie ist nicht immer lösbar; beispielsweise gibt es im Körper $\mathbb{Q}$ der rationalen Zahlen zu $a = -1$ kein b mit $b^2 = a = -1$, denn in $\mathbb{Q}$ gibt es den Unterschied von positiv und negativ und Quadrate sind in $\mathbb{Q}$ stets positiv, -1 aber negativ.

(2) Wenn sie lösbar ist, ist sie gleich auf zwei Arten lösbar: wegen „minus mal minus gleich plus" gilt mit $b^2 = a$ auch $(-b)^2 = (-b) \cdot (-b) = b \cdot b = b^2 = a$. Weitere Quadratwurzeln gibt es allerdings nicht mehr: $x^2 - a = x^2 - b^2 = (x - b)(x + b)$ wird nur für $x = b$ und $x = -b$ gleich Null. Nur im Falle $a = 0$ ist auch $b = 0 = -b$ und die beiden Lösungen fallen zusammen.

Also definiert man vorsichtig

> Ist a ein Element des Körpers K, und ist b ein Element von K, das $b^2 = a$ erfüllt, so sagt man, in K gebe es eine (Quadrat-)Wurzel aus a und b sei *eine* solche.

Trotz der damit in Rechnung gestellten Mehrdeutigkeit schreibt man dann $b = \sqrt{a}$ und druckt die Zweideutigkeit salopp durch die Schreibweise $b = \pm \sqrt{a}$ aus.

Aus Rechnungen wie $(b\bar{b})^2 = b^2 \bar{b}^2$, $\left(\dfrac{b}{\bar{b}}\right)^2 = \dfrac{b^2}{\bar{b}^2}$ gewinnt man sofort

$$\sqrt{a \cdot \bar{a}} = \sqrt{a} \cdot \sqrt{\bar{a}}, \quad \sqrt{\frac{a}{\bar{a}}} = \frac{\sqrt{a}}{\sqrt{\bar{a}}}$$

genauer:

> Ist $\sqrt{a}$ *eine* Wurzel aus a und $\sqrt{\bar{a}}$ *eine* Wurzel aus $\bar{a}$, so ist $\sqrt{a} \cdot \sqrt{\bar{a}}$ *eine* Wurzel aus $a \cdot \bar{a}$ und (im Falle $\bar{a} \neq 0$), $\dfrac{\sqrt{a}}{\sqrt{\bar{a}}}$ *eine* Wurzel aus $\dfrac{a}{\bar{a}}$.

In einem Körper wie $\mathbb{Q}$, in dem man zwischen positiv und negativ unterscheidet, ist von zwei Wurzeln b, $-b$ genau eine ≥ 0 und wird dann auch mit $+\sqrt{a}$ bezeichnet.

Das Wurzelziehen ist von vielfältiger Bedeutung. Wir führen einige Beispiele vor:
Das DIN-Seitenverhältnis $1:1.4142\ldots$ für Papierbögen ist die Lösung folgender Aufgabe:

verbal	graphisch	formelmäßig
Halbiert man den Bogen quer, so entstehen zwei neue Papierbögen mit demselben Seitenverhältnis wie der ursprüngliche Bogen.		$a : c = c : \dfrac{a}{2}$ d.h. $\dfrac{a}{c} = 2\dfrac{c}{a}$ d.h. $a^2 = 2c^2$ d.h. $\left(\dfrac{a}{c}\right)^2 = 2$ d.h. $\dfrac{a}{c} = \sqrt{2} = 1.4142\ldots$

Der „Goldene Schnitt" $1:1.6180\ldots$ ist die Lösung folgender Aufgabe über das Seitenverhältnis von Rechtecken:

verbal	graphisch	formelmäßig
Zieht man die kürzere Seite von der längeren ab, so entsteht ein Rechteck mit demselben Seitenverhältnis		$a : c = c : (a - c)$ d.h. $\dfrac{a}{c} = \dfrac{c}{a - c}$ d.h. $a(a - c) = c^2$ d.h. $\dfrac{a}{c}\left(\dfrac{a}{c} - 1\right) = 1$

Setzt man $\frac{a}{c} = x$, so kommt man nacheinander auf

$$x(x - 1) = 1,$$

$$x^2 - x - 1 = 0,$$

$$x^2 - 2x \cdot \frac{1}{2} + \left(\frac{1}{2}\right)^2 - 1 - \left(\frac{1}{2}\right)^2 = 0,$$

$$\left(x - \frac{1}{2}\right)^2 = 1 + \frac{1}{4} = \frac{5}{4},$$

$$x - \frac{1}{2} = \sqrt{\frac{5}{4}} = \frac{\sqrt{5}}{2},$$

$$x = \frac{1 + \sqrt{5}}{2} = 1.6180\ldots \text{ (etwas langlicher als DIN)}.$$

Auch in der Physik hat man standig Wurzeln zu ziehen; beispielsweise spielt in der speziellen Relativitatstheorie die „Einsteinsche Wurzel" $\sqrt{1 - \frac{v^2}{c^2}}$, die durch eine Anwendung des Satzes von Pythagoras zustandekommt, eine grundlegende Rolle.

Mit der Angabe von Näherungswerten wie $\sqrt{2} = 1.4142\ldots$ haben wir den rein algebraischen Aspekt des Wurzelziehens schon verlassen; wir werden in § 4 auf die damit angedeutete Problematik naher eingehen.

§ 3   Die mathematische Problematik des Wurzelziehens

Als Antwort auf die Frage „Welche Hilfsmittel muß die Mathematik bereitstellen, um die ungehemmte Ausführung der vier Grundrechnungsarten $+$, $-$, $\cdot$, $:$ (mit Ausnahme des Dividierens durch 0) zu ermoglichen?" haben wir in § 1 den Begriff des Körpers durchdiskutiert: den gangigen Korper $\mathbb{Q}$ der rationalen Zahlen und die unkonventionellen endlichen Korper $GF(2)$ etc.

Wenn wir nun die analoge Frage in Bezug auf das Wurzelziehen stellen, sollten wir vielleicht nicht gleich „ungehemmtes Wurzelziehen" fordern. Es ist u.U. eben einfach nicht zu haben. Beispielsweise ist das Quadrat $a^2 = a \cdot a$ einer rationalen Zahl a stets 0 oder > 0, also lassen sich negative rationale Zahlen nicht als Quadrate von rationalen Zahlen darstellen, oder anders ausgedrückt:

Im Korper $\mathbb{Q}$ der rationalen Zahlen gibt es keine Quadratwurzel von negativen Zahlen.

Allerdings ist diese Argumentation auf solche Korper beschränkt, in denen man zwischen positiven und negativen Elementen unterscheiden kann; $\mathbb{Q}$ ist von dieser Art, $GF(2)$ nicht.

3.1   Die Unmöglichkeit von $\sqrt{2}$ in $\mathbb{Q}$

Jeder wird diese Argumentation verstehen und sagen: „Kein Wunder". Viel aufregender dagegen ist die Entdeckung — sie wurde um 400 v.Chr., wohl im Kreise der Pythagoreer, gemacht — daß man in $\mathbb{Q}$ auch aus vielen positiven Zahlen die Quadratwurzel nicht ziehen kann. Beispielsweise:

Im Korper $\mathbb{Q}$ der rationalen Zahlen gibt es keine Quadratwurzel aus 2, d.h. keine Zahl a mit $a^2 = 2$.

Man beweist dies so: angenommen, es gäbe so eine Zahl a; dann könnte man sie als gekürzten Bruch darstellen:

$$a = \frac{m}{n} \text{ mit ganzen Zahlen } m, n, \text{ die keinen Teiler gemeinsam haben.}$$

Das bedeutet

$$an = m\,,$$

woraus durch Quadrieren $a^2 n^2 = m^2$, also wegen der Annahme $a^2 = 2$

$$2n^2 = m^2$$

folgt. Hier ist die linke Seite eine gerade Zahl. Also ist auch die rechte Seite eine gerade Zahl. Dann aber kann m nicht ungerade sein, denn ungerade · ungerade wäre ungerade. Also ist m gerade, d.h. man kann eine ganze Zahl p mit

$$m = 2p$$

finden. Es folgt $m^2 = 4p^2$, also

$$2n^2 = 4p^2\,,$$

woraus durch Wegkurzen von 2

$$n^2 = 2p^2$$

folgt. Analog wie eben schließen wir nun: n ist gerade, d.h. gibt eine ganze Zahl q mit $n = 2q$. Wir haben also

$$m = 2p$$
$$n = 2q\,,$$

d.h. m und n haben den Teiler 2 gemeinsam, im Widerspruch zu unserer Annahme. Also gibt es keine rationale Zahl mit dem Quadrat 2.

Manchen Leuten erscheint die Annahme, m und n seien teilerfremd, irgendwie künstlich. Natürlich ist alles mathematisch in Ordnung, aber man kann den Beweis auch etwas anders aufziehen: angenommen, es gibt einen Bruch $a = \frac{m}{n}$ mit dem Quadrat 2:

$$2n^2 = m^2\,;$$

dann schließt man wie vorhin auf

$$m = 2p$$
$$n = 2q$$

mit ganzen Zahlen p, q. Es folgt

$$a = \frac{m}{n} = \frac{2p}{2q} = \frac{p}{q}\,,$$

d.h. man kann a auch als Bruch mit halb so großem Zähler und halb so großem Nenner schreiben. Diesen Schluß kann man wiederholen, so daß man alsbald in einen Widerspruch hineinläuft.

Platon (ca. 429–ca. 348 v.Chr.) liebte solche indirekten, „dialektischen" Schlüsse. Schon sein Lehrer Sokrates (ca. 470–399 v.Chr.) widerlegte seine Gegner gern, indem er sie zuerst einmal rechthaben ließ und ihnen dann demonstrierte, daß sie sich in Widersprüche verwickelt hatten; er kam damit der Methode seiner philosophischen Feinde, der Sophisten, bemerkenswert nahe und schuf sich seinerseits Feinde.

Offensichtlich kann man dieselben Schlüsse wie vorhin mit einer beliebigen Primzahl anstatt 2 durchführen:

Im Körper $\mathbb{Q}$ der rationalen Zahlen gibt es keine Quadratwurzeln aus Primzahlen.

Da es, wie wir später (Bd. 2, Kap. IX) sehen werden, unendlichviele Primzahlen gibt, hat uns die kurze Rückbesinnung auf den Charakter der verwendeten Beweismittel gleich zur Erledigung unendlichvieler Fälle verholfen. Überlegungen dieser Art, bei denen die eigentlichen Schlüsse gar nicht mehr durchgeführt werden, sondern nur über die Möglichkeit des Schließens nachgedacht wird, liegen sozusagen auf einer höheren Ebene — zünftig: „Meta-Ebene" — als das geläufige Schließen; man nennt sie auch „metamathematisch". In der Form, wie wir sie eben kennengelernt haben, gehören sie zum täglichen Handwerk des Mathematikers.

Unser obiger Beweis für die Aussage, daß es in $\mathbb{Q}$ keine $\sqrt{2}$ gibt, hatte rein rechnerischen, oder wie man auch sagt, algebraischen (man kann auch sagen: zahlentheoretischen) Charakter. Die Griechen, denen die Geometrie als *die* mathematische Grundwissenschaft galt, hatten auch einen geometrischen Beweis für die Unmöglichkeit von $\sqrt{2}$ in $\mathbb{Q}$.

Nach Pythagoras hat die Diagonale in einem Quadrat der Seitenlänge 1 die Länge $a = \sqrt{2}$:

$$a^2 = 1^2 + 1^2 = 2$$
$$a \;\; = \sqrt{2}$$

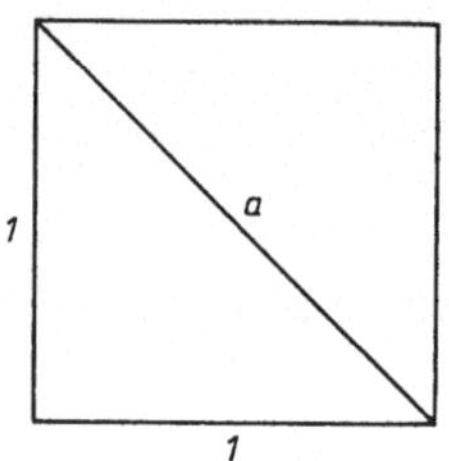

Bild II-1

Angenommen, a ist eine rationale Zahl $\frac{m}{n}$. Dann können wir die Quadratseiten in je n gleiche Teile zerlegen und sehen: die Diagonale besteht aus m ebensolchen Teilen. Durch Maßstabsänderung erhalten wir eine Figur „Quadrat mit eingezeichneter Diagonale", in der die Quadratseiten wie auch die Diagonale aus vollen cm-Stücken zusammengesetzt sind. Wir haben den gewünschten Widerspruch sicher erreicht, wenn wir zeigen können, daß es eine solche Figur nicht geben kann. Wir zeichnen:

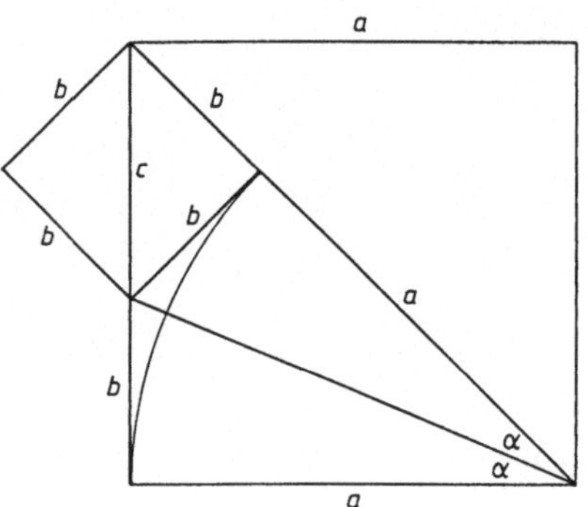

Bild II-2

Daß die beiden Winkel α wirklich gleich sind und die mit b bezeichneten Strecken ebenfalls, und daß links oben ein Quadrat entstanden ist, folgt mittels leichter geometrischer Überlegungen, deren Durchführung wir dem Leser überlassen. — Wir schließen nun:

(1) b entsteht durch Subtraktion der Seite des großen Quadrats von der Diagonale, besteht also aus vollen cm-Strecken.

(2) c entsteht durch Wegnahme von b aus der Seite des großen Quadrats, besteht also aus vollen cm-Strecken.

Also ist das Phänomen „Quadratseite und Diagonale aus vollen Zentimetern" in verkleinerter Form reproduziert worden. Dies Verfahren kann man solange wiederholen, bis alle beteiligten Strecken kürzer als 1 cm geworden sind, womit der gewünschte Widerspruch erreicht ist.

Historisch gesehen haben die Pythagoreer ihre grundlegende Entdeckung wohl nicht mit $\sqrt{2}$, sondern mit $\sqrt{5}$ gemacht: $\sqrt{5}$ kommt beim Goldenen Schnitt (§ 2) und beim Pentagramm vor, und diese Figur lag den Pythagoreern aus weltanschaulichen Gründen besonders nahe.

3.2 Quadratische Körpererweiterung

Wir haben gesehen:

im Körper $\mathbb{Q}$ der rationalen Zahlen gibt es nicht zu jedem Element eine Quadratwurzel.

Es gab die auf der Positiv-Negativ-Struktur von $\mathbb{Q}$ beruhende Barriere, daß negative rationale Zahlen nicht als Quadrate darstellbar sind, und es gab eine verfeinerte Barriere, hinter der sich z.B. die Primzahlen $2, 3, 5, 7, \ldots$ gegen das Wurzelziehen verschanzten.

Es gibt nun ein Verfahren, das in jedem Einzelfall diese Barrieren niederlegt, und zwar für einen beliebigen Körper K. Man nennt es „quadratische Körper-Erweiterung". Sein Ergebnis ist der

Satz. Sei K ein Körper und a ein Element von K, das nicht als ein Quadrat eines Elements aus K darstellbar ist. Dann gibt es einen K umfassenden Körper $\overline{K}$, der mindestens ein Element $\overline{b}$ mit $\overline{b}^2 = a$ enthält.

Beweis-Skizze. Wir konstruieren $\overline{K}$ als die Menge aller Paare (r, s) von Elementen r, s aus K; es kommt dabei auf die Reihenfolge der Paar-Komponenten an, so daß man von *geordneten Paaren* spricht. Addition und Multiplikation werden in $\overline{K}$ so erklärt:

$$(r, s) + (r', s') = (r + s', r + s') \qquad (\text{„komponentenweise"})$$
$$(r, s) \cdot (r', s') = (rr' + ass', rs' + r's).$$

Während die Definition der Addition noch einigermaßen natürlich erscheint, sieht die Multiplikation hier „wie vom Himmel gefallen" aus. Wir werden nach Abschluß unserer Beweisskizze zeigen, daß auch sie auf ganz naheliegende Weise zustandekommt.

Es ist ohne weiteres klar, daß man $(0,0)$ als Neutralelement der Addition und $(-r, -s)$ als Additions-Inverses von (r, s) erhalt.

Als Neutralelement der Multiplikation erweist sich $(1,0)$:

$$(1,0) \cdot (r, s) = (1 \cdot r + a \cdot 0 \cdot s,\ \ 1 \cdot s + 0 \cdot r) = (r, s).$$

Das Multiplikations-Inverse von $(r, s) \neq (0,0)$ lassen wir als

$$\left(-\frac{r}{as^2 - r^2}, \ \frac{s}{as^2 - r^2} \right)$$

vom Himmel fallen (Motivation spater). In der Tat ist die hier auftretende Division durch $as^2 - r^2$ erlaubt, denn es ist $as^2 - r^2 \neq 0$. Ware nämlich $as^2 - r^2 = 0$, so bekame man im Falle $s = 0$ auch $r = 0$, was $(r, s) \neq (0,0)$ widerspricht, im Falle $s \neq 0$ dagegen

$$a = \frac{r^2}{s^2} = \left(\frac{r}{s} \right)^2,$$

eine nach der Voraussetzung unseres Satzes unmogliche Darstellung von a als Quadrat eines Elements von K. – In der Tat gilt

$$\left(-\frac{r}{as^2-r^2},\ \frac{s}{as^2-r^2}\right)(r,s)$$

$$=\left(-\frac{r^2}{as^2-r^2}+a\frac{s^2}{as^2-r^2},\ -\frac{rs}{as^2-r^2}+\frac{rs}{as^2-r^2}\right)$$

$$=\left(\frac{-r^2+as^2}{as^2-r^2},\ 0\right)=(1,0)\,.$$

Die Verifikation der Kommutativ- und Assoziativgesetze sowie des Distributivgesetzes uberlassen wir dem Leser als Übung. – Danach haben wir $\bar{K}$ als Korper bestatigt. Aus den leicht zu bestatigenden Formeln

$$(r,0)+(r',0)=(r+r',0)$$
$$(r,0)\cdot(r',0)=(rr',0)$$

ersieht man: K findet sich in $\bar{K}$ wieder, wenn wir $(r,0)$ als Reprasentanten von r aus K in $\bar{K}$ akzeptieren: r und $(r,0)$ unterscheiden sich ja nur durch die „Verzierung" $(\ ,0)$. Damit ist es statthaft zu sagen: „$\bar{K}$ umfaßt K", namlich „bis auf Verzierung". – Und nun der Schlußstein.

$$(0,1)^2=(0,1)(0,1)=(0\cdot0+a\cdot1\cdot1,\ 0\cdot1+1\cdot0)$$
$$=(a,0)\,,$$

d.h. das a „bis auf Verzierung vertretende" Element $(a,0)$ von $\bar{K}$ laßt sich als Quadrat des Elements $(0,1)$ von $\bar{K}$ darstellen, kurz: in $\bar{K}$ gibt es eine Quadratwurzel aus a.

Wir tragen nun wie versprochen die Motivationen nach. Jeder Gymnasiast wurde sagen: ich rechne mit Ausdrucken $r+s\sqrt{a}$ wie folgt:

$$(r+s\sqrt{a})+(r'+s'\sqrt{a})=(r+r')+(s+s')\sqrt{a}$$
$$(r+s\sqrt{a})\cdot(r'+s'\sqrt{a})=rr'+ss'\sqrt{a}\sqrt{a}+rs'\sqrt{a}+r's\sqrt{a}$$
$$=(rr'+ass')+(rs'+r's)\sqrt{a}\,.$$

Damit sehen wir unsere Definition der Multiplikation schon als motiviert an. Wahrend der Gymnasiast in der Regel nicht weiß, wie berechtigt sein Rechnen ist, wissen wir es bei unserer Multiplikation von geordneten Paaren ganz genau: wir haben die Multiplikation eben so festgesetzt und einen Korper $\bar{K}$ gewonnen. – Nun noch die Gewinnung der Multiplikations-Inversen per Gymnasiasten-Rechnung:

$$(r+s\sqrt{a})(x+y\sqrt{a})=1$$

$$x+y\sqrt{a}=\frac{1}{r+s\sqrt{a}}$$

$$=\frac{r-s\sqrt{a}}{(r+s\sqrt{a})(r-s\sqrt{a})}=\frac{r-s\sqrt{a}}{r^2-(s\sqrt{a})^2}$$

$$=\frac{r-s\sqrt{a}}{r^2-s^2a}=-\frac{r}{as^2-r^2}+\frac{s}{as^2-r^2}\sqrt{a}\,.$$

Kein Gymnasiast braucht sich durch die ihm hier angedichtete Rolle diskriminiert zu fuhlen: alle Mathematiker haben jahrhundertelang so gerechnet. Der einzige Fortschritt, den unser obiger Beweis bringt, besteht darin, dem formalen (Gymnasiasten-)Rechnen mit Ausdrucken $r+s\sqrt{a}$ eine saubere logische Basis zu geben.

Wenn wir nachträglich

$$\sqrt{a} \quad \text{statt} \ (0,1)$$
$$r \quad \text{statt} \ (r,0)$$

schreiben, erhalten wir

$$r + s\sqrt{a} = (r,0) + (s,0)(0,1) = (r,0) + (s \cdot 0 + a \cdot 0 \cdot 1, \ s \cdot 1 + 0 \cdot 0)$$
$$= (r,0) + (0,s) = (r,s) \ .$$

Unser Verfahren durchbricht insbesondere auch die Barriere, die sich vor dem Wurzelziehen aus negativen Zahlen aufgebaut hatte: es funktioniert auch z.B. für $a = -1$. Statt $\sqrt{-1}$ schreibt man oft auch i (wie „imaginär") und das Rechnen mit („komplexen") Ausdrucken $r + is$ ist durch unsere obige Darlegungen gerechtfertigt.

Das Verfahren der quadratischen Körpererweiterung bezieht sich auf Gleichungen der Form $x^2 = a$, d.h. $x^2 - a = 0$. Es läßt sich, wie wir in Bd. 2, Kap. IX sehen werden, so ausbauen, daß man damit beliebige Gleichungen $x^n + a_{n-1}x^{n-1} + \ldots + a_1 x + a_0 = 0$ in Angriff nehmen kann (sog. algebraische Körpererweiterung).

§ 4   Das Lösen von Gleichungen und Gleichungssystemen

Eine Vielzahl von Rechenaufgaben läßt sich auf die Form von Gleichungen wie $ax = c$, $x^2 = a$ bringen. In diesem Abschnitt besprechen wir eine Reihe von solchen Gleichungs-Aufgaben, die sich mit den in § 1 bis § 3 bereitgestellten Methoden behandeln lassen.

1. Eine Gleichung wie $ax = c$ oder $x^2 = a$ bedeutet eine Aufgabe: Gesucht wird eine Zahl bzw. ein Element eines vorgeschriebenen Körpers, das, für die sogenannte Unbekannte x eingesetzt, die Gleichung erfüllt; jedes solche x heißt dann eine *Lösung* der Gleichung; es kann u.U. mehrere Lösungen geben; dann steht man vor der Aufgabe, *alle* Lösungen zu finden, d.h. die *Lösungsmenge* der Gleichung zu bestimmen.

Beispielsweise hat $ax = c$
für $a \neq 0$ nur eine Lösung, nämlich $x = \frac{c}{a}$,
für $a = 0$ und $c \neq 0$ keine Lösung,
für $a = 0$ und $c = 0$ alle Körperelemente als Lösung,
während $x^2 = 4$ genau zwei Lösungen (in $\mathbb{Q}$) besitzt, nämlich $x = 2$ und $x = -2$.

2. Man löst eine Gleichung z.B., indem man sie so lange umformt, bis eine Gleichung der Gestalt $x = c$ dasteht; dann hat man c als Lösung „ausgerechnet"; man tut dabei so, als sei x eine Zahl bzw. ein Körperelement. Diese populär-unpräzisen Erläuterungen (in einem strengen mathematischen Text haben Konjunktive und Wendungen wie „man tut so als ob" nichts zu suchen) haben einen genauen logischen Sinn. So heißt „eine Gleichung umformen" soviel wie „zu einer anderen Gleichung übergehen, die dieselbe Lösungsmenge hat wie die vorige" (das „dieselbe" kann u.U modifiziert werden).

Beispiel: zu lösen ist die Gleichung

$$3x + 12 = 0 \tag{1}$$

Man geht so vor: wenn x eine Losung von (1) ist, so gilt auch

$$3x + 12 - 12 = 0 - 12 \ , \tag{2}$$

d.h.

$$3x = -12 \ ; \tag{3}$$

dies ist das populäre „Heruberschaffen" des Summanden 12: man addiert -12 auf beiden Seiten und weiß: gilt vorher Gleichheit, so auch nachher und umgekehrt, d.h. (3) hat dieselbe Losungsmenge wie (1). Dies war eine erste Umformung; eine zweite sieht so aus: gilt (3), so gilt auch

$$\frac{1}{3} 3x = -\frac{1}{3} 12 \tag{4}$$

d.h.

$$x = -4 \ ; \tag{5}$$

dies ist das „Heruberschaffen" eines Faktors $\neq 0$; man multipliziert auf beiden Seiten mit $\frac{1}{3}$ und weiß: gilt vorher Gleichheit, so auch nachher und umgekehrt. (3) und (5) haben dieselbe Losungsmenge und somit auch (1) und (5), also ist $x = -4$ die einzige Losung von (1).

Wir führen noch ein zweites Beispiel vor, bei dem auch das Quadratwurzelziehen vorkommt. Die Gleichung

$$2x^2 - 4x + 6 = 0$$

wird nacheinander in Gleichungen mit derselben Losungsmenge umgeformt:

$$x^2 - 2x + 3 = 0$$
$$x^2 - 2x \quad = -3$$
$$x^2 - 2x + 1 = -3 + 1 = -2 \tag{6}$$
$$(x - 1)^2 = -2 \tag{7}$$

Dabei muß man die allgemeine Formel $(a - b)^2 = a^2 - 2ab + b^2$ geschickt anwenden, um durch „quadratische Ergänzung" auf (6) und (7) zu kommen. Mit

$$x - 1 = \pm \sqrt{-2}$$
$$x = 1 \pm \sqrt{-2}$$

kommt die Auffindung der beiden Losungen $x = 1 + \sqrt{-2}$, $x = 1 - \sqrt{-2}$ zum erfolgreichen Abschluß. Nach Abschnitt 3.2 (Quadratische Korpererweiterung) bereitet uns $\sqrt{-2} = \sqrt{(-1) \cdot 2} = \sqrt{-1} \sqrt{2} = i \sqrt{2}$ keine Schwierigkeiten mehr.

In der Schule lernt man für

$$ax^2 + bx + c = 0 \qquad\qquad (a \neq 0)$$

die Losungsformel

$$x = \frac{1}{2a} \left(-b \pm \sqrt{b^2 - 4ac} \right) \tag{8}$$

sie bedeutet nichts weiter als die allgemeine Anwendung des obigen Verfahrens der „quadratischen Ergänzung". Das Vorzeichen der sogenannten Diskriminante $D = b^2 - 4ac$ entscheidet daruber, ob in der Wurzel die sogenannte imaginare Einheit $i = \sqrt{-1}$ steckt oder nicht.

Historische Anmerkung: Losungsformeln vom Typ (8) gibt es auch noch fur Gleichungen 3. Grades ($ax^3 + bx^2 + cx + d = 0$; „kubische Gleichung") und 4. Grades ($ax^4 + bx^3 + cx^2 + dx + e = 0$); in ihnen kommen auch 3. Wurzeln vor; man benennt diese Formeln meist nach Girolamo Cardano von Padova (1501–1576), doch waren sie schon vorher z.B. Niccolo Fontana von Brescia (=

Tartaglia, ca. 1499–1557), bekannt. 1826 bewies Niels Henrik Abel (1802–1829), daß es für Gleichungen ab dem 5. Grad keine allgemeine Lösungsformel mit Wurzelzeichen geben kann; danach nahm die Suche nach allgemeinen Lösungsverfahren für solche Gleichungen völlig andere Wege, vgl. Bd. 2, Kap. IX.

3. Statt einer Gleichung für eine Unbekannte kann man auch mehrere Gleichungen für mehrere Unbekannte betrachten. Aufgaben, die auf Probleme dieser Art führen, sind schon vor Jahrhunderten aufgetreten. Auf Seite 104 von Adam Rieses (1492–1559) Rechenbuch Riese [1525] „Rechnung auff der Linien unnd Federn auff allerley Handtierung, gemacht durch Adam Rysen" findet sich folgender Text:

> Item 21 personen Manner und Frawen/haben vertruncken 81 /ein Man sol geben 5 /und ein Fraw 3 . Nun frag ich wievil jeglicher in sonderheyt gewesen seind/ setz also.
>
>   Man 5
> 21 Person   81
>   Fraw 3
>
> Nim 3 /von 5 /bleiben 2/ der teiler/nun multiplicir 3 mit 21/kommen 63/die nim von 81/bleiben 18/die teel ab mit 2/kommen 9 manner/die nim von 21 personen/bleiben 12/ so vil seind der weiber.

Heute rechnet man das z.B. so:

x = Anzahl der Männer
y = Anzahl der Frauen

$$x + \ y = 21 \quad (3x + 3y = 63)$$
$$5x + 3y = 81$$

Subtraktion der beiden Gleichungen (davon die obere in der mit 3 multiplizierten Form) ergibt

$$5x - 3x = 81 - 63, \quad \text{d.h.}$$
$$2x = 18$$
$$x = 9, \quad y = 21 - 9 = 12$$

Probe:

$$9 + 12 = 21$$
$$5 \cdot 9 + 3 \cdot 12 = 45 + 36 = 81.$$

Dies Verfahren ist vielleicht ein bißchen umständlich, hat aber den Vorzug, universell anwendbar zu sein. Für Adam Rieses Aufgabe hätte folgendes spezielle Vorgehen genügt:

> Wir tun erst mal so, als seien es lauter Frauen; dann geben die 21 Leute $21 \cdot 3 = 63$ aus und es blieben $81 - 63 = 18$ übrig, um 9 Personen zusätzlich 2 ausgeben zu lassen, also auf „Mann" umzudefinieren.

So hat auch Adam Riese gerechnet und ebenso löst man die bekannte Aufgabe

> In einem Hof sind 10 Tiere, Hühner und Hasen. Sie haben zusammen 26 Beine.
> Wie viele Hühner und wie viele Hasen sind es?

Auf Seite 85 der deutschen Ausgabe Chiu [1968] des chinesischen Rechenbuchs Chiu Chang Suan Shu = „Neun Bücher arithmetischer Technik" aus der frühen Han-Zeit (202 v.Cr. bis 9 n.Chr.) lesen wir:

> Jetzt hat man 2 Rinder ⟨und⟩ 5 Schafe verkauft ⟨und⟩ damit 13 Schweine gekauft, ⟨wobei⟩ ein Rest von 1000 Geldstücken ⟨übrig⟩ blieb. Man hat 3 Rinder ⟨und⟩ 3 Schweine verkauft ⟨und⟩ damit 9 Schafe gekauft; das Geld reichte gerade. Man hat 6 Schafe ⟨und⟩ 8 Schweine verkauft ⟨und⟩ damit 5 Rinder

gekauft, ⟨aber⟩ das Geld reichte nicht ⟨um⟩ 600 ⟨Geldstücke⟩. Frage: Wie hoch ist der Preis von jedem, vom Rind, vom Schaf ⟨und⟩ vom Schwein? Die Antwort sagt: Der Preis eines Rindes ⟨ist⟩ 1200. Der Preis eines Schafes ⟨ist⟩ 500. Der Preis eines Schweines ⟨ist⟩ 300.

Die Regel lautet: ⟨Mache es⟩ wie ⟨bei der Regel⟩ Fang Ch'êng. Lege hin die 2 Rinder ⟨und⟩ die 5 Schafe ⟨als⟩ positiv, die 13 Schweine ⟨als⟩ negativ, die Anzahl des restlichen Geldes ⟨als⟩ positiv. ⟨Als⟩ nächstes lege hin die 3 Rinder ⟨als⟩ positiv, die 9 Schafe ⟨als⟩ negativ, die 3 Schweine ⟨als⟩ positiv. ⟨Als⟩ nächstes lege hin die 5 Rinder ⟨als⟩ negativ, die 6 Schafe ⟨als⟩ positiv, die 8 Schweine ⟨als⟩ positiv, das Geld, ⟨um das es⟩ nicht reicht, ⟨als⟩ negativ. Mit der Plus-Minus-Regel packe es an.

Heute setzt man das so an

x = Preis eines Rindes
y = Preis eines Schafes
z = Preis eines Schweines

$$2x + 5y - 13z = 1000$$
$$3x - 9y + 3z = 0$$
$$-5x + 6y + 8z = -600$$

Indem man ähnlich wie beim Adam-Riese-Beispiel zielbewußt „Unbekannte hinauswirft", rechnet man schließlich — der Leser ist eingeladen, dies tatsächlich durchzuführen —

$x = 1200$ $y = 500$ $z = 300$

heraus.

Probe:

$$2 \cdot 1200 + 5 \cdot 500 - 13 \cdot 300 = \ \ 2400 + 2500 - 3900 = 4900 - 3900 = \ \ 1000$$
$$3 \cdot 1200 - 9 \cdot 500 + \ \ 3 \cdot 300 = \ \ 3600 - 4500 + \ \ 900 = 4500 - 4500 = \ \ \ \ \ \ 0$$
$$-5 \cdot 1200 + 6 \cdot 500 + \ \ 8 \cdot 300 = -6000 + 3000 + 2400 = 5400 - 6000 = - \ \ 600\ .$$

Besagtes chinesisches Rechenbuch enthält Aufgaben dieser Art mit bis zu 5 Unbekannten und 5 Gleichungen, sowie allgemein-methodische Angaben, so daß man schließen kann: die Chinesen der frühen Han-Zeit konnten im Prinzip beliebig komplizierte Aufgaben dieser Art lösen.

Die Behandlung solcher Aufgaben folgt abermals dem logischen Schema, das wir in 2. für eine Gleichung und eine Unbekannte dargelegt haben: „die Lösungen ausrechnen" heißt das vorgelegte Gleichungssystem (z.B. durch „Hinüber- und Herüberschaffen") so umformen, daß neue Systeme mit denselben Lösungsmengen entstehen; das Verfahren führt zum Erfolg, wenn man schließlich ein System der Form $x = A$, $y = B$, ..., $z = C$ erreicht, bei dem die rechten Seiten $A, B, .. , C$ keine der Unbekannten $x, y, ..., z$ mehr enthalten, sondern als Zahlen (Körperelemente) auszurechnen sind.

In der Praxis der Gleichungssysteme gibt es ein paar Faustregeln, die aber mit Vorsicht anzuwenden sind:

a) Hat man mehr Gleichungen als Unbekannte, so gibt es oft keine Lösung; man sagt „das Problem ist überbestimmt" oder „es wird zuviel verlangt".

b) Hat man weniger Gleichungen als Unbekannte, so gibt es oft unendlich viele Lösungen; man sagt dann z.B. „die m Gleichungen lassen den n Unbekannten noch $n - m$ Freiheitsgrade".

c) Hat man ebenso viele Gleichungen wie Unbekannte, so ist die Lösung oft eindeutig, d.h. die Lösungsmenge besteht aus einem einzigen System von Werten für die Unbekannten.

Die obigen Beispiele waren im wesentlichen vom Typ c).

4. *Lineare Gleichungssysteme*. Die obigen Beispiele führten jedesmal auf ein System von *linearen* Gleichungen; so nennt man Gleichungen, in denen nur die vier Grundrechnungsarten auftreten und

die Unbekannten nur bis zur 1. Potenz vorkommen: x, y, ... , z, aber nicht x^2, x^3, ..., z^2, z^3, ...
Für solche linearen Gleichungssysteme hat man eine sehr glatte Lösungstheorie und sehr perfekte
Lösungsverfahren, insbesondere auch eine genaue Übersicht über die Anwendbarkeit obiger Faust-
regeln. Wir machen hierzu einige allgemeine Angaben.

a) *Gaußsche Elimination.* Ein lineares Gleichungssystem hat ganz allgemein die Gestalt

$$
\begin{aligned}
ax &+ by &+ \ldots + cz &= d \\
a'x &+ b'y &+ \ldots + c'z &= d' \\
&\cdots\cdots\cdots \\
a'''x &+ b'''y &+ \ldots + c'''z &= d'''
\end{aligned}
$$

oder, in Index-Schreibweise

$$
\begin{aligned}
a_{11}\, x_1 &+ \ldots + a_{1n}x_n = c_1 \\
&\cdots\cdots\cdots \\
a_{m1}x_1 &+ \ldots + a_{mn}x_n = c_m
\end{aligned}
\tag{8}
$$

Hierbei sind $a, a', \ldots, a'''$ etc. bzw. $a_{11}, \ldots, a_{1n}, \ldots, a_{nn}, c_1, \ldots, c_m$ vorgegebene Zahlen bzw. Körperelemente und x, y, ..., z bzw. $x_1, \ldots, x_n$ die Unbekannten. Carl Friedrich Gauß (1777–1855)
arbeitete die gangigen Ausrechen-Verfahren zu einer allgemeinen Methode aus, die als *Gaußsches
Eliminationsverfahren* bezeichnet wird. Hierbei wird das System (8) auf sogenannte Dreiecks-
Gestalt, d.h. auf die Form

$$
\begin{aligned}
b_{11}x_1 & & &= R_1 \\
b_{21}x_1 &+ b_{22}x_2 & &= R_2 \\
&\cdots\cdots\cdots \\
b_{m1}x_1 &+ b_{m2}x_2 + \ldots + b_{mm}x_m &= R_m
\end{aligned}
\tag{9}
$$

gebracht, wobei in den rechten Seiten $R_1, \ldots, R_m$ nur noch die Unbekannten $x_{m+1}, \ldots, x_n$ (wenn
$n > m$ ist) vorkommen. Setzt man für diese $n - m$ weitere Unbekannten irgendwelche Zahlen ein
– und hierfür hat man $n - m$ „Freiheitsgrade" – so werden $R_1, \ldots, R_m$ genau so Zahlen wie die
$b_{11}, \ldots, b_{m1}, \ldots, b_{mm}$ und man kann im Falle $b_{11} \neq 0, \ldots, b_{mm} \neq 0$ die $x_1, \ldots, x_m$ wie folgt
eindeutig ausrechnen: $x_1 = \dfrac{R_1}{b_{11}}$ legt x_1 fest; man schafft alle x_1-Glieder aus (9) nach rechts, dann
hat die zweite Gleichung die Form $b_{22}x_2 = S_2 = R_2 - b_{21}x_1 = R_2 - b_{21}\dfrac{R_1}{b_{11}}$; nun rechnet man
$x_2 = \dfrac{S_2}{b_{22}}$ aus, und so fährt man fort, bis auch x_m ausgerechnet ist. – Obwohl Gauß ein großer
Rechentechniker war, ließ sich sein Verfahren rechentechnisch noch verbessern (Strassen [1969]).

b) *In der allgemeinen Losungstheorie linearer Gleichungssysteme* faßt man die Vorgaben $a_{11}, \ldots, a_{mn}$
auf der linken Seite von (8) zu einer sogenannten *(m-n-)Matrix*

$$
A = \begin{bmatrix} a_{11}, \ldots, a_{1n} \\ \\ a_{m1}, \ldots, a_{mn} \end{bmatrix},
$$

die rechten Seiten $c_1, \ldots, c_m$ zu einem sogenannten *Spaltenvektor*

$$
c = \begin{bmatrix} c_1 \\ \vdots \\ c_m \end{bmatrix}
$$

und das System der Unbekannten $x_1, \ldots, x_n$ zu einem weiteren Spaltenvektor x zusammen. Die schematische Art, nach der die linke Seite von (8) gebildet ist, wird in eine Technik des Rechnens mit Matrizen und Vektoren umgeformt, bei der (8) schließlich die Kurzform

$$Ax = c \tag{8a}$$

erhält. Diese Kurzform legt die Idee nahe, ebenso vorzugehen wie mit einer einzelnen Gleichung

$$ax = c$$

mit Zahlen a, c und einer einzelnen Unbekannten. Bei dieser ist das Ausrechnen der Losung im Falle $a \neq 0$ ja sehr einfach: man bildet die Multiplikations-Inverse $a^{-1} = \frac{1}{a}$ von a und bekommt

$$x = a^{-1} c \ \left(= \frac{c}{a} \right) .$$

Die allgemeine Idee zur Losung von (8) bzw. (8a) besteht nun darin, zur Matrix A eine Multiplikations-Inverse A^{-1} zu finden, die es gestattet, zu

$$x = A^{-1} c$$

überzugehen. Die Durchführung dieses Programms gehort in die *Vektor- und Matrizenrechnung* bzw. die *lineare Algebra* und ist nicht prinzipiell schwierig, aber etwas umstandlich zu erlautern; wir verzichten hier auf die Details, man lernt sie in den Anfängervorlesungen uber lineare Algebra, vgl. z.B. Kowalsky [1970], Koecher [1983]. Algebraisch gesehen ist die Lösungstheorie linearer Gleichungssysteme dadurch ausgezeichnet, daß sie stets mit den vier Grundrechnungsarten auskommt, also innerhalb des vorgegebenen Korpers bleibt und keine (quadratische oder algebraische) Korpererweiterung erfordert.

c) *Geometrische Veranschaulichung.* Gemaß Descartes' Idee, Punkte in der Ebene als Zahlenpaare, Punkte im Raum als Zahlentripel darzustellen (analytische Geometrie, Kap. I, Abschnitt 4.3) kann man die Lösungsmengen linearer Gleichungen geometrisch darstellen, z.B.

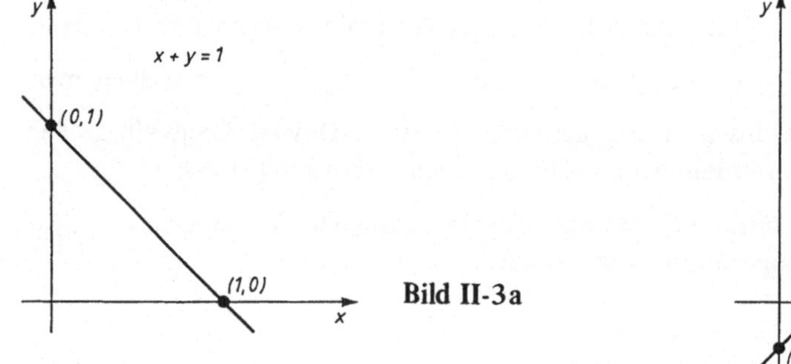

Bild II-3a

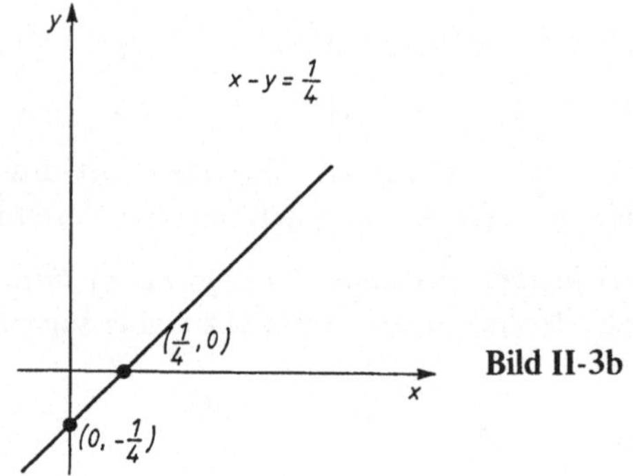

Bild II-3b

Sind zwei Gleichungen gleichzeitig zu losen, so muß man die Losungsmengen der einzelnen Gleichungen zum (mengentheoretischen Durch-)Schnitt bringen, z.B.

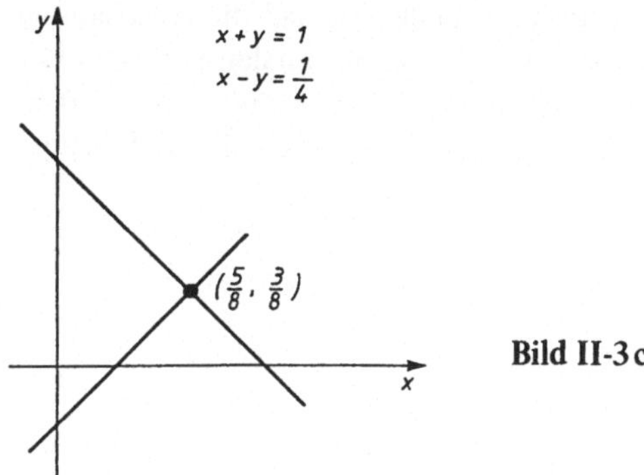

Bild II-3c

das Wort „linear", vorhin rein algebraisch definiert, rührt daher, daß hier Gerade (lat. lineae) als Lösungsmengen auftreten. Bei drei Unbekannten bekommt man analog eine Veranschaulichung im dreidimensionalen Raum, wobei Ebenen und Schnitte von solchen, also Gerade und Punkte, als Lösungsmengen auftreten. Viele Anwendungen führen auf lineare Gleichungssysteme mit mehr als drei Unbekannten; die normale Anschauung verläßt uns hier, aber die Mathematik arbeitet auch in höheren Dimensionen mit einer Art Anschauung, die die Lösungstheorie linearer Gleichungssysteme mit beliebig vielen Unbekannten zu einer von geometrischer Intuition durchwalteten geistigen Unternehmung macht. Analogien solcher Art haben den Mathematikern derartige Erfolge beschert, daß sie gegen puritanische Einwendungen, hier durfe man nicht von Geometrie sprechen, praktisch taub geworden sind.

5. Überträgt man die mit Gleichungssystemen, in denen auch höhere Potenzen der Unbekannten auftreten, entstehende Problematik nach Descartes' Verfahren ins Geometrische, so bekommt man es mit der sogenannten *algebraischen Geometrie* zu tun. (Vgl. etwa Brieskorn-Knorrer [1981], Shafarevic [1972].)

6. *Exkurs über numerisches Wurzelziehen.* Die geometrische Veranschaulichung des Wurzelziehens, d.h. des Losens einer Gleichung $x^2 = b$ führt zu der Aufgabe, die Parabel $y = x^2$ mit der horizontalen Geraden $y = b$ zum Schnitt zu bringen:

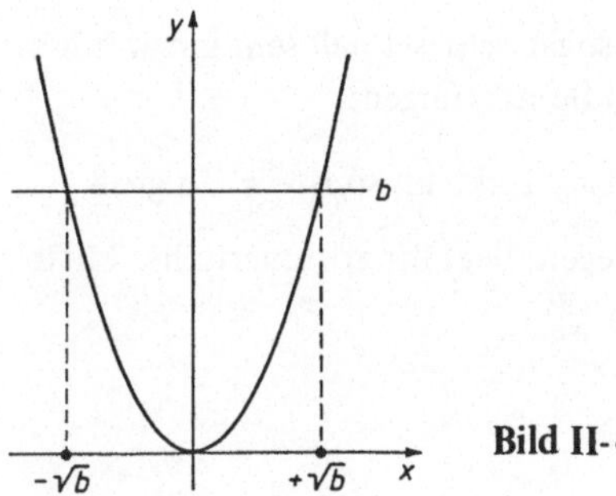

Bild II-4

Die Spiegelsymmetrie dieses Bildes entspricht der algebraischen Feststellung $(-x)^2 = x^2$, d.h. „minus mal minus gibt plus" und demonstriert: wenn es eine Quadratwurzel $\sqrt{b}$ gibt, ist $-\sqrt{b}$ ebenfalls eine solche.

Die pythagoreische Entdeckung, daß $\sqrt{2}$ in $\mathbb{Q}$ nicht vorkommt, bedeutet, daß die Anschauung trügt, wenn man für x und y nur rationale Werte zuläßt: es gibt keinen rationalen Schnittpunkt von $y = x^2$ und $y = 2$. Dagegen kann man versuchen, mit rationalen x *approximativ* Wurzeln zu ziehen, d.h. x^2 beliebig nahe an b (z.B. an $b = 2$) heranzubringen. Das führt z.B. auf folgende Tabelle

$x \nearrow \sqrt{2}$	x^2	y^2	$y \searrow \sqrt{2}$
1	1	4	2
1.4	1.96	2.25	1.5
1.41	1.9881	2.0164	1.42
1.414	1.999396	2.002225	1.415
1.4142	1.999962	2.000245	1.4143

In dieser Tabelle steckt viel unnotiger Rechenaufwand. Ein schneller $\sqrt{\ }$-Algorithmus, den man mit Heron von Alexandria (um 130 v.Chr.) in Beziehung bringt, beruht auf der Äquivalenz von

$$x^2 = a$$

mit

$$x = \frac{a}{x}$$

d.h.

$$x = \frac{1}{2}\left(x + \frac{a}{x}\right)$$

und schreibt vor, mit einer „nullten Naherung" x_0 zu beginnen und bessere Näherungen gemäß

$$x_1 = \frac{1}{2}\left(x_0 + \frac{a}{x_0}\right)$$

$$x_2 = \frac{1}{2}\left(x_1 + \frac{a}{x_1}\right)$$

$$\ldots$$

$$x_{n+1} = \frac{1}{2}\left(x_n + \frac{a}{x_n}\right)$$

$$\ldots$$

zu berechnen. Daß diese Näherungen wirklich besser sind und sogar sehr schnell sehr gut werden, muß man naturlich erst beweisen. Dabei stützt man sich auf zwei Bemerkungen:

a) Ist x_n zu groß ($x_n^2 > a$), so ist $\frac{a}{x_n}$ zu klein $\left(\left(\frac{a}{x_n}\right)^2 < a\right)$ und ist x_n zu klein, so ist $\frac{a}{x_n}$ zu groß.

b) Da die Werte x_n und $\frac{a}{x_n}$ auf verschiedenen Seiten von $\sqrt{a}$ liegen, liegt ihr arithmetisches Mittel x_{n+1} näher bei $\sqrt{a}$ als der schlechtere der beiden Werte x_n, $\frac{a}{x_n}$.

Kapitel III
Vollständige Induktion

In diesem Kapitel behandeln wir ein grundlegendes mathematisches Schlußverfahren, das man

das Prinzip von der vollstandigen Induktion

Induktionsprinzip

Induktion

oder etwas salopp auch den

Schluß von n auf $n + 1$

nennt. Der Mathematiker sagt oft „wie man mittels Induktion (oder: induktiv) beweist" oder „durch Schluß von n auf $n + 1$ sieht man...".

Dies Schlußverfahren stutzt sich auf die naturlichen Zahlen $1, 2, \ldots$ und lautet:

Für jede natürliche Zahl n sei A_n eine Aussage.

Die Aussage A_1 sei richtig („Induktionsanfang").

Für jede natürliche Zahl n gelte $A_n \Rightarrow A_{n+1}$, d.h. aus der Richtigkeit von A_n folgt die Richtigkeit von A_{n+1} („Induktionsschritt").

Dann sind alle Aussagen $A_1, A_2, \ldots$ richtig.

Natürlich kann man dies Schlußverfahren statt mit der Numerierung durch $1, 2, \ldots$ auch mit $0, 1, \ldots$ oder $100, 101, 102, \ldots$ oder $-1000, -999, \ldots$ oder auch $-1, -2, \ldots$ laufen lassen und statt von n auf $n + 1$ von $n - 1$ auf n schließen etc. Wir werden von solchen Freiheiten nach Bedarf Gebrauch machen.

Das Induktionsprinzip war implizit sicher schon den Griechen bekannt. Es ist schwierig auszumachen, wann und von wem es zum ersten Male formuliert wurde. Für diese Fragen vgl. vor allem Freudenthal [1953], wo Blaise Pascal (1623–1662) als der Urheber des Induktionsprinzips in seiner expliziten Gestalt (s.o.) bezeichnet wird. Vgl. ferner Rabinovitch [1970].

Man nennt das obige Schlußverfahren *vollstandige* Induktion im Gegensatz zu der unsere Erfahrungswelt beherrschenden *unvollstandigen Induktion*, mit der sich auch die Philosophie viel beschaftigt hat. Vollständige Induktion *beweist* Aussagen; unvollstandige Induktion kann nur eine Aussage *wahrscheinlicher* machen.

Wir beginnen in § 1 mit drei klassischen Summationsaufgaben; die zugehorigen mathematischen Sätze werden zunächst intuitiv bewiesen; danach wird das Induktionsprinzip herangezogen, um diesen Beweisen eine exakte Form zu geben. § 2 ist der Diskussion einiger mit dem Induktionsprinzip verknüpfter Grundsatzfragen gewidmet. In § 3 lernen wir ein klassisches Anwendungsfeld des Induktionsprinzips kennen: die grundlegenden Anzahlbestimmungen der Kombinatorik. In § 4 stellen wir einen Induktionsbeweis für den sogenannten Heiratssatz — ebenfalls ein bedeutendes Ergebnis der Kombinatorik — vor (vgl. auch Kap. IV, § 2). In § 5 beweisen wir den sogenannten binomischen Lehrsatz mittels Induktion. Gewisse Grundaussagen der Lehre von den natürlichen Zahlen (Wohlordnung, Schubfachprinzip, Dedekinds Definition der endlichen Mengen) werden in

§ 6 induktiv bewiesen; anhangsweise wird über den Satz von Ramsey berichtet. In § 7 befassen wir uns mit der induktiven Konstruktion und lernen drei Anwendungsbeispiele kennen: die Fibonacci-Zahlen, die Thue-Morse-Folge (mit einem Ausblick auf die Sätze von van der Waerden und Szemerédi über arithmetische Progressionen), sowie das Diagonal-Argument von Georg Cantor. Nichtmathematikern seien vor allem die Bücher Dedekind [1888] und Landau [1930] empfohlen.

§1   Drei Summationen

In diesem Abschnitt beweisen wir zunächst in drei Unterabschnitten drei häufig in der Mathematik gebrauchte Aussagen über das Summieren von regelmäßig gebauten Zahlenfolgen. In einem weiteren Unterabschnitt beweisen wir jede dieser Aussagen nochmals mit Hilfe des Induktionsprinzips. Damit leiten wir zu einer grundsätzlichen Diskussion des Induktionsprinzips über, die im nächsten Paragraphen vorgetragen wird.

1.1   Arithmetische Progressionen

Eine endliche Zahlenreihe der Form

$$\cdots \bullet \underbrace{\cdots \bullet}_{d} \underbrace{\cdots \bullet}_{d} \cdots \cdots \underbrace{\bullet}_{} \underbrace{\cdots \bullet}_{d} \cdots \cdots$$
$$a \qquad a{+}d \qquad a{+}2d \qquad\qquad a{+}(n{-}1)d$$

wird auch als eine *arithmetische Progression* mit dem Anfangsglied a, der Schrittweite d und der Länge n (= Anzahl der Glieder) bezeichnet. Dabei interessiert man sich gewöhnlich nur für den Fall, daß a und d natürliche Zahlen $1, 2, \ldots$ sind (n sowieso). Wir stellen uns nun die Aufgabe, die Summe der Glieder einer solchen arithmetischen Progression zu berechnen, d.h. für $a + (a + d) + (a + 2d) + \ldots + (a + (n - 1)d)$ eine kurze Formel zu finden.

Wir beginnen mit arithmetischen Progressionen der Form

$$1,2,3, \ldots, n$$

(Anfangsglied 1, Schrittweite 1, Länge n). Auf den Spezialfall $n = 100$

$$1,2,3, \ldots, 100$$

soll sich die folgende Anekdote über Carl Friedrich Gauß (1777−1855) bezogen haben:

> „Das Herkommen brachte es nämlich mit sich, daß der Schüler, welcher zuerst sein Rechenexempel beendigt hatte, die Tafel in die Mitte eines großen Tisches legte; über diese legte der zweite seine Tafel usw. Der junge Gauss war kaum in die Rechenclasse eingetreten, als Büttner die Summation einer arithmetischen Reihe aufgab. Die Aufgabe war indess kaum ausgesprochen als Gauss die Tafel mit den im niedern Braunschweiger Dialekt gesprochenen Worten auf den Tisch wirft: „Ligget se'" (Da liegt sie). Während die andern Schüler emsig weiter rechnen, multipliciren und addiren, geht Büttner sich seiner Würde bewusst auf und ab, indem er nur von Zeit zu Zeit einen mitleidigen und sarcastischen Blick auf den kleinsten der Schüler wirft, der längst seine Aufgabe beendigt hatte. Dieser sass dagegen ruhig, schon eben so sehr von dem festen unerschütterlichen Bewußtsein durchdrungen, welches ihn bis zum Ende seiner Tage bei jeder vollendeten Arbeit erfüllt, daß seine Aufgabe richtig gelöst sei, und daß das Resultat kein anderes sein könne. Am Ende der Stunde wurden darauf die Rechentafeln umgekehrt; die von Gauss mit einer einzigen Zahl lag oben und als Büttner das Exempel prüfte, wurde das seinige zum Staunen aller Anwesenden als richtig befunden, während viele der übrigen falsch waren und alsbald mit der Karwatsche rectificirt wurden".

(Waltershausen [1856])

Man vermutet, der kleine Gauß sei so vorgegangen:

Gesucht ist
$$S = \quad 1 + \quad 2 + \ldots + 100$$

Das kann man auch so hinschreiben:
$$S = 100 + 99 + \ldots + \quad 1$$

Die Addition übereinanderstehender Zahlen ergibt
$$2S = 101 + 101 + \ldots + 101 = 100 \cdot 101 = 10100$$

also

$$S = \frac{10100}{2} = 5050 \; .$$

Die Zahl 5050 hatte demnach auf Gauß' Schiefertafel gestanden. Sein Verfahren war nicht nur ·
schnell, sondern bot auch gegenüber dem geduldigen Addieren der Zahlen 1, 2, ... , 100 den Vorteil
geringerer Anfälligkeit gegen Rechenfehler. Natürlich kann man es sofort allgemein hinschreiben:

$$S_n = 1 + \quad 2 \quad + \ldots + n$$
$$S_n = n + (n{-}1) + \ldots + 1$$
$$2S_n = (n{+}1) + (n{+}1) + \ldots + (n{+}1)$$
$$= n(n{+}1)$$
$$S_n = \frac{n(n{+}1)}{2}$$

Man kann dies Vorgehen noch anschaulicher gestalten. Gesucht wird die Zahl S_n der Einsen in dem
dreieckigen n-Zeilen-Schema

```
1
1  1
1  1  1
. . . .
1  1  1 ... 1
```

Man ergänze es wie folgt zu einem quadratischen $(n+1)$-Zeilen-Schema

```
0  1  1 ... 1
1  0  1 ... 1
1  1  0 ... 1
. . . . . . . . . .
1  1  1 ... 0
```

Die Anzahl der Einsen ist hier

$$(n{+}1) \cdot (n{+}1) \quad \text{minus} \quad n{+}1 \text{ Nullen in der Diagonale}$$
$$= (n{+}1) \cdot (n{+}1) - (n{+}1) = (n{+}1)\,((n{+}1){-}1) = (n{+}1)n \; .$$

Das ursprüngliche Dreieck-Schema enthielt also $\frac{(n{+}1)n}{2}$ Einsen.
Man verallgemeinert nun sofort:

$$d + 2d + 3d + \ldots + (n{-}1)d$$
$$= d(1 + 2 \quad + \ldots + (n{-}1))$$
$$= d\,\frac{(n{-}1)n}{2}$$

und erhält dann

$$a + (a+d) + (a+2d) + \ldots + (a+(n-1)d)$$
$$na + d+2d + \ldots + (n-1)d$$
$$= na + d\,\frac{(n-1)n}{2}$$

womit die anfängliche Aufgabe, beliebige arithmetische Progressionen formelmäßig zu summieren, gelöst ist. Die Summation $1 + 2 + \ldots + n$ war der entscheidende Spezialfall.

1.2 Geometrische Progressionen

Unsere arithmetischen Progressionen $a_1, \ldots, a_n$ waren dadurch gekennzeichnet, daß die *Differenz* $a_k - a_{k-1}$ zweier aufeinander folgender Glieder immer dieselbe Zahl d (= Schrittweite) war. Ersetzt man hier die Addition durch die Multiplikation, so gewinnt man Zahlenserien $b_1, \ldots, b_n$, bei denen der *Quotient* $\dfrac{b_k}{b_{k-1}}$ zweier aufeinanderfolgender Glieder immer dieselbe Zahl q ist. Solche Zahlenserien nennt man *geometrische Progressionen*. Setzt man $b_1 = a$, so hat man

$$b_1 = a$$
$$b_2 = b_1 \cdot \frac{b_2}{b_1} = a \cdot q$$
$$b_3 = b_2 \cdot \frac{b_3}{b_2} = aq \cdot q = aq^2$$
$$\ldots\ldots$$
$$b_n = b_{n-1} \cdot \frac{b_n}{b_{n-1}} = aq^{n-2} \cdot q = aq^{n-1} \ ,$$

so daß man alle Zahlenserien der Form

$$a, \ aq, \ aq^2, \ \ldots, \ aq^{n-1}$$

$(a = a \cdot 1 = a \cdot q^0)$ als geometrische Progression (mit dem Anfangsglied a, dem Quotienten q und der Länge n) bezeichnet. Hierbei ist es durchaus üblich, für a und q ganz beliebige (auch nicht-ganze) Zahlen zuzulassen. Der entscheidende Spezialfall ist $a = 1$, also die geometrische Progression $1, q, q^2, q^3, \ldots, q^{n-1}$.

Gesucht ist eine Summationsformel für diese; wir setzen

$$T_n = 1 + q + q^2 + \ldots + q^{n-1} \ .$$

Folgende Modifikation der Idee des kleinen Gauß führt zum Erfolg:

$$T_n = 1 + q + q^2 + \ldots + q^{n-1}$$
$$qT_n = \quad\ \ q + q^2 + \ldots + q^{n-1} + q^n$$
$$T_n - qT_n = 1 - q^n$$

(alle anderen Glieder haben sich bei dieser Subtraktion weggehoben).

$$T_n(1 - q) = 1 - q^n$$
$$T_n = \frac{1 - q^n}{1 - q} \ ,$$

tja, falls man durch $1 - q$ dividieren kann, d.h. falls $q \neq 1$ ist. Ist $q = 1$, so hat man $T_n = 1 + 1 + \ldots + 1 = n$.

Auch wer sich mit dieser Aufgabe noch nie allgemein beschaftigt hat, kennt sicher den Spezialfall $q = 2$:

$$1 + 2 + 2^2 + \ldots + 2^{n-1} = 1 + 2 + 4 + 8 + \ldots + 2^{n-1}$$

$$= \frac{1 - 2^n}{1 - 2} = \frac{2^n - 1}{2 - 1} = 2^n - 1$$

und — etwa aus einer Publikation des „Club of Rome" — eine Einkleidung wie die folgende:

> Ein indischer König wollte einen weisen Mann belohnen und forderte ihn auf, einen Wunsch zu äußern. Der weise Mann sagte: „Lege mir auf das erste Feld eines Schachbretts ein Reiskorn, auf das zweite Feld zwei Reiskörner und so weiter verdoppelnd bis zum 64. Feld; dieser Reis soll mich und meine Schüler ernähren." Dem Fürst erschien dies bescheiden, aber als es an die Ausführung ging, stellte sich heraus, daß sein ganzes Königreich nicht genug Reis hatte, um den Wunsch des weisen Mannes zu erfüllen.

In der Tat ist

$$2^{64} - 1 \approx (2^{3 \cdot 3})^{\frac{64}{3 \cdot 3}} - 1 \approx (2^{3 \cdot 3})^{18 \cdot 18} - 1 > 10^{18} \, .$$

Ähnlich bekannt ist der Fall $q = \frac{1}{2}$ ::

$$1 + \frac{1}{2} + \frac{1}{4} + \ldots + \frac{1}{2^{n-1}} = \frac{1 - \frac{1}{2^n}}{\frac{1}{2}} = 2 \cdot \left(1 - \frac{1}{2^n} \right) = 2 - \frac{1}{2^{n-1}} \, .$$

Hierzu gibt es folgende Einkleidungen:

(1) Ein Computer soll alle naturlichen Zahlen auf einen Papierstreifen schreiben. Er schreibt

    1 in 1 sec.

    2 in $\frac{1}{2}$ sec.

    3 in $\frac{1}{4}$ sec.

    . . . .

    In 2 sec. ist er fertig.

(2) In einer Zuckerdose sind noch 2 Stück Zucker.

    Der erste höfliche Gast nimmt 1 Stück,

    der zweite höfliche Gast nimmt $\frac{1}{2}$ Stück,

    der dritte höfliche Gast nimmt $\frac{1}{4}$ Stück,

    . . . . . .

    So bleibt immer noch etwas Zucker übrig.

(3) Zenon von Elea (ca. 490–ca. 430 v.Chr.) sagte (ungefahr): „Achilles lauft doppelt so schnell wie die Schildkröte und gibt ihr daher die halbe Strecke vor. Wenn er an ihrem Startloch vorbei saust, ist sie bereits bei $\frac{3}{4} = 1 - \frac{1}{4}$ der Strecke, wenn Achilles dort eintrifft, bei $\frac{7}{8} = 1 - \frac{1}{8}$ der Strecke usw. Achilles holt die Schildkröte nie ein." Wir wissen es besser: sie treffen gleichzeitig am Ziele ein.

Wir haben das Beispiel $q = \frac{1}{2}$ gewahlt, um den Leser auf die Idee der *Konvergenz* zu bringen:

Die Folge $1, \frac{1}{2}, \frac{1}{4}, \ldots, \frac{1}{2^n}, \ldots$ konvergiert gegen den „Limes" 0

in Zeichen: $\lim\limits_{n \to \infty} \frac{1}{2^n} = 0$.

Die Folge $1 + \frac{1}{2} + \frac{1}{4} + \ldots + \frac{1}{2^n}$ $(n = 1, 2, \ldots)$ konvergiert gegen den „Limes" 2

in Zeichen: $\lim\limits_{n \to \infty} (1 + \frac{1}{2} + \ldots + \frac{1}{2^n}) = 2$

Gemeint ist: wenn wir nur lange genug warten, kommt die Folge dem „Limes" 0 bzw. 2 so nahe wie wir nur wollen.

Es ist nicht schwer, sich für beliebiges $0 < q < 1$ zu überlegen:

$$\lim_{n \to \infty} q^n = 0$$

(„nimmt man von einem Kapital jeden Monat auch nur 1% weg, so wird man schließlich beliebig arm") und

$$\lim_{n \to \infty} (1 + q + q^2 + \ldots + q^{n-1}) = \frac{1}{1-q} \, .$$

Wir verzichten hier auf eine genauere Durchführung und merken nur an, daß man für die letzte Aussage auch

$$1 + q + q^2 + \ldots = \frac{1}{1-q}$$

zu schreiben pflegt. Der Spezialfall $q = \frac{1}{2}$ war unserer Intuition besonders zugänglich: $\frac{1}{1-\frac{1}{2}} = 2$, also

$$1 + \frac{1}{2} + \frac{1}{2^2} + \ldots = 2 \, .$$

1.3   Die Divergenz der harmonischen Reihe

Wenn wir aus der unendlichen Zahlenfolge

$$1, \frac{1}{2}, \frac{1}{3}, \frac{1}{4}, \frac{1}{5}, \ldots, \frac{1}{n}, \ldots$$

die sogenannten *Partialsummen*

$$H_n = 1 + \frac{1}{2} + \ldots + \frac{1}{n} \qquad (n = 1, 2, \ldots)$$

bilden und ihr Verhalten für wachsendes n untersuchen, tun wir das, was der Mathematiker „die harmonische Reihe $1 + \frac{1}{2} + \ldots + \frac{1}{n} + \ldots$ summieren" nennt. Als Ergebnis schreibt er gewöhnlich

$$1 + \frac{1}{2} + \frac{1}{3} + \ldots + \frac{1}{n} + \ldots = \infty$$

hin. Gemeint ist: Zu jeder Zahl $A > 0$ gibt es ein n mit

$$1 + \frac{1}{2} + \frac{1}{3} + \ldots + \frac{1}{n} > A \; ; \tag{1}$$

man sagt auch: „die harmonische Reihe divergiert" oder „wächst über alle Grenzen". Wie beweist man eine solche Aussage?

Wir wollen die Summe

$$1 + \frac{1}{2} + \frac{1}{3} + \ldots + \frac{1}{n}$$

in Gruppen wie folgt zusammenfassen:

$$1 + \frac{1}{2} + \left(\frac{1}{3} + \frac{1}{4}\right) + \left(\frac{1}{5} + \frac{1}{6} + \frac{1}{7} + \frac{1}{8}\right) + \left(\frac{1}{9} + \frac{1}{10} + \ldots + \frac{1}{16}\right) + \ldots$$

$$\ldots + \left(\frac{1}{2^m + 1} + \ldots + \frac{1}{2^{m+1}}\right) + \frac{1}{2^{m+1} + 1} + \ldots + \frac{1}{n}.$$

Die erste Klammer enthält $2 = 2^1$ Glieder mit einer Summe $\frac{1}{3} + \frac{1}{4} > \frac{1}{4} + \frac{1}{4} = \frac{1}{2}$; die zweite Klammer enthält $4 = 2^2$ Glieder mit der Summe $\frac{1}{5} + \frac{1}{6} + \frac{1}{7} + \frac{1}{8} > \frac{1}{8} + \frac{1}{8} + \frac{1}{8} + \frac{1}{8} = \frac{1}{2}$; ...; die m-te Klammer enthält 2^m Glieder mit der Summe $\frac{1}{2^m + 1} + \ldots + \frac{1}{2^{m+1}} > \frac{1}{2^{m+1}} + \ldots + \frac{1}{2^{m+1}} = 2^m \cdot \frac{1}{2^{m+1}} = \frac{1}{2}$.

Man kann so viele solche Klammern $> \frac{1}{2}$ bekommen wie man will, wenn man nur n hinreichend groß macht. Hat man $> 2A$ solche Klammern, so gilt (1).

Wir wollen uns den Kontrast zwischen

$$1 + \frac{1}{2} + \frac{1}{4} + \ldots = 2$$

und

$$1 + \frac{1}{2} + \frac{1}{3} + \ldots = \infty$$

noch einmal anschaulich vor Augen fuhren:
Eine Höhle von $1\,\mathrm{m}$ Breite, die in der Tiefe n Meter nur noch die Höhe $\frac{1}{2^n}$ Meter hat, gestattet nur

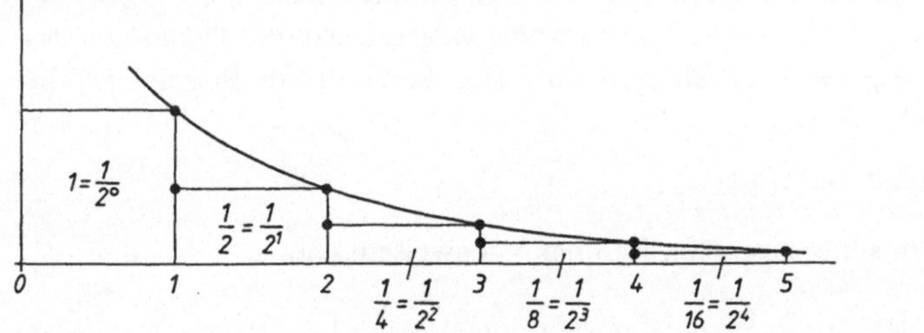

Bild III-1

das Verstauen von rechteckigen Kisten mit zusammen $2\,\mathrm{m}^3$ Rauminhalt; eine Höhle der Breite $1\,\mathrm{m}$, die in der Tiefe n Meter noch $\frac{1}{n}$ Meter hoch ist, hat dagegen Platz für ein unendliches Volumen:

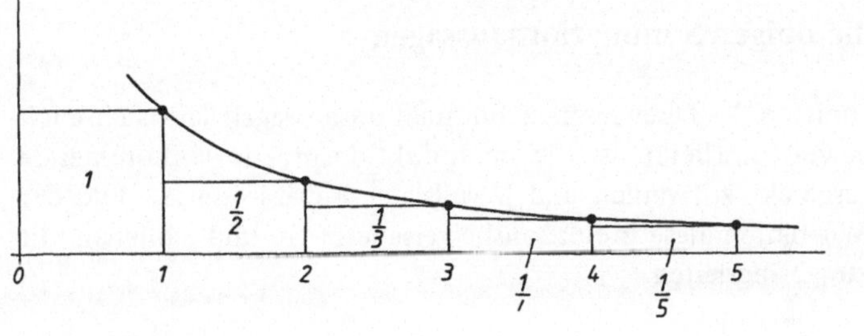

Bild III-2

In der Tat: macht man die Kisten in folgender Weise etwas niedriger, so stehen unendlichviele

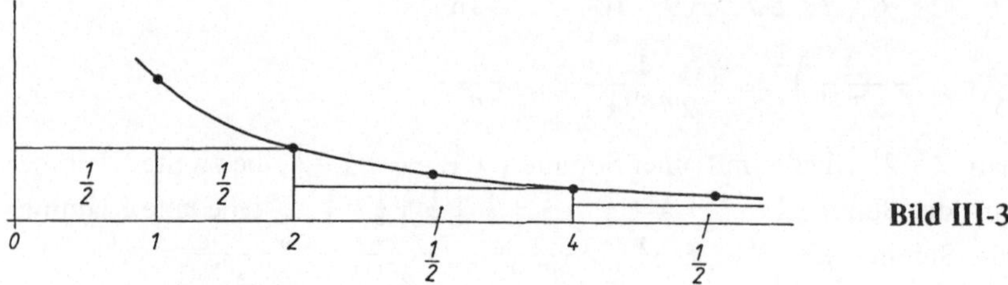

Bild III-3

Volumina $\frac{1}{2}$ nebeneinander, dies ist nichts anderes als die Übersetzung unseres obigen rechnerischen Beweises ins Geometrische.

Noch eine weitere Art, dies Phänomen anzuschauen: Offenbar entsteht

$$1 + \frac{1}{2} + \frac{1}{4} + \dots + \frac{1}{2^n} + \dots ,$$

indem man aus

$$1 + \frac{1}{2} + \frac{1}{3} + \dots + \frac{1}{n} + \dots$$

alle Glieder, die nicht die Form $\frac{1}{2^k}$ haben, weglaßt. Hierbei laßt man soviel weg, daß die Partialsummen nicht mehr uber alle Grenzen wachsen, sondern < 2 bleiben. Man kann nun fragen, bei welchen Teilfolgen $n_1 < n_2 < \dots$ von $1, 2, \dots, n, \dots$ man so wenig weglaßt, daß das Phänomen des Über-alle-Grenzen-Wachsens von $\frac{1}{n_1} + \frac{1}{n_2} + \dots$ erhalten bleibt. Das berühmteste Beispiel ist die Folge der Primzahlen

$$p_1 = 2, \ p_2 = 3, \ p_3 = 5, \ p_4 = 7, \ p_5 = 11, \dots ;$$

man kann – aber dies übersteigt den uns hier gesetzten Rahmen – beweisen, daß

$$\frac{1}{p_1} + \frac{1}{p_2} + \dots = \infty$$

gilt (vgl. Hardy-Wright [1954], Trost [1953]; in Bd. 2, Kap. IX wird der Leser eine Beweisskizze finden). Man kann dies grob so lesen: ziemlich viele natürliche Zahlen sind Primzahlen. Im Gegensatz dazu besagt unser voriges Ergebnis: ziemlich wenige natürliche Zahlen sind Zweierpotenzen.

1.4   Induktionsbeweise für die obigen Summationsaussagen

Jede der in den Unterabschnitten 1–3 bewiesenen Summationsaussagen laßt sich auch mit Hilfe des Induktionsprinzips beweisen. Hierzu ist die im Induktionsprinzip vorkommende Aussagefolge $A_1, A_2, \dots$ jedesmal geschickt zu wahlen und jeweils der Beweis von A_1 und der Schluß von A_n auf A_{n+1} zu leisten. Wir führen diese Induktionsbeweise jetzt vor und schließen mit einigen grundsätzlichen Fragen, die zu § 2 überleiten.

a) *Induktionsbeweis für* $1 + 2 + \dots + n = \dfrac{n(n+1)}{2}$

Man formuliert hier die

$$\text{Aussage } A_n:\ 1 + 2 + \ldots + n = \frac{n(n+1)}{2}$$

A_1 ist richtig, denn A_1 lautet $1 = \frac{1 \cdot (1+1)}{2}$, was stimmt.

Aus A_n folgt A_{n+1}, denn A_{n+1} lautet

$$1 + 2 + \ldots + n + (n+1) = \frac{(n+1)((n+1)+1)}{2},$$

und wenn man A_n als richtig voraussetzt, kann man A_{n+1} wie folgt bestatigen:

$$1 + 2 + \ldots + n + (n+1)$$
$$= \frac{n(n+1)}{2} + (n+1) \qquad (\text{wegen } A_n)$$
$$= \frac{n(n+1) + 2(n+1)}{2}$$
$$= \frac{(n+1)(n+2)}{2} = \frac{(n+1)((n+1)+1)}{2}.$$

b) *Induktionsbeweis für* $1 + q + \ldots + q^{n-1} = \frac{1-q^n}{1-q}$ $(q \neq 1)$

Man formuliert hier die

$$\text{Aussage } A_n:\ 1 + q + \ldots + q^{n-1} = \frac{1-q^n}{1-q} \qquad (q \neq 1)$$

A_1 ist richtig, denn A_1 lautet $1 = \frac{1-q}{1-q}$ $(q \neq 1)$, was stimmt.

Aus A_n folgt A_{n+1}, denn A_{n+1} lautet

$$1 + q + \ldots + q^{n-1} + q^n = \frac{1-q^{n+1}}{1-q} \qquad (q \neq 1)$$

und wenn man A_n als richtig voraussetzt, kann man A_{n+1} wie folgt bestatigen:

$$1 + q + \ldots + q^{n-1} + q^n$$
$$= \frac{1-q^n}{1-q} + q^n \qquad (\text{wegen } A_n)$$
$$= \frac{1-q^n + (1-q)q^n}{1-q}$$
$$= \frac{1-q^n + q^n - q^{n+1}}{1-q} = \frac{1-q^{n+1}}{1-q} \qquad (q \neq 1).$$

c) *Induktionsbeweis für* $1 + \frac{1}{2} + \frac{1}{3} + \ldots + \frac{1}{2^n} > \frac{n}{2}$

Man formuliert hier die

$$\text{Aussage } A_n:\ 1 + \frac{1}{2} + \frac{1}{3} + \ldots + \frac{1}{2^n} > n \cdot \frac{1}{2}$$

A_1 ist richtig, denn A_1 lautet $1 + \frac{1}{2} > 1 \cdot \frac{1}{2}$, was stimmt.

Aus A_n folgt A_{n+1}, denn A_{n+1} lautet

$$1 + \frac{1}{2} + \frac{1}{3} + \ldots + \frac{1}{2^{n+1}} > (n+1) \cdot \frac{1}{2}$$

und wenn man A_n als richtig voraussetzt, kann man A_{n+1} wie folgt bestatigen:

$$1 + \frac{1}{2} + \frac{1}{3} + \ldots + \frac{1}{2^{n+1}}$$

$$= \quad 1 + \frac{1}{2} + \frac{1}{3} + \ldots + \frac{1}{2^n} + \frac{1}{2^n + 1} + \ldots + \frac{1}{2^{n+1}}$$

$$> n \cdot \frac{1}{2} + \frac{1}{2^n + 1} + \ldots + \frac{1}{2^{n+1}} \qquad\qquad (\text{wegen } A_n)$$

$$> n \cdot \frac{1}{2} + \underbrace{\frac{1}{2^{n+1}} + \ldots + \frac{1}{2^{n+1}}}_{2^n \text{ Summanden}}$$

$$= n \cdot \frac{1}{2} + 2^n \cdot \frac{1}{2^{n+1}} = (n+1) \cdot \frac{1}{2} \, .$$

d) *Diskussion*

Wir haben jede unserer drei Summationsaussagen nunmehr zweimal bewiesen. In jedem der drei Fälle liegen nun folgende Fragen nahe:

    a) Wozu ein zweiter Beweis? War der erste nicht genugend?

    b) Kann es überhuapt zwei wesentlich verschiedene Beweise fur ein und dieselbe Aussage geben?

    c) sind die hier gegebenen zwei Beweise wesentlich verschieden?

Eine Teilantwort lautet:

> In keinem von unseren drei Fällen ist der zweite Beweis wesentlich vom ersten verschie-den; beide sind zwei Ausformulierungen derselben Beweisidee; der erste Beweis ist jeweils die intuitive, der zweite die strenge Fassung; der erste Beweis ist zwar genugend, aber nur weil jeder Mathematiker weiß, wie man von der intuitiven Fassung zur strengen Fassung übergeht.

Der Leser wird sich vielleicht darüber wundern, daß es in der strengsten aller Wissenschaften auch mal nicht-streng zugehen darf. Begründung: das darf es, weil jeder geübte Mathematiker die Strenge jederzeit nachliefern kann. Daß man die nicht-strenge Fassung eines Beweises häufig der strengen vorzieht, liegt daran, daß sie oft intuitiver und leichter zu merken ist und deshalb besser die Phantasie beflügelt, Varianten und Ergänzungen zu ersinnen, mit denen u.U. auch noch weitere Resultate sichergestellt werden konnen.

    Was das Auftreten wesentlich verschiedener Beweise fur ein und dieselbe Aussage betrifft, so hat z.B. Wittgenstein [1921] mit dem Diktum „Jeder Satz ist die Form seines Beweises" (6.1264) vielleicht gemeint, man müsse nur auf die Definitionen sämtlicher in einem Satz vorkommender Begriffe zurückgehen, dann stünde der Beweis des Satzes schon da (vgl. auch Freudenthal [1937]). Dies entspricht nicht der beruflichen Erfahrung der Mathematiker. Für sie ist ein Satz meist kein isoliertes Gebilde, sondern ein architektonisches Element in einer systematisch aufgebauten

Theorie. Die bei diesem Theorie-Aufbau leitenden Ideen sind genau so wichtig wie die einzelnen Sätze, ähnlich wie der Bauplan eines Hauses genau so wichtig, ja wichtiger ist als die einzelnen Bausteine. Gelangt man längs wirklich verschiedener Leitideen zum selben Satz, so sieht der Mathematiker hier zwei wesentlich verschiedene Beweise dieses Satzes vor sich.

Im nächsten Abschnitt wollen wir nun das Induktionsprinzip nochmals grundsätzlich diskutieren. Dabei wird deutlich werden, wo der Mangel an Strenge in unseren ersten Beweisen der drei obigen Summationsaussagen dingfest zu machen ist.

§ 2 Diskussion des Induktionsprinzips

Wir haben in § 1 für drei Aussagen je zwei Beweise angegeben: einen intuitiven und einen mit Hilfe des Induktionsprinzips, wie es in der Kapiteleinleitung formuliert worden war. Wir haben ohne genauere Erläuterung zur Kenntnis genommen, daß dabei jedesmal der Induktionsbeweis lediglich die präzisierte Fassung des intuitiven Beweises darstellte.

Nunmehr wollen wir diese Aussage genauer unter die Lupe nehmen. Wir diskutieren zunächst verschiedene Varianten des Induktionsprinzips, sowie Versuche, dies Prinzip zu beweisen. Danach behandeln wir die Frage, wie man es einem Beweis ansieht, daß er nur die intuitive Fassung eines Induktionsbeweises darstellt und wie man dann zum exakten Induktionsbeweis übergeht.

2.1 Grundsätzliches zum Induktionsprinzip

Wir erinnern zunächst nochmals an die bereits in der Kapiteleinleitung angegebene Formulierung des Induktionsprinzips und stellen ihr sogleich eine erste Variante zur Seite:

Induktionsprinzip. Für jede natürliche Zahl n sei A_n eine Aussage. Die Aussage A_1 sei wahr. Für jede natürliche Zahl n gelte: aus A_n folgt A_{n+1}. Dann ist A_n für jede natürliche Zahl n wahr.

Induktionsprinzip, Variante I. Für jede natürliche Zahl n sei B_n eine Aussage. Die Aussage B_1 sei wahr. Für jede natürliche Zahl n gelte: gelten sämtliche Aussagen $B_1,\ldots,B_n$, so gilt auch B_{n+1}. Dann ist B_n für jede natürliche Zahl n wahr.

Man geht zwischen der Urfassung und dieser Variante hin und her, indem man A_n = ,,alle $B_1,\ldots,B_n$ zusammen" setzt.

Eine weitere Variante benutzt den Begriff der Menge:

Induktionsprinzip, Variante II. Sei M eine Menge von natürlichen Zahlen. Die natürliche Zahl 1 gehöre zu M. Es gelte für jede natürliche Zahl n: gehört n zu M, so gehört auch $n + 1$ zu M. Dann ist M die Menge aller natürlichen Zahlen.

Um diese Variante aus der oben zuerst formulierten ,,Urfassung" herauszuholen, setze man A_n = ,,die Zahl n gehört zu M". Um die Urfassung aus der Variante herauszuholen, setze man M = die Menge aller n, für die A_n wahr ist.

Kann man das Induktionsprinzip beweisen? Es hat in der Tat nicht an Versuchen dazu gefehlt. Gegen jeden dieser Versuche lassen sich Einwände vorbringen. Wir führen einige dieser Versuche samt den dazugehörigen Einwänden vor.

Versuch I

Wir nehmen irgendeine natürliche Zahl n und beweisen A_n folgendermaßen:
Um zur Zahl n zu gelangen, mussen wir die Zahlen von 1 bis n durchlaufen: $1, 2, \ldots, n$.
A_1 ist wahr.
Wenn A_1 wahr ist, ist auch A_2 wahr. Also ist A_2 wahr.
Wenn A_2 wahr ist, ist auch A_3 wahr. Also ist A_3 wahr.
...

.... Also ist A_{n-1} wahr.
Wenn A_{n-1} wahr ist, ist auch A_n wahr. Also ist A_n wahr.

Einwand

Dies Vorgehen ist für jedes einzelne n korrekt, erfordert aber fur immer größere n immer langere Beweise und liefert uns nie die Wahrheit aller A_n zusammen. Es gibt Leute, die diesen Einwand mit der Bemerkung kontern, die Wahrheit „aller A_n zusammen" sei nur ein Kurzausdruck fur das, was in diesem Beweisversuch geleistet worden sei, und mehr konne auch kein anderes Verfahren liefern.

Versuch II

Angenommen, irgendein A_n sei nicht wahr. Dann kann auch A_{n-1} nicht wahr sein, denn wenn A_{n-1} wahr wäre, würde sofort die Wahrheit von A_n folgen. So schließt man indirekt immer weiter zurück, bis man bei der Aussage „A_1 ist nicht wahr" angelangt ist. Das aber ist mit der ersten Voraussetzung des Induktionsprinzips nicht verträglich.

Einwand

Ebenso wie zu Versuch I.

Versuch III

Angenommen, irgendein A_n sei nicht wahr. Dann gibt es ein kleinstes n_0 derart, daß A_n nicht wahr ist. Ist $n_0 = 1$, so erhalten wir einen Widerspruch zu der ersten Voraussetzung des Induktionsprinzips, A_1 sei wahr. Ist $n_0 > 1$, so ist A_{n_0-1} wahr, weil n_0 die kleinste Zahl n ist, für die A_n nicht wahr ist. Aus der Wahrheit von A_{n_0-1} folgt aber, daß A_{n_0} wahr ist, und wir gelangen abermals zu einem Widerspruch.

Einwand

Dieser Beweisversuch macht davon Gebrauch, daß man a) bereits uber eine Anordnung der naturlichen Zahlen verfuge und davon, daß b) bei dieser Anordnung jede Menge von naturlichen Zahlen, die uberhaupt eine Zahl enthält, auch eine kleinste Zahl enthält. Um diese beiden Beweismittel sicherzustellen, sind jedoch umfangreiche Vorbereitungen notig. In diesen Vorbereitungen kommen Anwendungen des Induktionsprinzips vor. Versuch III enthalt also einen circulus vitiosus.

Es ist in der Tat so, daß man das Induktionsprinzip nicht beweisen kann; es bildet vielmehr selbst die Grundlage für alles was wie sein Beweis aussieht.

Trotz aller dieser Einwände ist das Induktionsprinzip dermaßen einleuchtend, daß jedermann den Wunsch haben wird, in einer geistigen Welt leben zu dürfen, in der das Induktionsprinzip uneingeschränkt angewendet werden darf. Dieser Wunsch hat sich als erfullbar herausgestellt. man kann die Lehre von den natürlichen Zahlen aus fünf sogenannten Axiomen aufbauen, ohne einen circulus vitiosus zu begehen. Diese Axiome werden gewohnlich nach Giuseppe Peano (1858–1932) benannt. Wichtige Literaturstellen sind Dedekind [1888], Peano [1889], Landau [1930]. Das Induktionsprinzip ist Peanos Axiom V. Dieser strenge Aufbau der Lehre von den natürlichen Zahlen wird Gegenstand eines späteren Kapitels sein (Bd. 2, Kap. IX).

Es sei nicht verschwiegen, daß es auch gegen diesen Aufbau einen Einwand gibt: wie beweist man, daß diese fünf Peano-Axiome in sich widerspruchsfrei sind? Aus einem berühmten Satz von Kurt Godel (1906–1978) aus dem Jahre 1931 (Godel [1931]) folgt, daß man dies nicht im Rahmen der Lehre von den natürlichen Zahlen allein leisten kann, sondern weitergehende Mittel in Anspruch nehmen muß. Dies hat Gerhard Karl Erich Gentzen (1909–1945) in den dreißiger Jahren getan (Gentzen [1936]).

Die meisten Mathematiker halten dies für eine befriedigende Erledigung besagten Einwands; das Problem war von David Hilbert (1862–1943) in seinem berühmten Pariser Kongreßvortrag vom 18.8.1900 als Problem Nr. 2 formuliert worden (Hilbert [1900]).

2.2 Intuitive Beweise und Induktionsbeweise

Fur viele Aussagen in der Mathematik gibt es Beweise, von denen jeder gelernte Mathematiker sofort sagt: „Da steckt ein Induktionsschluß dahinter" oder „Wenn man das ganz exakt machen will, muß man mit Induktion arbeiten". Woran sieht der Mathematiker das bzw. wie macht er das?

Ein verkappter Induktionsschluß liegt immer vor, wenn man es mit Formulierungen zu tun hat, bei denen die Wendung „für jede naturliche Zahl n" stillschweigend mitzudenken ist; gewohnlich genügt es, diese Wendung explizit einzufügen, um auf die Aussagen A_n zu kommen, die zu einem exakten Induktionsschluß gehoren. Der Leser wird bestatigen, daß genau dies in Abschnitt 1.4 geleistet wurde.

Einen graphischen Hinweis auf verkappte Induktionsschlüsse bilden die berühmten drei Pünktchen, in Ausdrucken wie $1 + 2 + \ldots + n$, $1 + \frac{1}{2} + \ldots + \frac{1}{n}$. In einem streng durchgeführten Induktionsschluß dürfen diese drei Pünktchen nirgends vorkommen. Da Abschnitt 1.4 immer noch mit ... durchsetzt ist, wird der Leser richtig schließen, daß selbst die dortigen Induktionsbeweise noch nicht der Exaktheit letzter Schluß sind. Wir werden das damit gestellte Restproblem in § 7 (Induktive Konstruktion) lösen.

§ 3 Elemente der Kombinatorik

Ein besonders lebendiger Tummelplatz für Induktionsschlüsse ist die sogenannte Kombinatorik. Wir führen in diesem Abschnitt einige Grundaussagen der Kombinatorik vor, namlich die elementaren Anzahlbestimmungen.

3.1 Wörter

Stellt man Symbole aus einem Alphabet auf n Platze — hierbei ist zugelassen, daß Symbole gar nicht oder mehrfach verwendet werden — so entsteht das, was man in der Mathematik als

n-tupel   (sprachliches Analogon zu „Quadrupel", „Quintupel" etc.)
Wort der Länge n
Block der Länge n

(über dem betreffenden Alphabet) nennt. Haufig vorkommende Alphabete sind

$a, b, c, \ldots, x, y, z$ plus Zwischenraum und Interpunktionszeichen (analog mit $\alpha, \beta, \gamma, \ldots, \psi, \omega$ und dgl.) und – mehr mathematisch –

$$0,1$$
$$1,2,\ldots,a$$

(mit irgendeiner Zahl $a \geqslant 2$). Beim Alphabet 0,1 spricht man von 0-1-Wörtern oder 0-1-Blöcken. Wir werden bevorzugt mit 0-1-Wörtern arbeiten. Für n-tupel ist die Notation $(a_1,\ldots,a_n)$, $(x_1,\ldots,x_n)$, ... gebräuchlich, doch ziehen wir oft die klammer- und kommafreie Notation $a_1 \ldots a_n$ vor. Beispiele von 0-1-Blöcken sind

$$00, \quad 111, \quad 010, \quad 1101, \quad 010111 \; .$$

Die elementaren Anzahlaussagen der Kombinatorik lassen sich als Aussagen über Anzahlen von Wörtern formulieren, und in dieser Form führen wir sie hier vor. Wir werden jedoch auch andere Formulierungen hinzufügen.

3.2   Die Anzahl aller Wörter gegebener Länge

Wie viele 0-1-Wörter der Länge n gibt es? Das Diagramm zeigt, wie man, mit dem sogenannten leeren Wort $\square$ beginnend, bei jedem schon gewonnenen Wort die Wahl hat, es um ein

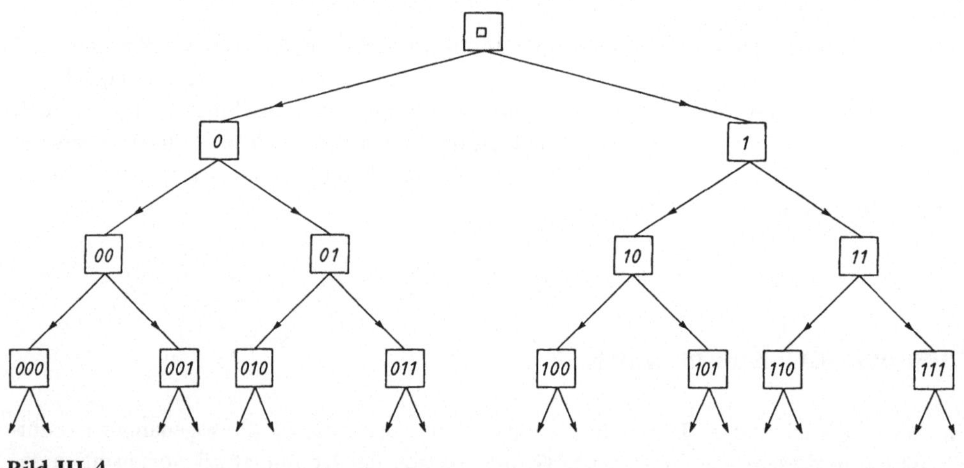

Bild III-4

Symbol 0 oder ein Symbol 1 zu verlängern. $\swarrow$ bedeutet Entscheidung für 0, $\searrow$ Entscheidung für 1. Daher verdoppelt sich bei jeder Verlängerung die Anzahl der möglichen Wörter. Nach n Verlängerungen hat man n-mal verdoppelt, also:

Satz 3.1. Es gibt genau 2^n 0-1-Wörter der Länge n.

Natürlich ist unsere Überlegung nichts weiter als die intuitiv-graphische Fassung eines Induktionsbeweises, der mit den Aussagen

$$A_n: \text{ Es gibt genau } 2^n \text{ 0-1-Wörter der Länge } n$$

arbeitet ("Induktion nach der Wortlänge").
Hatte man a Symbole im Alphabet, so hätte man im Diagramm a-fache Verzweigungen. Man bekommt daher – strenggenommen wieder durch Induktion – den

Satz 3.2. Es gibt genau a^n Wörter der Länge n über einem Alphabet von a Symbolen.

Ein 0-1-Wort der Länge n bilden heißt, aus der Menge der n Plätze irgendeine Teilmenge auszusondern und dort Einsen, auf den restlichen Plätzen aber Nullen aufzupflanzen. Also:

Satz 3.3. Eine Menge von n Elementen besitzt genau 2^n Teilmengen.

Zu diesen Teilmengen gehort auch die leere Menge $\emptyset$; sie führt zu dem Wort $00\ldots0$ aus lauter Nullen.

Nimmt man das aus $a, A, b, B, \ldots, z, Z$, Abständen und Interpunktionszeichen bestehende Alphabet und läuft (etwa) nach dem Schema

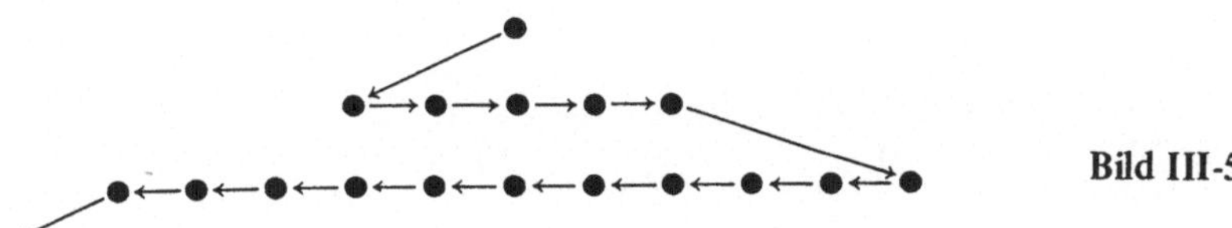

Bild III-5

durch die Etagen des entsprechenden Diagramms, so bekommt man jedes abstrakt mogliche Wort über diesem Alphabet genau einmal. In der entstehenden unendlichen Liste stehen sinnlose n-tupel wie *WRZLBRMFT* wertneutral neben beruhmten n-tupeln wie „Habe nun, ach, Philosophie ... Heinrich! Heinrich!" oder Luthers Bibelubersetzung. Auch alle künftig noch entstehenden Bucher lassen sich auf diese Weise mechanisch erzeugen. Da dies — meint man — auch ein Affe konnte, nennt man diese Einsicht manchmal auch den „Satz vom Affen". Etwas formlicher:

Satz 3.4. Die Menge aller Worter über einem gegebenen Alphabet ist abzählbar.

3.3   Die Anzahl aller 0-1-Wörter mit vorgeschrieben vielen Einsen

Wie viele 0-1-Wörter der Länge n haben die Eigenschaft, aus genau k Einsen und $n{-}k$ Nullen zu bestehen?

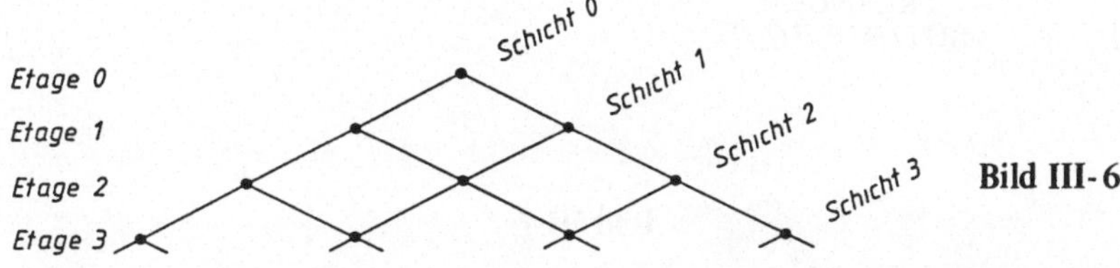

Bild III-6

Im obigen Diagramm gelangt man zu jedem Wort der Lange n auf genau einem aus Schritten ↙ und ↘ bestehenden Zickzackpfad. Das Wort hat gerade so viele Einsen als der Zickzackpfad Schritte ↘ enthält. Ins Diagramm kann man diese Zickzackpfade eintragen. Die den Wortern mit genau k Einsen entsprechenden Zickzackpfade sind gerade die, die in der Schicht k enden. Die Anzahl der in Etage n und Schicht k endenden Zickzackpfade bezeichnet man traditionell als

$$\binom{n}{k}$$

n über k

Binomialkoeffizient n uber k .

Für diese Anzahlen $\binom{n}{k}$ gilt

$$\binom{n}{k} = \binom{n-1}{k-1} + \binom{n}{k} , \tag{1}$$

denn $\binom{n-1}{k-1}$ zählt die von links oben und $\binom{n-1}{k}$ die von rechts oben eintreffenden Zickzackpfade. Mit Hilfe von (1) und der Zusatzinformation

$$\binom{n}{0} = 1 = \binom{n}{n} \tag{2}$$

(es gibt nur einen Zickzackpfad, der in Etage n Schicht 0 landet, nämlich „standig ↙ "; analog für Etage n Schicht n) kann man nun die Platze unseres zweiten Diagramms beliebig weit ausfüllen:

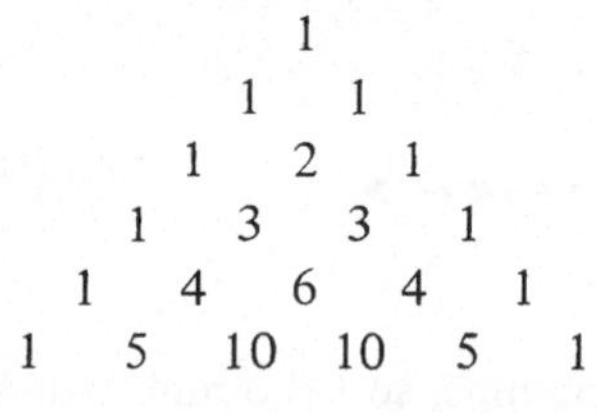

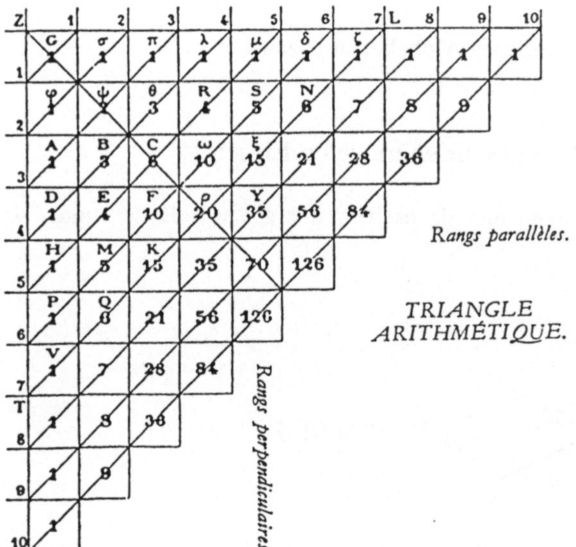

Man nennt diese Ausfullung das *Pascalsche Dreieck*.
Pascal [1665] sprach vom „triangle arithmétique" und prasentierte es in der Form

Bild III-7

Es war schon vor ihm Mathematikern wie Stifel (1486–1567), Tartaglia (ca. 1506–1559) und Stevin (1548–1620) und auch den Chinesen (s. Bild) bekannt, doch war Pascal der erste, der die zahlentheoretischen Eigenschaften dieses Zahlenschemas umfassend enthüllte.

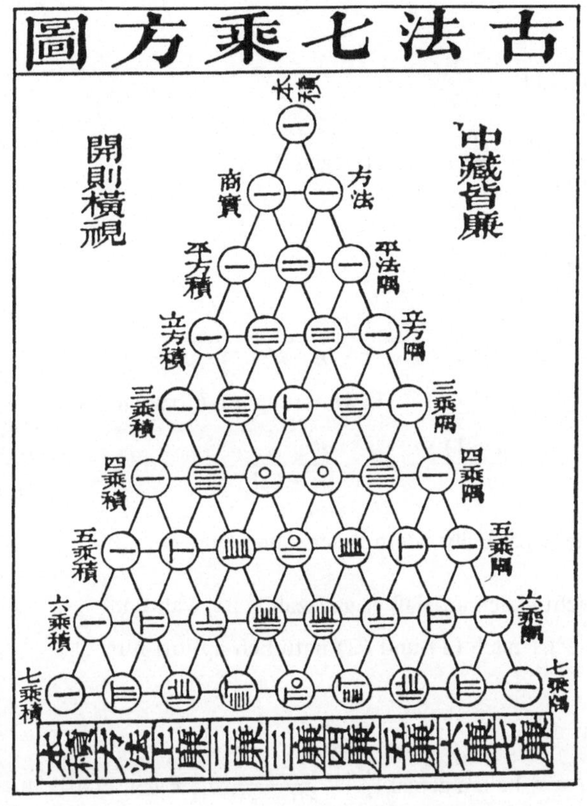

Bild III-8

Aus dem Buch Chu Shih-chieh: Ssu-yü-chien, 1303 (vgl. Lam Lay-Yong [1980])

Mit Hilfe der Bezeichnung

$$n! = 1 \cdot 2 \cdot \ldots \cdot n = \text{„}n \text{ Fakultät''}, \text{ also } (n+1)! = n!\,(n+1)\,,$$

die man um $0! = 1$ ergänzt, und die uns im nächsten Unterabschnitt nochmals begegnen wird, kann man eine Formel für $\binom{n}{k}$ angeben:

Satz 3.5 $\displaystyle \binom{n}{k} = \frac{n!}{k!\,(n-k)!}$ $(n = 0, 1, \ldots\,;\ k = 0, 1, \ldots, n).$

Beweis durch vollständige Induktion: die Aussage

$$A_n : \binom{n}{k} = \frac{n!}{k!\,(n-k)!} \qquad (k = 0, 1, \ldots, n)$$

ist für $n = 0$ richtig:

$$A_0 : \binom{0}{0} = \frac{0!}{0!\,0!} = 1\,.$$

Aus A_{n-1} folgt A_n:

$$\binom{n}{k} = \binom{n-1}{k-1} + \binom{n-1}{k} \qquad \text{(nach (1))}$$

$$= \frac{(n-1)!}{(k-1)!\,((n-1)-(k-1))!} + \frac{(n-1)!}{k!\,((n-1)-k)!} \qquad (\text{wegen } A_{n-1})$$

$$= \frac{(n-1)!}{(k-1)!\,(n-k)!} + \frac{(n-1)!}{k!\,(n-k-1)!}$$

$$= \frac{k\cdot(n-1)!}{1\cdot 2\cdot\ldots\cdot(k-1)\cdot(k\cdot(n-k)!} + \frac{(n-1)!\,(n-k)}{k!\,1\cdot 2\cdot\ldots\cdot(n-k-1)\cdot(n-k)}$$

$$\text{(Erweiterung um } k \text{ bzw. } n-k)$$

$$= \frac{(n-1)!\,(k+n-k)}{k!\,(n-k)!} = \frac{1\cdot 2\cdot\ldots\cdot(n-1)\cdot n}{k!\,(n-k)!} = \frac{n!}{k!\,(n-k)!} \;.$$

Diese Formel fur $\binom{n}{k}$ hat durchaus auch Nachteile gegenüber dem Pascalschen Dreieck, z.B.:

Dem Ausdruck $\frac{n!}{k!\,(n-k)!}$ sieht man nicht gleich an, daß er ganzzahlıg ist, während die Ausfüllung des Pascalschen Dreiecks nach (1) und (2) natürlich apriori nur ganze Zahlen liefern kann.

Wir bringen nun unser Ergebnis von vorhin auf den

Satz 3.6. Unter den 2^n 0-1-Wortern der Lange n haben genau $\binom{n}{k} = \frac{n!}{k!\,(n-k)!}$ die Eigenschaft, aus genau k Einsen und $n-k$ Nullen zu bestehen.

Daraus folgt

Satz 3.7. $2^n = \binom{n}{0} + \binom{n}{1} + \ldots + \binom{n}{n}$.

Ein 0-1-Wort mit genau k Einsen kann man so bilden: man sondert aus der Menge der n Platze eine Teilmenge von k Plätzen aus, besetzt diese mit Einsen, und den Rest mit Nullen. Also:

Satz 3.8. Es gıbt genau $\binom{n}{k} = \frac{n!}{k!\,(n-k)!}$ k-elementige Teilmengen in einer n-elementigen Menge.

Oder:

Satz 3.9. Jede n-elementige Menge läßt sich auf genau $\binom{n}{k} = \frac{n!}{k!\,(n-k)!}$ Arten in eine k-elementige und eine $(n-k)$-elementige Menge zerlegen.

Wir könnten nun wie im vorigen Unterabschnitt fragen, was aus diesen Ergebnissen wird, wenn man statt der zwei Symbole 0,1 ein beliebiges Alphabet betrachtet. Man kommt dann auf sogenannte Multinomialkoeffizienten, die uns hier aber nicht weiter beschaftigen sollen.

3.4   Die Anzahl der Wörter mit lauter verschiedenen Buchstaben

Bildet man alle Wörter der Länge n aus einem Alphabet mit mindestens n Symbolen, so kann man fragen, wie viele dieser Worter wiederholungsfrei sind, d.h. aus lauter verschiedenen Symbolen bestehen.

Die Antwort gibt der

Satz 3.10. Aus einem Alphabet mit $a \geqslant n$ Symbolen lassen sich genau $a \cdot (a-1) \ldots (a-n+1)$ Wörter mit jeweils n lauter verschiedenen Buchstaben bilden.

Beweis. Wir können annehmen, daß es sich um die Symbole $1, \ldots, a$ handelt. Wir teilen die Wörter, die jeweils aus n lauter verschiedenen Symbolen bestehen, in a Klassen ein:

$\quad$ Klasse K_1: alle mit 1 beginnenden Worter

$\quad$ . . . .

$\quad$ Klasse K_a: alle mit a beginnenden Worter

Klasse K_1 besteht aus allen Wortern $1a_2 \ldots a_n$, wobei $a_2 \ldots a_n$ ein Wort der Länge $n-1$ ist, in dem $n-1$ verschiedene Symbole $\neq 1$ vorkommen.

. . . . . .

Klasse K_a besteht aus allen Wörtern $aa_2 \ldots a_n$, wobei $a_2, \ldots, a_n$ ein Wort der Länge $n-1$ ist, in dem $n-1$ verschiedene Symbole $\neq a$ vorkommen.

Spätestens an dieser Stelle sieht man, wie ein Induktionsbeweis zu machen ist: Für $n = 1$ (einbuchstabige Wörter) gibt es a Möglichkeiten, das eine Symbol zu wählen; eben dies besagt aber unser Satz in diesem Falle. Ist man für $n-1$ schon fertig, so kann man schließen: jede der a Klassen $K_1, \ldots, K_a$ enthalt genau $(a-1)(a-2) \ldots (a-1-(n-1)+1) = (a-1)(a-2) \ldots (a-n+1)$ Worter, zusammen sind es also $a \cdot (a-1) \cdot \ldots \cdot (a-n+1)$ Wörter, wie der Satz für n ja behauptet hatte. Nach dem Induktionsprinzip ist unser Satz nun allgemein bewiesen.

Von besonderer Bedeutung ist der Spezialfall $a = n$:

Satz 3.11. Es gibt genau $n!$ Möglichkeiten, n Symbole (Gegenstände, Personen, ...) auf n Plätze zu verteilen.

Dieser Satz erlaubt einen neuen Beweis von Satz 3.9 (und damit auch Satz 3.6 und Satz 3.8):
Man kann jede der $n!$ Verteilungen von n Gegenständen auf n Plätzen so herstellen: man teile sie in zwei Teilmengen von k bzw. $n-k$ Gegenständen ein $- \binom{n}{k}$ Möglichkeiten; dann verteile man die eine Teilmenge auf die k ersten Plätze $- k!$ Möglichkeiten $-$ und die andere Teilmenge auf die $n-k$ letzten Plätze $- (n-k)!$ Möglichkeiten. Daraus folgt

$$n! = \binom{n}{k} k! \, (n-k)! \, ,$$

also $\binom{n}{k} = \dfrac{n!}{k!(n-k)!}$, d.h. Satz 3.6 .

§ 4 $\quad$ Der Heiratssatz

$\quad$ Der sogenannte Heiratssatz lautet

Satz 4.1 (Heiratssatz). Für die Befreundung von d Damen mit h Herren gelte die sogenannte

$\quad$ *Party-Bedingung:* wenn irgendwelche d_0 Damen ihre sämtlichen Freunde zu einer Party einladen, herrscht kein Herrenmangel.

Dann kann man unter Wahrung der Monogamie jede Dame mit einem ihrer Freunde verheiraten.

$\quad$ Dieser Satz wurde 1935 von Philip Hall [1935] und im wesentlichen auch von Wilhelm Maak [1935] bewiesen. Implizit ist er bereits in König [1916] enthalten. Der folgende einfache

Induktionsbeweis stammt aus Halmos-Vaughan [1949]. Die „Heirats"-Interpretation dieses ursprünglich ganz abstrakt kombinatorisch gemeinten Satzes geht auf Weyl [1949] zurück.

Beweis. Für jede Anzahl d von Damen nennen wir die Aussage des Satzes A_d. Wir nehmen uns vor, die Gültigkeit von $A_1, A_2, \ldots$ durch Induktion zu beweisen („Induktion nach der Anzahl der Damen").

(1) A_1 ist richtig: die einzige Dame hat nach der Party-Bedingung mindestens einen Freund; mit ihm kann sie sich verheiraten.

(2) $A_1, \ldots, A_{d-1}$ seien sämtlich richtig. Wir beweisen A_d.

Fall I: Auf jeder Party mit weniger als d Damen herrscht Herren-*Überschuß*. Dann verheirate man irgendeine Damit mit einem ihrer (mindestens zwei) Freunde und schicke die beiden auf die Hochzeitsreise. Geben irgendwelche d_0 der verbleibenden $d-1$ Damen eine Party so fehlt allenfalls der frischverheiratete Mann; da mit ihm Herrenüberschuß herrschen würde herrscht ohne ihn immer noch kein Herrenmangel. Also gilt die Party-Bedingung auch für die restlichen Personen und nach A_{d-1} kann man die restlichen Freunde monogam verheiraten, womit alle d Damen unter die Haube gebracht sind.

Fall II: Es gibt eine Party mit $d_0 < d$ Damen, auf der kein Herrenüberschuß herrscht. Dann lasse man auf dieser Party die Aussage A_{d_0} ihr Werk ($d_0 < d$!) tun und schicke die entstehenden d_0 Ehepaare auf Hochzeitsreise. Wenn von den restlichen $d_1 = d - d_0 < d$ Damen irgendwelche mit ihren restlichen Freunden eine Party geben, herrscht kein Herrenmangel, denn sonst hätte er auch auf einer gemeinsamen Party dieser Damen mit den bereits verheirateten d_0 Damen geherrscht, da die letzteren auch nur d_0 Herren „eingebracht" hatten. Also kann man die Aussage A_{d_1} benutzen ($d_1 < d$!) und auch die restlichen Damen verheiraten.

Damit ist A_d in allen Fallen bewiesen und der Induktionsbeweis (nach der Variante I des Induktionsprinzips) des Heiratssatzes vollendet.

Dieser Heiratssatz ist ein kombinatorischer Satz, in dem es nicht wie in §3 um eine Anzahlbestimmung, sondern um eine bloße Existenzaussage geht. Freilich kann man an jede Existenzaussage „es gibt mindestens ein..." die Anzahlfrage „wie viele gibt es?" anhangen. Dies ist auch beim Heiratssatz moglich, und es gibt auch eine partielle Antwort, die man durch Ausleuchten des obigen Beweises gewinnen kann (Ryser [1963], Jacobs [1969 c], [1983]). Übrigens gibt es auch ein „Harem-Theorem".

Einen ganz andersartigen Beweis des Heiratssatzes werden wir in Kap. IV, §2 kennenlernen.

§5   Der binomische Lehrsatz

Die bekannte Formel

$$(a + b)^2 = a^2 + 2ab + b^2$$
$$= 1 \cdot a^2 b^0 + 2 \cdot a^1 b^1 + 1 \cdot a^0 b^2$$

laßt sich wegen $1 = \binom{2}{0}$, $2 = \binom{2}{1}$, $1 = \binom{2}{2}$ auch

$$(a + b)^2 = \binom{2}{0} a^2 b^0 + \binom{2}{1} a^1 b^1 + \binom{2}{2} a^0 b^2$$

schreiben. Die manchen Lesern vielleicht ebenfalls bekannte und auf jeden Fall leicht nachzu-
rechnende Formel

$$(a + b)^3 = a^3 + 3a^2 b + 3ab^2 + b^3$$
$$= 1 \cdot a^3 b^0 + 3 \cdot a^2 b^1 + 3 \cdot a^1 b^2 + 1 \cdot a^0 b^3$$

läßt sich wegen $1 = \binom{3}{0}$, $3 = \binom{3}{1}$, $3 = \binom{3}{2}$, $1 = \binom{3}{3}$ auch

$$(a + b)^3 = \binom{3}{0} a^3 b^0 + \binom{3}{1} a^2 b^1 + \binom{3}{2} a^1 b^2 + \binom{3}{3} a^0 b^3$$

schreiben. Dies legt den folgenden Satz nahe, den wir durch vollständige Induktion beweisen werden:

Satz 5.1 (Binomischer Lehrsatz).

$$(a + b)^n = \binom{n}{0} a^n b^0 + \binom{n}{1} a^{n-1} b^1 + \ldots + \binom{n}{n-1} a^1 b^{n-1} + \binom{n}{n} a^0 b^n \tag{1}$$

Beweis. Wir bezeichnen mit A_n die Aussage (1) und haben $A_1, A_2, \ldots$ zu beweisen. Wir benutzen
das Induktionsprinzip:

(1) A_1 ist richtig:

$$(a + b)^1 = a + b = \binom{1}{0} a^1 b^0 + \binom{1}{1} a^0 b^1.$$

(2)   Angenommen, A_{n-1} sei richtig. Wir beweisen A_n:

$$(a + b)^n = (a + b)^{n-1}(a + b)$$

$$= \left(\binom{n-1}{0} a^{n-1} b^0 + \ldots + \binom{n-1}{n-1} a^0 b^{n-1} \right) \cdot (a + b)$$

$$= \binom{n-1}{0} a^{n-1} b^0 \cdot a + \ldots + \binom{n-1}{k} a^{n-1-k} b^k \cdot a + \ldots + \binom{n-1}{n-1} a^0 b^{n-1} \cdot a$$

$$+ \binom{n-1}{0} a^{n-1} b^0 \cdot b + \ldots + \binom{n-1}{k-1} a^{n-1-(k-1)} \cdot b + \ldots + \binom{n-1}{n-1} a^0 b^{n-1} \cdot b$$

$$= \binom{n-1}{0} a^n b^0 + \binom{n-1}{1} a^{n-1} b^1 + \ldots + \binom{n-1}{k} a^{n-k} b^k + \ldots + \binom{n-1}{n-1} a^1 b^{n-1}$$

$$+ \binom{n-1}{0} a^{n-1} b^1 + \ldots + \binom{n-1}{k-1} a^{n-k} b^k + \ldots + \binom{n-1}{n-2} a^1 b^{n-1}$$

$$+ \binom{n-1}{n-1} a^0 b^n$$

Wegen $\binom{n-1}{0} = 1 = \binom{n}{0}$, $\binom{n-1}{n-1} = 1 = \binom{n}{n}$ geht es weiter mit

$$= \binom{n}{0} a^n b^0 + \left[\binom{n-1}{1} + \binom{n-1}{0} \right] a^{n-1} b^1 + \ldots + \left[\binom{n-1}{k} + \binom{n-1}{k-1} \right] a^{n-k} b^k + \ldots$$

$$+ \left[\binom{n-1}{n-1} + \binom{n-1}{n-2} \right] a^1 b^{n-1} + \binom{n}{n} a^0 b^n$$

und dies ist nach dem Bildungsgesetz $\binom{n-1}{k-1} + \binom{n-1}{k} = \binom{n}{k}$ des Pascalschen Dreiecks

$$= \binom{n}{0} a^n b^0 + \binom{n}{1} a^{n-1} b^1 + \ldots + \binom{n}{k} a^{n-k} b^k + \ldots + \binom{n}{n-1} a^1 b^{n-1} + \binom{n}{n} a^0 b^n,$$

womit A_n bestätigt und unser Satz bewiesen ist.

Der Name „binomischer Lehrsatz" rührt von der Bezeichnung „Binom" für Zweier-
Ausdrücke wie $a + b$ her.

§ 6   Induktionsbeweise für zwei grundlegende Aussagen

In diesem Abschnitt wollen wir das Induktionsprinzip verwenden, um einige Aussagen von grundsätzlicher Bedeutung zu beweisen: die Wohlordnung der natürlichen Zahlen, das Dirichletsche Schubfachprinzip und die Dedekindsche Definition der endlichen Mengen. Anhangsweise berichten wir noch über eine Verallgemeinerung des Dirichletschen Schubfachprinzips, den Satz von Ramsey.

6.1   Die Wohlordnung der natürlichen Zahlen

Wir haben einen intuitiven Begriff von der Anordnung einer Menge. Ein Paradebeispiel ist die Menge der naturlichen Zahlen in ihrer üblichen Anordnung

$$1 < 2, \ 2 < 3, \ 3 < 4, \dots \ .$$

Eine Anordnung einer Menge M heißt eine *Wohlordnung*, wenn es in jeder nichtleeren Teilmenge von M genau ein im Sinne dieser Anordnung kleinstes Element gibt. Intuitiv wissen wir auf den ersten Blick, daß die übliche Anordnung der natürlichen Zahlen eine Wohlordnung ist. Will man streng sein, so muß man diese Aussage mittels des Induktionsprinzips beweisen.

Satz 6.1. Jede nichtleere Menge von natürlichen Zahlen enthalt eine kleinste Zahl.

Beweis. Wir bilden die Aussagen

A_n: Ist M eine Menge von naturlichen Zahlen, die die Zahl n enthalt, so gibt es in M eine kleinste Zahl

fur $n = 1, 2, \dots$.
Es gilt nun:

A_1 ist wahr:
Enthalt M die Zahl 1, so ist 1 die kleinste Zahl aus M, denn 1 ist die kleinste naturliche Zahl uberhaupt.

Aus A_n folgt A_{n+1}:
Sei M eine Menge von natürlichen Zahlen, die die Zahl $n + 1$ enthalt. Enthält M auch die Zahl n, so sind wir nach A_n fertig. Enthält M die Zahl n nicht, so bilden wir eine neue Menge M' von natürlichen Zahlen, indem wir zu M die Zahl n hinzunehmen. Auf M' können wir nun A_n anwenden: M' enthält eine kleinste natürliche Zahl m. Fall 1: $m = n$; dann ist n kleiner als alle Zahlen aus M, also ist $n + 1$ die kleinste Zahl in A_{n+1}. Fall 2. $m \neq n$; dann ist m aus M und man ist fertig. – Also sind alle A_n wahr. Dies bedeutet aber gerade die Aussage unseres Satzes.

Bei unserem Versuch III, das Induktionsprinzip zu beweisen haben wir die Wohlordnung der natürlichen Zahlen implizit verwendet; wir sehen nun, daß jener Versuch einen Zirkelschluß enthält, weil diese Wohlordnung selbst erst mittels des Induktionsprinzips bewiesen werden muß (abgesehen von der Notwendigkeit, vorher die übliche Anordnung der natürlichen Zahlen durch Anwendung des Induktionsprinzips herzustellen).

6.2 Das Dirichletsche Schubfachprinzip und die Dedekindsche Definition des Begriffs „endliche Menge"

Das Dirichletsche Schubfachprinzip ist von Peter Gustav Lejeune Dirichlet (1805–1859), wie es scheint, niemals publiziert worden. Es lautet

Satz 6.1 (Schubfachprinzip). Verteilt man mehr als n Gegenstände auf n Schubladen, so liegen in mindestens einer Schublade mindestens zwei Gegenstände.

Eine populäre Anwendung:

> In einem Betrieb mit mehr als 366 Angestellten haben mindestens zwei Angestellte am selben Tag Geburtstag.

Die Schubladen sind hier die bis zu 366 Tage des Jahres. Im Englischen spricht man auch vom „pigeon hole principle"; man bezieht sich dann auf Löcher in einem Taubenschlag.

Natürlich besteht das Schubfachprinzip in Wahrheit aus einer unendlichen Folge $A_1, A_2, \ldots$ von Aussagen, und die obige Formulierung ist gerade die Aussage A_n. Die Richtigkeit aller A_n ist durch Induktion zu beweisen. Dies geht so:
A_1 ist richtig, wie jeder sofort sieht.
Angenommen, A_n ist richtig. Wir folgern A_{n+1}, indem wir zunächst mehr als $n + 1$ Gegenstände auf $n + 1$ Schubladen verteilen. Wir greifen eine beliebige Schublade heraus. Dann können zwei Fälle eintreten:

Fall I:
In der Schublade liegen mindestens zwei Gegenstände, dann sind wir fertig.

Fall II:
In der Schublade liegt höchstens ein Gegenstand; dann liegen in den übrigen n Schubladen zusammen mehr als n Gegenstände, also sind wir nach A_n fertig.

Das Schubfachprinzip ist der Prototyp einer *reinen Existenzaussage:* es sagt uns, daß es etwas bestimmtes gibt, nämlich eine Schublade mit mindestens zwei Gegenständen darin, aber nicht, wie man das betreffende bekommt oder findet, nämlich *welche* die glückliche Schublade ist. Man kann das Schubfachprinzip auch so aussprechen:

> Liegt in jeder von endlichvielen Schubladen jeweils ein Gegenstand, so ist es unmöglich, eine oder mehrere Schubladen leer zu machen, ohne bei der Neuverteilung der Gegenstände auf die übrigen Schubladen mindestens in eine Schublade zwei Gegenstände zu legen.

Diese Aussage wird noch etwas drastischer, wenn man „Schublade' durch „Hotelzimmer" und „Gegenstand" durch „Gast" ersetzt.
Deutet man das Umverteilen als Zuordnen, so ergibt sich die Aussage:

> Es ist unmöglich, jedem Element einer endlichen Menge M ein anderes Element von M so zuzuordnen, daß gilt
>
> a) Verschiedenen Elementen werden verschiedene Elemente zugeordnet („Ein-Eindeutigkeit", „Injektivität").
>
> b) Mindestens eine Element von M tritt nicht als zugeordnetes Element auf.

Oder noch etwas anders

> Jede endliche Menge M hat folgende *Eigenschaft D*:
> Man kann M nicht eineindeutig auf eine echte Teilmenge von M abbilden.

In seinem berühmten Buch „Was sind und was sollen die Zahlen" (Dedekınd [1888]) hat Richard Dedekind (1831–1916) *definiert*

> Mengen mit der Eigenschaft D heißen endliche Mengen

und auf diese Definition – wir nennen sie heute die Dedekindsche Definition des Begriffs der „endlichen Menge" – die Lehre von den naturlichen Zahlen 1, 2, ... gegrundet. Diese Begrundung ist der Peanoschen (Peano [1889]) gleichwertig.

6.3   Der Satz von Ramsey

Das Dirichletsche Schubfachprinzip laßt sich noch weit verallgemeinern. Ein erster Verallgemeinerungsschritt betrifft die Anzahl der auf die Schubfächer verteilten Gegenstände und besagt:

> Verteilt man mindestens $kn + 1$ Gegenstände auf n Schubfächer, so liegen ın mindestens einem Schubfach mindestens $k + 1$ Gegenstände.

Die zweite, viel tiefgründigere Verallgemeinerung stammt von Frank Plumpton Ramsey (1903–1930) und ist ein bißchen zu kompliziert, um hier in voller Allgemeinheit formuliert zu werden (vgl. Ramsey [1930], Jacobs [1983]). Wir begnügen uns mit einem speziellen Anwendungsfall:

Wir streuen N Punkte in die Ebene. Je dreı dieser Punkte bestimmen ein Dreieck; es gibt $\binom{N}{3}$ solche Dreıecke. Wir denken uns dieses Dreiecke irgendwie in zwei Klassen zerlegt und färben die Dreiecke der ersten Klasse weiß, die der zweiten Klasse schwarz. Eine Teilmenge von n unserer N Punkte heiße monochrom („farbenrein"), wenn alle $\binom{n}{3}$ aus ihr gebildeten Dreiecke dieselbe Farbe tragen. Der *Satz von Ramsey* impliziert: es gibt eine Zahl $N(2,n)$ derart, daß für $N \geqslant N(2,n)$ bei jeder Klasseneinteilung („Farbung") der $\binom{N}{3}$ Dreiecke eine monochrome Punktemenge von mindestens n Punkten auftrıtt. Grober formuliert: nimmt man genugend viele Punkte ($N \geqslant N(2,n)$ Stuck), so gibt es stets vorgeschrieben große monochrome Mengen.

Arbeitet man mit Einecken statt Dreiecken, so kommt man auf die vorhin erwähnte quantitative Version des Dirichletschen Schubfachprinzips zurück. Der Satz von Ramsey ist durch Induktion zu beweisen, deckt auch den Fall von 4-Punkte-Mengen, 5-Punkte-Mengen etc. statt 3-Punkte-Mengen (Dreiecke) ab und ist im Grunde nicht geometrischer Natur. Er ist abermals eine reine Existenzaussage und geht heute ın einer enorm weit ausgebauten „Ramsey-Theorie' auf, zu der auch die Sätze von van der Waerden und Szemerédi (Abschnitt 7.2) zu rechnen sind; vgl. Graham-Rothschild-Spencer [1980]. Die sogenannten Ramsey-Zahlen $N(2,n)$ etc. sind so riesig, daß sie die Möglichkeiten der sogenannten elementaren Arithmetik in gewisser Weise sprengen (Paris-Harrington [1977]).

§ 7 Induktive Konstruktion

Das Induktionsprinzip ist ein *Beweisverfahren*. Ihm läßt sich ein *Konstruktionsverfahren* für unendliche Folgen von mathematischen Gegenständen zur Seite stellen, das man als

Konstruktion durch vollständige Induktion   induktive Konstruktion

bezeichnet. Es läßt sich als mathematischer Satz formulieren und lautet

Satz 7.1 (Induktive Konstruktion). Seien G_0, G_1, G_2, ... Gegenstandsbereiche. Für jedes $n = 0, 1, ...$ sei eine Konstruktionsvorschrift K_n gegeben, nach der man zu jedem Gegenstand aus G_n einen Gegenstand aus G_{n+1} hinzukonstruieren kann. Dann gibt es zu jedem g_0 aus G_0 genau eine unendliche Folge $g_0, g_1, ...$ mit folgenden Eigenschaften:
Für jedes n gehört

a) g_n zum Bereich G_n und

b) g_{n+1} geht aus g_n durch Anwendung der Konstruktionsvorschrift K_n hervor.

Daß dieser Satz richtig ist, überlegt man sich intuitiv so:

(0)   Mit g_0 fangen wir an

(1)   Wir wenden K_0 an, um g_1 aus g_0 zu konstruieren

(2)   Wir wenden K_1 an, um g_2 aus g_1 zu konstruieren.
. . . . .

Ein strenger Beweis läßt sich mit Hilfe des Induktionsprinzips führen (Bd. 2, Kap. IX).

Das Verfahren der induktiven Konstruktion dient vor allem dazu, um in einem mathematischen Text die berühmten drei Pünktchen, die ja praktisch immer einen verkappten Induktionsschluß, der eben auch eine Anwendung des obigen Satzes sein kann, anzeigen, zu eliminieren (vgl. den Schluß von § 2). Wir geben hierfür einige Beispiele:

(1)   Statt $1 + 2 + ... + n$ schreibt man pünktchenfrei $\sum\limits_{k=1}^{n} k$; das hier auftretende *Summenzeichen* $\sum\limits_{k=1}^{n}$ (gelesen: Summe über k von 1 bis n) wird hier durch induktive Konstruktion so definiert:

$$\sum_{k=1}^{1} k = 1, \qquad \sum_{k=1}^{n+1} k = \sum_{k=1}^{n} k + (n+1).$$

Analog geht man bei anderen Summationen wie

$$1 + \frac{1}{2} + ... + \frac{1}{n} = \sum_{k=1}^{n} \frac{1}{k}, \qquad 1 + q + ... + q^{n-1} = \sum_{k=0}^{n-1} q^k$$

(der „Summationsindex" k darf auch anders heißen, er muß nur unter und hinter dem Summenzeichen gleich aussehen; er darf auch über andere endliche Bereiche statt $1, ..., n$ laufen, z.B. über $0, 1, ..., n-1$) vor. $\sum\limits_{k=1}^{n} 1$ ist natürlich nur eine andere Bezeichnung für die Vorschrift, n-mal 1 zu summieren: $\sum\limits_{k=1}^{n} 1 = n$. $\sum\limits_{k=1}^{\infty} \frac{1}{k} = \infty$ steht für $1 + \frac{1}{2} + \frac{1}{3} + ... = \infty$ usw.

(2)   Das Produkt $c_1 \ldots c_n$ aus n Faktoren $c_1, \ldots, c_n$ schreibt man mit dem *Produktzeichen* $\prod\limits_{j=1}^{n}$ (gelesen: Produkt über j von 1 bis n) so:

$$c_1 \ldots c_n = \prod_{j=1}^{n} c_j = \prod_{\nu=1}^{n} c_\nu = \ldots$$

Man definiert es wieder durch induktive Konstruktion:

$$\prod_{\nu=1}^{1} c_\nu = c_1, \qquad \prod_{\nu=1}^{n+1} c_\nu = \prod_{\nu=1}^{n} c_\nu \cdot c_{n+1}.$$

(3)   Komplizierte Summen- und Produktausdrucke mit reicher Drei-Punktchen-Garnierung lassen sich durch Kombination von Summen- und Produktzeichen stets pünktchenfrei hinschreiben. Ein Beispiel aus § 1:

$$1 + \frac{1}{2} + \left(\frac{1}{3} + \frac{1}{4} \right) + \left(\frac{1}{5} + \frac{1}{6} + \frac{1}{7} + \frac{1}{8} \right) + \ldots + \left(\frac{1}{2^n + 1} + \ldots + \frac{1}{2^{n+1}} \right)$$

$$= 1 + \frac{1}{2} + \sum_{k=1}^{n} \sum_{j=1}^{2^k} \frac{1}{2^k + j}.$$

(4)   Auch das Ausfüllen des Pascalschen Dreiecks und das Anschreiben der als unendlich gemeinten Diagramme in § 2 beruhen strenggenommen auf induktiver Konstruktion, ebenso das Durchlaufen eines solchen Diagramms.

(5)   Selbst das Hinschreiben der natürlichen Zahlenreihe 1, 2, 3, ... scheint eine induktive Konstruktion zu enthalten. Dieser Gedanke läßt sich innermathematisch nicht durchführen, da ihm die natürlichen Zahlen abermals zugrunde liegen, so daß ein Zirkelschluß zustande käme. Vormathematisch-lebensweltlich freilich läßt sich das praktische Herstellen von Zahlen als Strichhaufen, I, II, III, ... als eine Urform der induktiven Konstruktion auffassen; die Konstruktionsvorschrift lautet hier:

mache einen Strich $(n = 1)$
füge immer noch einen Strich hinzu $(n \to n + 1)$

Anweisungen dieser Art kann man auch einem Computer geben, der dann die induktive Konstruktion so lange fortsetzt, wie Anweisung und Ressourcen (Speicherkapazitat, Strom, Papier, ...) reichen.

Wir wollen nun noch drei besonders bedeutende induktive Konstruktionen näher kennenlernen:

7.1   Die Fibonacci-Zahlen

Zuvor ein paar historische Informationen:

Fibonacci (ca. 1180 – ca. 1250) war der bedeutendste europäische Mahematiker des hohen Mittelalters. Er hieß eigentlich Leonardo von Pisa, aber sein Vater, ein Kaufmann, der u.a. in Algier tätig war, hatte den Kosenamen „Bonaccio" = der Gutmütige, und so nannte man seinen Sohn einfach Fi-Bonacci = Sohn von Bonaccio. Bonaccio muß das mathematische Talent seines Sohnes früh erkannt haben, denn er schickte ihn bereits als jungen Mann auf Reisen in die arabische Welt. Diese Reisen hatten sicher auch geschäftliche Zwecke, dienten aber vor allem dazu, den jungen Leonardo mit den damaligen Errungenschaften der indisch-arabischen Mathematik bekannt zu machen. Die Frucht dieser Reisen war das 1202 erstmals veröffentlichte Buch „Liber Abaci" = Das Buch vom Rechenbrett. Von dieser Publikation datiert der systematische Gebrauch des arabischen Zahlsystems in Westeuropa. Im Rückblick kann man sagen, daß Fibonacci für drei Jahrhunderte als der europäische Spitzenmathematiker schlechthin gelten konnte. Seine Zeitgenossen anerkannten sein Genie alsbald. Friedrich II. von Hohenstaufen (1194–1250), der große „Intellektuelle auf dem Kaiserthron", veranstaltete einst eine öffentliche Diskussion zwischen Fibonacci und seinem Hof-Mathematiker, bei der auch der Kaiser selbst Fragen stellte; teilweise ging es allerdings nur um raffiniertes Kopfrechnen (vgl. Heinisch [1968]). Friedrich II. sorgte 1228 für eine zweite Ausgabe des „Liber Abaci". Auf dieser Ausgabe beruht die historisch-kritische Ausgabe von 1857, aus der wir folgenden berühmten Abschnitt entnehmen (s. 283):

Quot para coniculorum in uno anno ex uno pario germinantur.

Wie viele Kaninchenpaare entstehen in einem Jahr aus einem Kaninchenpaar?

Quidam posuit unum par cuniculorum in quodam loco, qui erat undique pariete circundatus, ut sciret, quot ex eo pario germinarentur in uno anno:

Jemand sperrte ein Kaninchenpaar in ein Gelände ein, das auf allen Seiten von Mauern umgeben war; er wollte herausbekommen, wie viele Kaninchenpaare aus diesem einen Paar in einem Jahre hervorgingen.

cum natura eorum sit per singulum mensem aliud par germinare; et in secundo mense ab eorum nativitate germinant.

Bei den Kaninchen ist es nun so, daß sie jeden Monat ein neues Paar in die Welt setzen; und damit fangen sie an, sobald sie zwei Monate alt sind.

Quia suprascriptum par in primo mense germinat, duplicabis ipsum, erunt paria duo in uno mense.

Da das erwähnte erste Paar gleich mit der Fortpflanzung beginnt, muß man es mal zwei nehmen, macht zwei Paare in einem Monat.

Ex quibus unum, scilicet primum, in secundo mense germinat; et sic sunt in secundo mense paria 3; ex quibus in uno mense duo pregnantur; et germinantur in tercia mense paria 2 coniculorum; et sic sunt paria 5 in ipso mense; ex quibus...

Von diesen wirft eines, namlich das ursprüngliche, im zweiten Monat, das gibt drei Paare nach zwei Monaten.
Von diesen werfen zwei im nächsten Monat; macht fünf Paare nach drei Monaten.

Fibonacci macht auf diese Weise weiter bis zum zwölften Monat und errechnet 377 Kaninchenpaare. Auf dem Rande der Buchseite ist eine kleine Tafel abgedruckt, die die Zahlenfolge

$$1, 2, 3, 5, 8, 13, 21, 34, 55, 89, 144, 233, 377$$

enthält. Fibonacci schließt mit der Bemerkung

et sic posses facere per ordinem de infinitis numeris mensibus.

und so kann man bis zu beliebig vielen Monaten der Reihe nach weitermachen.

Wenn wir dies in eine moderne Ausdrucksweise übersetzen, erhalten wir die Folge $F_0, F_1, \ldots$ der sogenannten *Fibonacci-Zahlen*:

Zur Zeit 0 ist ein Kaninchenpaar vorhanden: $F_0 = 1$

Zur Zeit 1 ist immer noch nur ein Kaninchenpaar vorhanden, denn die Fortpflanzung beginnt erst im zweiten Monat; das ergibt $F_1 = 1$.

Zur Zeit 2 ist das ursprüngliche Kaninchenpaar vorhanden, und dazu ein neugeborenes; das ergibt $F_2 = 2$.

Zur Zeit $n + 1$ leben die F_n Kaninchenpaare, die zur Zeit n schon vorhanden waren, und dazu F_{n-1} neugeborene; das ergibt

$$F_{n+1} = F_n + F_{n-1} \; . \tag{1}$$

Dies ist die berühmte „Rekursionsformel" für die Fibonacci-Zahlen. Mit ihrer Hilfe kann man aus den sogenannten *Anfangsbedingungen*

$$F_0 = F_1 = 1 \tag{2}$$

die Fibonacci-Zahlen F_n beliebig weit ausrechnen, z.B., wie schon Fibonacci selbst:

n	0	1	2	3	4	5	6	7	8	9	10	11	12	13
F_n	1	1	2	3	5	8	13	21	34	55	89	144	233	377

Die Fibonacci-Rekursion ist der älteste bekannte Beitrag zur theoretischen *Populations-dynamik*. Dieser Beitrag und sein innermathematischer Umkreis ist so interessant, daß davon eine ganze Zeitschrift „The Fibonacci Quarterly" (ab 1963) leben kann. Eines der merkwurdigsten Resultate ist die schon von Fibonacci selbst angegebene *Formel für die Fibonacci-Zahlen*

$$F_n = \frac{1}{\sqrt{5}} \left[\left(\frac{1 + \sqrt{5}}{2} \right)^{n+1} - \left(\frac{1 - \sqrt{5}}{2} \right)^{n+1} \right]. \tag{3}$$

Merkwurdig an dieser Formel ist vor allem, daß in ihr die uns schon vom Goldenen Schnitt her bekannt $\sqrt{5}$ ($= 2.2360\ldots$) auftaucht, die nicht einmal zum Korper $\mathbb{Q}$ der rationalen Zahlen gehort, und daß die rechte Seite der Formel trotzdem immer eine naturliche Zahl $-$ eben F_n $-$ liefert; das liegt daran, daß sich die $\sqrt{5}$ beim Ausrechnen der rechten Seite von (3) vollig weghebt, soweit sie nicht quadriert den ganzzahligen Beitrag $(\sqrt{5})^2 = 5$ leistet. So rechnet man beispiels-weise

$$F_2 = \frac{1}{\sqrt{5}} \left[\left(\frac{1 + \sqrt{5}}{2} \right)^2 - \left(\frac{1 - \sqrt{5}}{2} \right)^2 \right]$$

$$= \frac{1}{\sqrt{5}} \left[\frac{1 + 2\sqrt{5} + (\sqrt{5})^2}{4} - \frac{1 - 2\sqrt{5} + (\sqrt{5})^2}{4} \right]$$

$$= \frac{1}{4\sqrt{5}} \left[1 + 2\sqrt{5} + 5 - 1 + 2\sqrt{5} - 5 \right]$$

$$= \frac{1}{4\sqrt{5}} \, 4\sqrt{5} = 1 \, ,$$

was mit obiger Tafel übereinstimmt (vgl. Jacobs [1983]). Dies Wegheben sieht man der Formel (3) nicht ohne weiteres an, wahrend die Rekursionsformel (1) naturlich aus ganzzahligen Anfangs-bedingungen wie (2) immer nur wieder ganze Zahlen hervorgehen läßt.

7.2   Die Thue-Morse-Folge

Man kann interessante Mathematik machen, ohne explizit mit Zahlen zu arbeiten. Hatte Napoleon (1769–1821) sich auf den Rat des norwegischen Mathematikers Axel Thue (1863–1922) oder des Amerikaners Marston Morse (1892–1977) stützen konnen, als er in Europa seine Pappel-alleen pflanzte, so hatte so eine Baumreihe z.B. so aussehen konnen

$$\tag{1}$$

und jeden fliegenden Erd-Forscher vom Mars sicher zu den merkwurdigsten Spekulationen veran-laßt. Wir erraten das Bildungsgesetz dieser Baumreihe leicht, wenn wir uns ihre Anfangsabschnitte der Lange $2^0 = 1$, $2^1 = 2$, $2^2 = 4$, $2^3 = 8$ ansehen

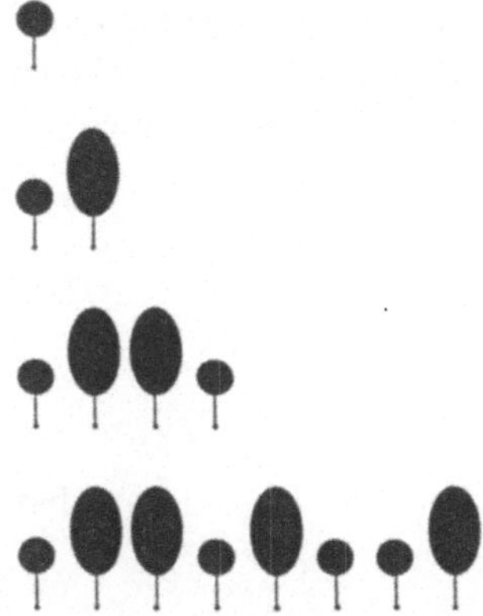

Napoleon pflanzt den ersten Baum . Förster Nr. 1 pflanzt das „Gegenteil" daneben. Förster Nr. 2 findet vor und pflanzt das „Gegenteil" daneben. Förster Nr. 3 findet vor und pflanzt das „Gegenteil" daneben usw. Der „Geist, der stets verneint" beherrscht also die obige Pappelallee (1). Der „Geist, der immer erst ja sagt, bevor er verneint", hätte die Pappelallee

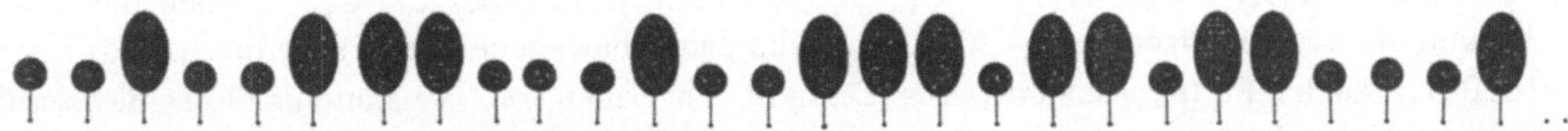

hervorgebracht.

$$(2)$$

Mathematiker ersetzen etwa durch 0 und durch 1, deklarieren 1 als das Gegenteil von 0 und 0 als das Gegenteil von 1 und gelangen so zu den Symbolfolgen

01101001 10010110...	(= „der Geist, der stets verneint")	(3)
0010011100010011101101 10001	(= „Mephisto-Walzer") .	(4)

Beide Folgen stecken voller innerer Symmetrien. Teilt man 01101001... in Zweierblöcke 01|10| 10|01|... und ersetzt 01 durch 0, 10 durch 1, so entsteht wieder 01101001... . Teilt man 001001110... in Dreierblocke 001|001|110| ... und codiert man 001 in 0, 110 in 1, so entsteht wieder 001001110... . Gebilde, vor allem geometrische, die innere Symmetrien solcher Art besitzen, werden heute als „fractals" systematisch untersucht, u.a. um dem Geheimnis der Selbstorganisation von Materie, ja, der Entstehung des Lebens, mathematisch auf die Spur zu kommen (vgl. z.B. Mandelbrot [1977]). Axel Thue (1863–1922), der 1904 die Folge 01101001... erfand und Marston Morse, der sie 1921 unabhängig von Thue noch einmal erfand (Morse [1921]), hatten noch nicht so weltbewegende Weiterungen im Sinn. Thue wollte eine Folge haben, in der gewisse Wiederholungserscheinungen nicht auftreten. Hedlund-Morse [1944] bewiesen in der Tat, daß Symbolblöcke der Form $b_0 b_1 ... b_n b_0 b_1 ... b_n b_0$ (einmalige volle Wiederholung und Ansatz zur zweiten Wiederholung), also Blöcke wie 000, 111, 01010,... in 01101001... nicht vorkommen, und Gottschalk [1964] zeigte, daß 01101001... in gewisser Weise die einzige Symbolfolge mit dieser Eigenschaft ist (vgl. etwa Jacobs [1983] und Dekking [1979]). Exakte Beweise für diese Aussagen überschreiten den uns hier gesteckten Rahmen. Wir wollen nur eine typische Eigenschaft der Morse-Folge exakt erschließen, namlich: kommt ein Symbolblock B in 01101001... vor, so kann man 01101001... in Blöcke B_0, B_1, B_2,... gleicher Länge zerteilen, derart, daß B in jedem der Blocke B_0, B_1,... irgendwo drinsteckt. Man drückt dies auch so aus: wenn ein Block B in 01101001... überhaupt vorkommt, dann kommt er in beschränkten (aber i.a. nicht regelmäßigen) Abständen in $01101001\ldots$ vor. Der Beweis geht so: wir lokalisieren ein Vorkommnis von B in $01101001\ldots$ und wählen dann n so groß, daß dies Vorkommnis unter den ersten 2^n Symbolen stattfindet, dann teilen wir $01101001\ldots$ in Blocke $A_0, A_1, \ldots$ der Länge 2^n auf; wir erhalten folgendes Bild:

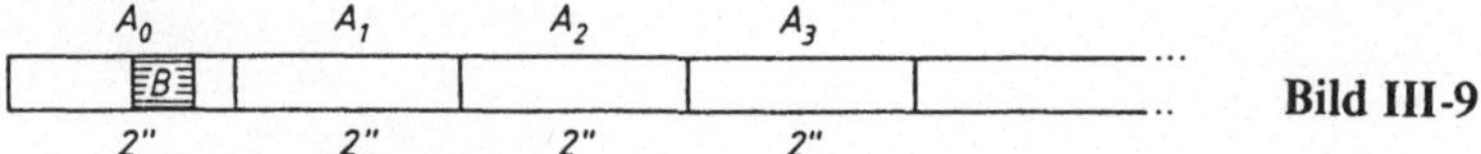

Bild III-9

Die innere Symmetrie von $01101001\ldots$ sagt uns nun: setzen wir $A_0 = A$, $A_1 = \overline{A}$, so hat $01101001\ldots$ das Aussehen

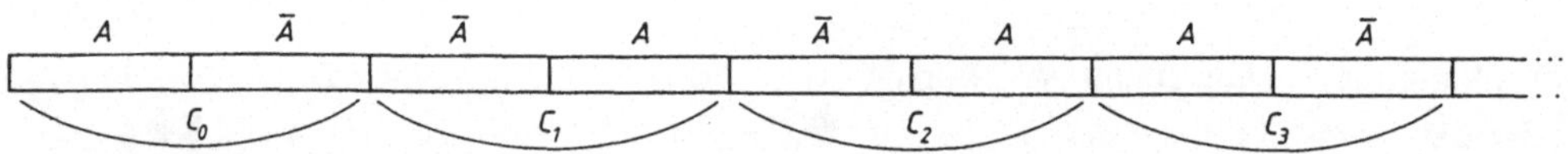

Bild III-10

Setzt man also $A_0 A_1 = C_0$, $A_2 A_3 = C_1$, $\ldots$, so enthält jeder Block $C_0, C_1, \ldots$ einen Block A und damit B, was zu zeigen war. — Man nennt die damit bewiesene Wiederkehr-Eigenschaft von $01101001\ldots$ auch „Fastperiodizität". Der Leser ist eingeladen, sein Verständnis dieses Beweises dadurch auf die Probe zu stellen, daß er auch die Fastperiodizität des „Mephisto-Walzers" $001001110\ldots$ beweist.

Wiederkehr- und noch weitergehende Eigenschaften von $01101001\ldots$ sind der Grund für das bis heute anhaltende Interesse der Mathematiker an Symbolfolgen vom Thue-Morse-Typ (vgl. u.a. Jacobs [1969 a], [1983], Keane [1968]).

Wir benutzen hier die Gelegenheit, um einige der tiefsten mathematischen Resultate des 20. Jahrhunderts anhangsweise kurz zu schildern.

Man sagt, in einer unendlichen Folge (wie $001010\ldots$) von Symbolen 0 uund 1 komme die Eins in *arithmetischer Progression* der Länge n (vgl. §1) vor, wenn sich in der Symbolfolge ein Bild folgender Art finden läßt:

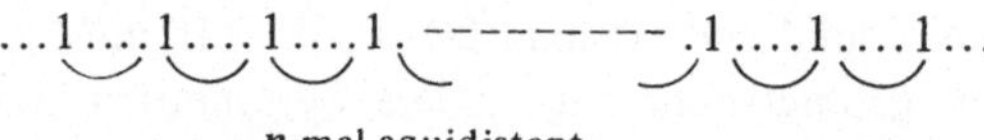

n-mal aquidistant

Ebenso klar ist, was es heißt, daß Nullen in arithmetischer Progression der Länge n vorkommen.

Satz 7.2 (van der Waerden [1927]). In jeder unendlichen 0-1-Folge kommt mindestens eines der Symbole 0, 1 in arithmetischen Progressionen beliebiger Lange vor.

Dieser Satz wird heute zur sogenannten Ramsey-Theorie (vgl. §6) gerechnet; sein Beweis beruht üblicherweise auf einer raffinierten Anwendung des Schubfachprinzips (Satz 6.2) und übersteigt hier bei weitem unsere Möglichkeiten (vgl. etwa Jacobs [1983]). Der Satz wird ziemlich plausibel, wenn man versucht, eine 0-1-Folge zu konstruieren, in der 0 nicht in langen arithmetischen Progressionen vorkommt; eine naheliegende Idee hierzu wäre, die Nullen in immer langeren Abständen auftreten zu lassen; dann sind aber die Lücken mit Einsen auszufüllen, die dann wunderschon in arithmetischer Progression (der Schrittweite 1) dastehen.

Der Satz von van der Waerden ist ein typischer reiner Existenzsatz: er sagt nicht, *welches* der beiden Symbole 0, 1 in beliebig langen arithmetischen Progressionen auftritt. Hierüber gibt ein anderer Satz Auskunft:

Satz 7.3 (Szemerédi [1975]). Wenn es eine Zahl $\epsilon > 0$ gibt, derart, daß in beliebig langen Anfangs-
abschnitten der Symbolfolge der Bruchteil der Einsen immer wieder den Wert ϵ übersteigt, so
kommen Einsen in arithmetischen Progressionen beliebiger Länge vor; dasselbe gilt für die Nullen.

Da die Summe der beiden Bruchteile stets 1 ist, hat mindestens eines der Symbole 0, 1 in unserer
unendlichen 0-1-Folge die in diesem Satz geforderte Eigenschaft, so daß sich Satz 7.2 (van der
Waerden [1927]) als Anwendung von Szemerédis Satz ergibt; dies liefert jedoch keinen neuen
Beweis des van-der-Waerden-Theorems, weil dieses beim Beweis des Szemerédi-Theorems selbst
benötigt wird. Szemerédis Ergebnis gehört derzeit zu den schwierigsten Sätzen der gesamten
Mathematik. Für die zugehörige Forschungsgeschichte vor und nach 1975 vgl. etwa Jacobs [1983]
[1983b].

7.3   Das Diagonal-Verfahren von Georg Cantor

Das Diagonal-Verfahren von Georg Cantor (1845–1918) wurde von diesem 1891 erstmals
publiziert und arbeitet mit einer unendlichen Folge von unendlichen 0-1-Folgen, die wir uns zeilen-
weise untereinandergeschrieben denken, beispielsweise so:

```
 0  0  1  0  0  0  1  0  0  0 ...
 1  0  1  0  1  0  1  0  1  0 ...
 0  1  1  0  1  0  0  1  1  0 ...
 0  0  1  0  0  1  1  1  0  0 ...
 1  1  1  1  1  1  1  1  1  1 ...
 1  0  0  1  0  1  1  0  0  1 ...
 0  0  0  0  0  0  0  0  0  0 ...
 1  0  1  1  0  1  1  1  0  1 ...
 0  1  0  1  0  1  0  1  0  1 ...
 1  0  0  1  0  0  1  0  0  1 ...
 . . . . . . . . . . . . . . . . . . . .
```

Hierbei haben wir die Diagonalelemente schon eingerahmt, denn auf diese bezieht sich die folgende
Diagonalkonstruktion: sie ersetzt jedes dieser eingerahmten Glieder durch sein Gegenteil, also 0
durch 1 und 1 durch 0. Es entsteht in unserem Falle

$$1\ 1\ 0\ 1\ 0\ 0\ 1\ 0\ 1\ 0\ ...$$

Diese unendliche 0-1-Folge

> stimmt mit der 1. Zeile im 1. Glied nicht überein
> stimmt mit der 2. Zeile im 2. Glied nicht überein
> . . . .

kommt also unter den obigen 0-1-Folgen nicht vor.
Georg Cantor münzte die damit gewonnene (und von ihm schon 1874 auf andere Weise bewiesene)
Aussage

(1)   Zu jeder unendlichen Folge von unendlichen 0-1-Folgen gibt es eine in ihr nicht vor-
         kommende 0-1-Folge

in die Aussage

> Die Menge der unendlichen 0-1-Folgen ist überabzählbar

um und tat damit den ersten Schritt in die danach von ihm ausgearbeitete Mengenlehre. Cantors Diagonalschluß ist selbst keine induktive Konstruktion: man muß nicht wissen, was in den übrigen Diagonalplätzen geschieht, um die Umwandlung $0 \leftrightarrow 1$ am Diagonalplatz Nr. n vorzunehmen. Das Ergebnis (1) bietet sich jedoch als Schritt in einer induktiven Konstruktion an. Diese kann nun allerdings (1) nicht überwinden. Dies gelingt erst durch eine auf sogenannte transfinite Induktion gegründete „transfinit-induktive Konstruktion" (vgl. Bd. 2, Kap. VIII). Cantors Diagonalschluß erlangte durch Kurt Gödel (1903−1978) um 1930 grundlegende Bedeutung in der Logik; er diente dort in geeigneter Abwandlung zum Beweis des sogenannten Unentscheidbarkeitstheorems (vgl. Bd. 2, Kap. VII).

Kapitel IV
Optimierung, Spieltheorie, Ökonomie

Viele unserer taglichen Unternehmungen haben das Ziel, etwas „zum Klappen" zu bringen. Dabei sind oft viele Tatigkeiten zu koordinieren; einige von diesen können nur geleistet werden, wenn vorher andere stattgefunden haben, Zeitaufwand ist einzukalkulieren, manchmal auch der Zeitaufwand fürs Kalkulieren selbst. Man hat heute systematische Verfahren zur Losung solcher Aufgaben; typische Stichworte: Netzplan, Ruckwärtsrechnen, countdown.

Wenn man eine Sache überhaupt zum Klappen bringen kann, kann man sie oft auf mehrere verschiedene Arten zum Klappen bringen. Sobald man einen Überblick über einige oder alle dieser Verfahren gewonnen hat, wird man sie bewerten und sich das günstigste Verfahren heraussuchen: man *optimiert.* So wird man z.B. danach trachten, gleiche Qualität moglichst billig einzukaufen, fur gleiche Leistung einen möglichst hohen Lohn zu erzielen, Heilungen mit moglichst harmlosen Nebenwirkungen zu bewirken usw. Dabei konkurrieren u.U. mehrere Bewertungen, die auch nicht alle von derselben Art sein müssen. Manche Bewertungen sind addierbar (z.B. Geldwerte), andere, wie z.B. gefühlsmäßige Präferenzen, kann man nur ziemlich willkürlich auf eine Zahlenskala bringen, zu diesem Fragenkreis gibt es eine mathematische („Utility-")Theorie, deren entscheidende Ansätze etwa ein halbes Jahrhundert zuruckliegen (vgl. etwa Roberts [1979]).

Aber auch wenn man alle hiermit angedeuteten Probleme des Optimierens im Prinzip lösen könnte, bekäme man es immer noch mit dem Faktum zu tun, daß man meist nicht der einzige ist, der optimieren mochte: erst die Wechselwirkung der Strategien mehrerer Spieler liefert das Ergebnis, mit dem man dann zu leben hat. Dieser *spieltheoretische Gesichtspunkt* liefert eine Einteilung der oben angedeuteten Probleme nach der Anzahl der beteiligten Personen:

Ein-Personen-Spiele sind Optimierungsaufgaben im klassischen Sinne.

Zwei-Personen-Spiele sind die einfachsten und naturgemäß bisher am besten analysierten Situationen, in denen Spieler in Wechselwirkung treten.

Aber auch für *n-Personen-Spiele* mit $n \geqslant 3$ verfügt man heute über eine Fülle exakter Aussagen, und dies auch dann, wenn n sehr groß wird, so daß der einzelne Spieler in der Masse untergeht.

Der Zweck des vorliegenden Kapitels ist eine Begehung des hiermit umrissenen Problemfeldes. Da dies Feld sehr vielfältig unterteilt ist, verlegen wir die Literaturhinweise im wesentlichen auf die einzelnen Abschnitte. Doch sei zum Thema Spieltheorie das für Nichtmathematiker geschriebene Buch Davis [1972] von vornherein hervorgehoben; Mathematikern wird z.B. Owen [1968] dienlich sein.

§ 1   Optimierungsaufgaben

In diesem Abschnitt demonstrieren wir an einer Reihe von Beispielen verschiedene Typen von Optimierungsaufgaben. Ein Standard-Buch fur Mathematiker ist hier Collatz-Wetterling [1966].

1.1   Sortierung

Manchmal lauft das Optimieren einfach darauf hinaus, unter n gegebenen Zahlen die größte herauszufinden. Man schafft dies sicher, wenn man jede der n Zahlen mit allen ubrigen $n-1$ Zahlen vergleicht; da das Vergleichen von a mit b dasselbe Ergebnis liefert wie das Vergleichen von b mit a, braucht man nicht $n \cdot (n-1)$, sondern nur $\frac{n \cdot (n-1)}{2}$ Vergleichungen. Hat man diese Aufgabe öfters zu losen, so wird man nochmals optimieren wollen und sich fragen: Kann ich meine Aufgabe auch mit weniger Vergleichungen losen? Ein Indiz dafür, daß dies gehen sollte: wenn ich alle $\frac{n(n-1)}{2}$ Vergleichungen durchführe, finde ich nicht nur die größte Zahl heraus, sondern kann sogar die samtlichen gegebenen Zahlen nach fallender Große ordnen („sortieren"), d.h. mehr leisten als ich ursprünglich wollte; also sollte das ursprunglich Gewollte sparsamer zu leisten sein.

In der Tat: sind $z_1, \ldots, z_n$ die gegebenen Zahlen und fangt man an, z_1 mit z_2, z_3 usw. zu vergleichen, so gibt es zwei Falle:

> *Fall I:* Es kommt $z_1 > z_2$, $z_1 > z_3$, $\ldots, z_1 > z_n$ heraus, dann weiß man nach $n-1$ Schritten: z_1 ist die größte Zahl.

> *Fall II:* Es kommt irgendwann zum erstenmal $z_1 < z_k$ vor; dann haben $z_1, \ldots, z_{k-1}$ ihre Rolle als Kandidaten fur die große Zahl ausgespielt, und dazu hat man $k-1$ Vergleiche gebraucht; nun fangt man an, den neuen Kandidaten z_k mit $z_{k+1}, \ldots$ zu vergleichen; hierbei kommen wieder die beiden Fall-Typen I und II in Frage usw.

Offenbar hat man hier nach $n-1$ Vergleichungen die größte Zahl gefunden. Gegenüber $\frac{n(n-1)}{2}$ hat man das Verfahren also um den Faktor $\frac{n}{2}$ verkürzt. Kürzer geht es nicht, denn wenn man weniger als $n-1$ Vergleichungen durchführt, gibt es mindestens zwei unter den n Zahlen, die nie auch nur indirekt verglichen werden. Also ist unser zweites Verfahren optimal. – Eine systematische Darstellung von Sortierungsverfahren findet man bei Knuth [1968], vol. 3, Sorting and Searching; vgl. auch Ahlswede-Wegener [1979].

1.2   Eine einfache lineare Optimierung

Viele Firmen stehen täglich vor Aufgaben sog. linearen Optimierung. Hierbei handelt es sich darum, einige Zahlenwerte, z.B. x, y so einzustellen, daß einerseits gewisse lineare Ungleichungen wie $3x - 2y \leqslant 4$ („linear" bedeutet: x und y kommen nur in der ersten Potenz vor, nicht mit x^2, y^2, x^3, y^3, ...) eingehalten werden, andererseits ein linear aus ihnen zu berechnender Wert wie $x + 0.5y$ möglichst groß wird. Wir geben ein Beispiel (nach Franklin [1980]):

Eine Bank verfüge über 100 Mio. DM. Davon werden x Mio. DM zu 10 % Zins an Kreditnehmer verliehen, y Mio. DM in festverzinsliche Wertpapiere zu 5 % investiert. Die Zinseinnahme

$$0.10x + 0.05y$$

ist zu maximieren. Zu den selbstverstandlich einzuhaltenden Ungleichungen

$$x \geqslant 0$$
$$y \geqslant 0$$
$$x + y \leqslant 100$$

kommen noch weitere: der Gesetzgeber verlangt eine Reserve von mindestens 25 % der Investitionen, also $y \geqslant 0.25\,(x+y)$, d.h. $y \geqslant \frac{1}{4}\,(x+y)$, d.h. $4y \geqslant x+y$, d.h.

$$x \leqslant 3y.$$

Die Bank rechnet mit einem Kreditbedarf ihrer Kunden in Höhe von mindestens 30 Mio. DM:

$$x \geqslant 30 \, .$$

Das macht zusammen fünf einzuhaltende lineare Ungleichungen. Wir zeichnen die Paare x, y, die so eine Ungleichung erfüllen, schraffiert in ein x-y-Koordinatensystem ein:

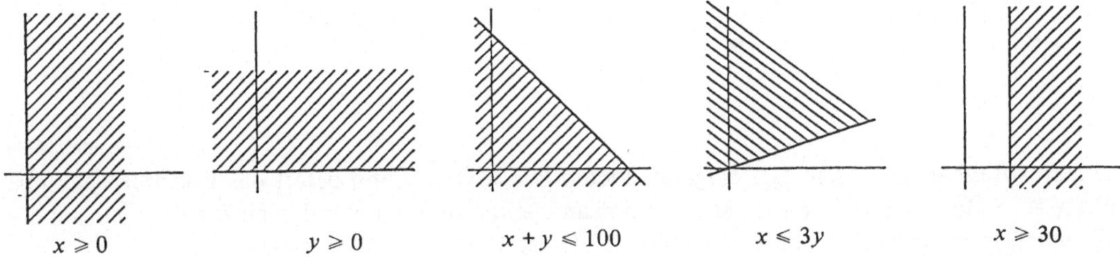

Bild IV-1

Die Paare x, y, die alle fünf Ungleichungen gleichzeitig erfüllen, bilden das aus diesen fünf schraffierten Bereichen durch Durchschnittsbildung entstehende Polygon G.

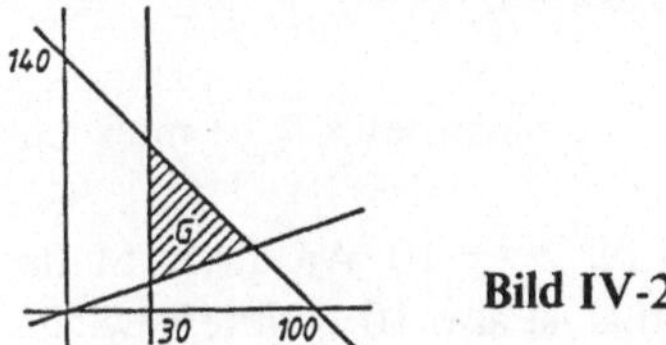

Bild IV-2

Die Linien der Form $0.10x + 0.05y = \text{Const}$ (mit Const = 20 const) sehen so aus:

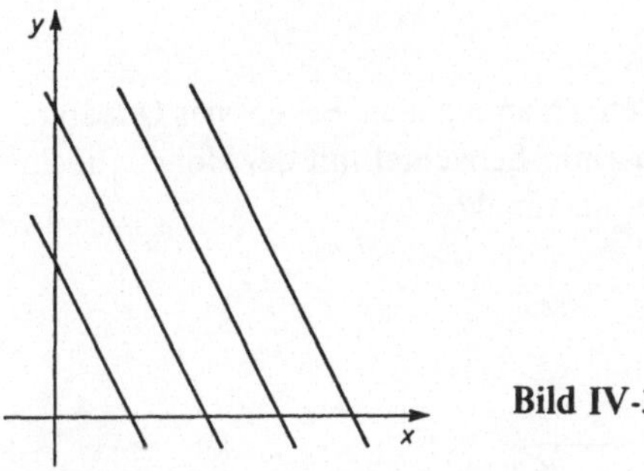

Bild IV-3

Unter ihnen ist eine zu wählen, die mindestens einen Punkt aus G enthält (d.h. const ist realisierbar) und const möglichst groß macht, d.h. möglichst weit rechts liegt:

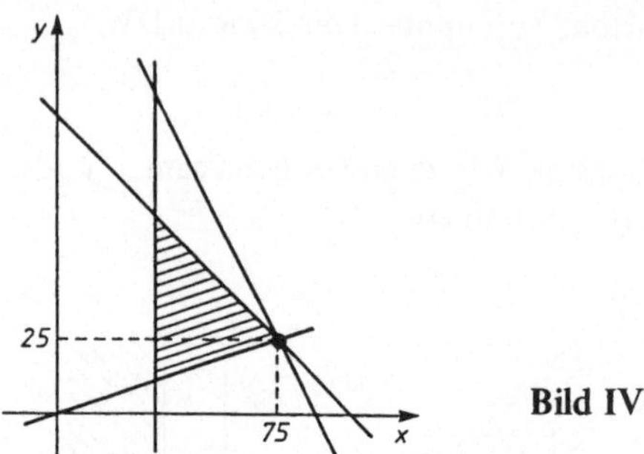

Bild IV-4

Sie geht offenbar durch den fett eingezeichneten Punkt von G und liefert das Ergebnis: man verleiht $x = 75$ Mio. zu 10%, $y = 25$ Mio. zu 5% und bekommt die unter den einzuhaltenden Nebenbedingungen optimale Zinseinnahme von $0.10 \cdot 75 + 0.05 \cdot 25 = 8.75$ Mio. DM.

1.3   Ein Beispiel für quadratische Optimierung

Es gibt eine medizinische Theorie, nach der sich der Erwartungswert des Lebensalters eines Menschen mit $x\,\%$ Übergewicht zu

$$E(x) = 105 - \frac{1}{20}(x + 10)^2$$

errechnet. Optimierungsaufgabe: wieviel Übergewicht x (Untergewicht bedeutet $x < 0$) muß ich halten, um — von der Erwartung her — möglichst alt zu werden?
Antwort: $(x + 10)^2$ ist als Quadrat immer ≥ 0 und wird $= 0$ genau für $x = -10$. An dieser Stelle wird $-\frac{1}{20}(x+10)^2$, und damit auch $E(x)$ also maximal. Ideal = optimal ist also 10% Untergewicht — nach dieser Theorie. Man spricht hier von quadratischer Optimierung, weil die einzustellende Große x quadratisch auftritt. Quadratische Optimierungen lassen sich immer auf das Nullsetzen eines quadratischen Ausdrucks — wie oben $(x + 10)^2$ — zurückführen.

1.4   Ein Beispiel für kubische Optimierung

Gegeben sei ein Pappquadrat der Seitenlänge 1. Wenn man aus den Ecken vier Quadrate mit Seitenlängen x herausschneidet, kann man den Rest zu einer Schachtel mit der Hohe x hochknicken. Fur welches x wird der Rauminhalt dieser Schachtel maximal?

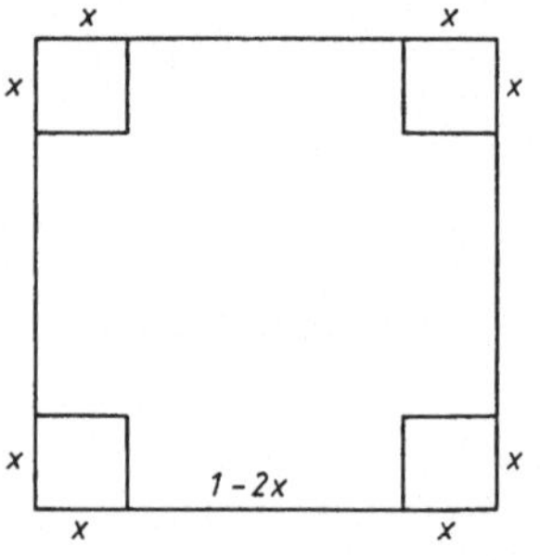

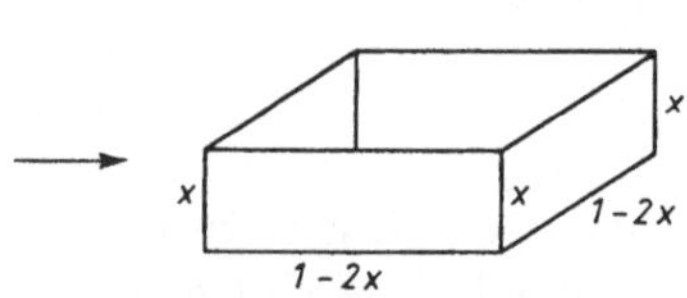

Bild IV-5

Die Schachtel hat allgemein die Grundfläche $(1 - 2x)(1 - 2x)$ und die Höhe x, also den Rauminhalt

$$(1 - 2x)(1 - 2x)x \,. \tag{1}$$

Diese Funktion von x ist

für $x = 0$ gleich 0

für $x = \frac{1}{2}$ gleich 0

links von 0 negativ

rechts von $\frac{1}{2}$ positiv

zwischen 0 und $\frac{1}{2}$ positiv .

Sie sieht ungefähr so aus:

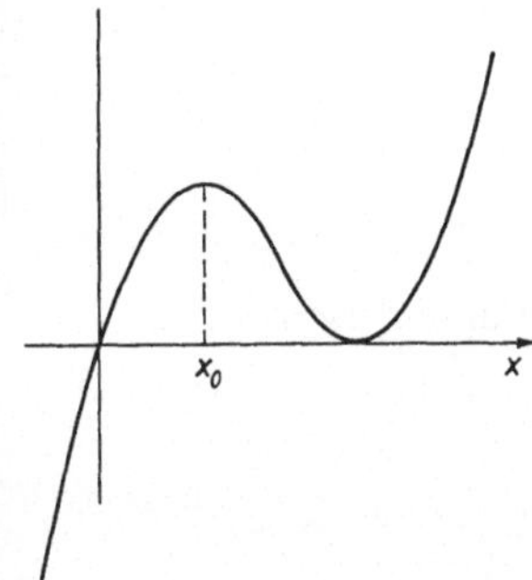

Bild IV-6

Gesucht ist die zwischen 0 und $\frac{1}{2}$ liegende Maximalstelle x_0.

Um sie zu bestimmen, greifen wir auf Abiturkenntnisse aus der Infinitesimalrechnung zurück. Unsere Funktion läßt sich als

$$
\begin{aligned}
f(x) &= (1 - 2x)(1 - 2x)x \\
&= (1 - 2x)^2 x \\
&= (2x - 1)^2 x \\
&= g(x) \cdot x
\end{aligned}
$$

mit $g(x) = (2x - 1)^2$ schreiben. Wir bilden die Ableitung $f'(x)$ nach der Produktregel

$$
\begin{aligned}
f'(x) &= g'(x) \cdot x + g(x) \cdot x' \\
&= g'(x) \cdot x + g(x) \cdot 1 \\
&= 2(2x - 1) \cdot 2 \cdot x + (2x - 1)^2 \\
&= (2x - 1)(4x + (2x - 1)) = (2x - 1)(6x - 1) \,.
\end{aligned}
$$

Das Maximum x_0 liegt zwischen 0 und $\frac{1}{2}$ an einer Stelle, wo $f'(x) = 0$ wird, also an der Stelle, wo $6x - 1 = 0$ wird, also bei

$$x_0 = \frac{1}{6} \,.$$

Unsere maximale Schachtel sieht also so aus:

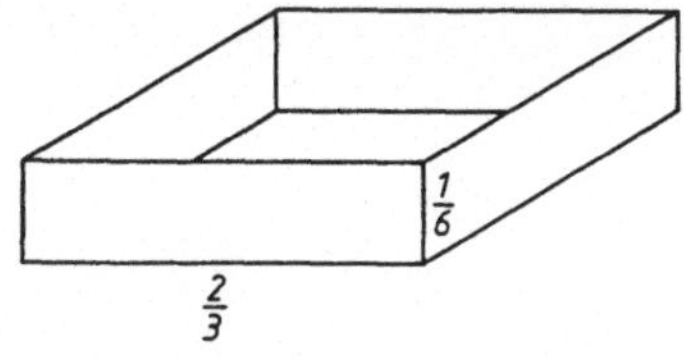

und ihr Inhalt ist

$$\frac{2}{3} \cdot \frac{2}{3} \cdot \frac{1}{6} = \frac{2}{27} \, .$$

Man sieht sogleich, daß dies mehr ist als bei $x = \frac{1}{4}$. — Man spricht hier von kubischer Optimierung, weil x kubisch, d.h. bis zur dritten Potenz vorkommt: $f(x) = x - 4x^2 + 4x^3$.

1.5 Netzwerk-Optimierung

Dem Fernverkehr stehe als Durchfahrt durch ein Städtchen folgendes Straßensystem mit einer Kapazität von 1 LKW/5 s auf jeder Teilstrecke zur Verfügung:

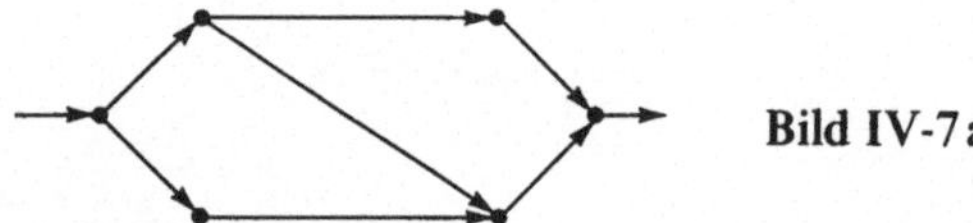

Bild IV-7a

Wie muß man den Verkehr regeln, um möglichst viele LKW pro Zeiteinheit durchzuschleusen? Die Regelung

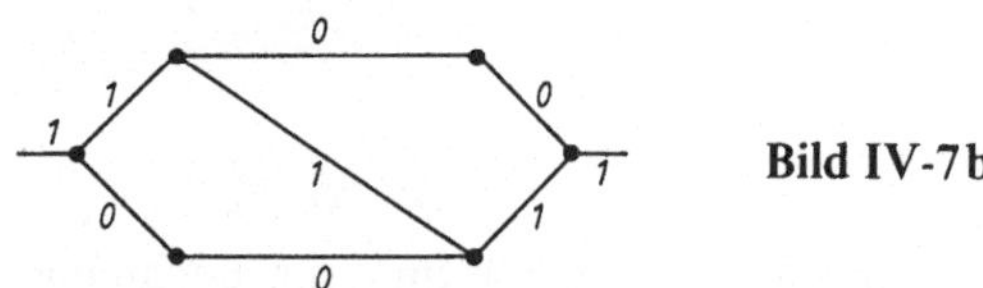

Bild IV-7b

hält sich an die Kapazitätsgrenzen und schöpft sie auf den drei inneren Teilstrecken auch aus. Die Regelung

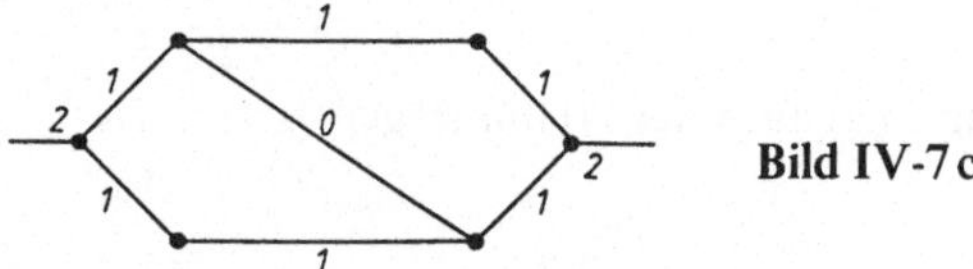

Bild IV-7c

hält sich ebenfalls an die Kapazitätsgrenzen, bringt aber doppelt so viele LKW durch, und offensichtlich läßt sich ein stärkerer Durchfluß nicht erreichen.

Bei den hier angegebenen sehr einfachen Verhältnissen kann man durch pures Raten oder Durchmustern zu einer optimalen Lösung gelangen. Ist das Netzwerk mit seinen Kapazitätsschranken komplizierter, so benötigt man *Algorithmen*, also Schritt für Schritt einfach zu vollziehende Verfahren, sowie einen mathematischen Satz, der garantiert, daß das Verfahren nach endlichvielen Schritten mit einer optimalen Lösung zuende geht. Ein solches Verfahren wollen wir im nächsten Abschnitt genauer kennenlernen.

§ 2 Optimale Flüsse in Netzwerken

Die folgenden Netzwerke sind Beispiele für einen allgemeinen Netzwerk-Begriff, den wir hier nicht formal definieren, aber in seinen wesentlichen Zügen beschreiben wollen:

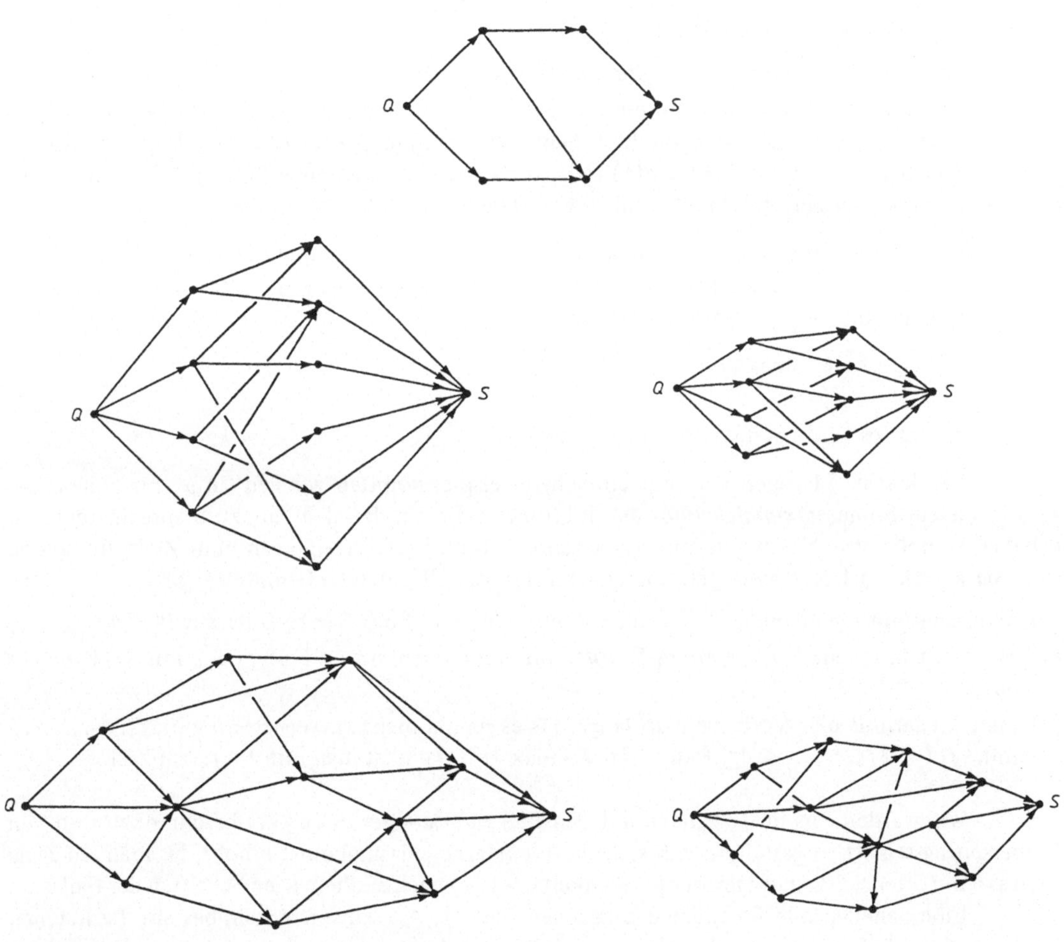

Bild IV-8

(1) Ein Netzwerk N besteht aus Pfeilen, die Punkte verbinden.

(2) Es gibt eine einzige *Quelle Q*, von der nur Pfeile ausgehen (mindestens einer), und eine einzige *Senke S*, in der nur Pfeile münden (mindestens einer). Bei allen sonstigen Punkten des Netzwerks findet sowohl Einmünden als auch Ausgehen statt.

(3) Eine Folge von Pfeilen, die sich sukzessive in den Schwanz beißen, wird ein *Weg* genannt. Netzwerke, in denen zyklische Wege vorkommen, werden nicht betrachtet („Zyklenverbot").

Als erstes kleines Sätzchen beweist man, daß man in einem Netzwerk N jeden von der Quelle Q ausgehenden Weg zu einem Weg, der bis zur Senke S führt, verlängern kann; insbesondere gibt es in N (i.a. viele) Wege von Q nach S. Ist man nämlich noch nicht bei S, so kann man weiterschreiten; da man es nur mit endlichvielen Punkten zu tun hat und wegen des Zyklenverbots keinen zweimal besucht, muß man irgendwann einmal bei S landen. Ein *Fluß* in einem Netzwerk N ist eine Zuweisung f von Zahlen $f(k) \geqslant 0$ („Flußstärken") an die sämtlichen Pfeile k, derart, daß bei jedem von Q und S verschiedenen Punkt

$$\text{Gesamt-Zufluß} = \text{Gesamt-Abfluß}$$

gilt („es entsteht und vergeht nichts"). Ein zweites kleines Sätzchen lautet dann: bei jedem Fluß gilt

$$\text{Gesamt-Abfluß aus } Q = \text{Gesamt-Zufluß in } S.$$

Diese gemeinsame Zahl nennt man die *Stärke* $\|f\|$ des Flusses.

Eine *Kapazitätsverteilung* auf einem Netzwerk N ist eine Zuweisung c von Zahlen $c(k) \geqslant 0$ („Kapazitäten") an die sämtlichen Pfeile k. Man sagt, der Fluß f *respektiere* die Kapazitätsverteilung c, wenn bei jedem Pfeil $f(k) \leqslant c(k)$ gilt; wir schreiben dann auch kurz $f \leqslant c$. Pfeile k mit $f(k) = c(k)$ heißen *ausgelastet*, Pfeile k mit $f(k) = 0$ heißen *tot*. Wir stellen die

Flußoptimierungsaufgabe: Gegeben sei eine Kapazitätsverteilung c auf einem Netzwerk N; gesucht ist unter allen Flüssen f, die c respektieren, einer (sagen wir $\bar{f}$), für den die Stärke $\|f\|$ maximal wird, der also die Stärke

$$\|\bar{f}\| = \max_{f \leqslant c} \|f\|$$

besitzt (es wird i.a. mehrere solche $\bar{f}$ geben).

Bei dem in § 1 gegebenen sehr einfachen Beispiel konnten wir den (in jenem Falle einzigen) in diesem Sinne *maximalen Fluß* durch Probieren finden. Bei dem nun zu besprechenden, für beliebig komplizierte Netzwerke und (ganzzahlige) Kapazitätsverteilungen zum Ziele führenden (sog. *Markierungs-*)*Algorithmus* geht man nach folgender allgemeinen Grundidee vor:

(1) Man fängt mit irgendeinem $f_1 \leqslant c$ an, z.B. mit dem Null-Fluß $f_1(k) = 0$ für alle Pfeile k.

(2) Man geht in einem *Verbesserungs-Schritt* von f_1 zu einem neuen Fluß $f_2 \leqslant c$ mit $\|f_2\| > \|f_1\|$ über.

(3) Man wiederholt dies Verbessern so lange, bis es nichts mehr zu verbessern gibt. $f_1, f_2, \ldots, f_n$ mit $\|f_1\| < \|f_2\| < \ldots < \|f_n\|$ und $\|f_n\| = \max_{f \leqslant c} \|f\|$. Dann ist man mit $\bar{f} = f_n$ am Ziel.

Wir werden uns im folgenden auf den Fall *ganzzahliger* $c(k)$, $f(k)$ beschränken und den Verbesserungsschritt so gestalten, daß sich die Flußstärke jedesmal um 1 erhöht, bis man am Ziele ist, was dann offensichtlich wegen der Endlichkeit der $c(k)$ nach endlichvielen Schritten der Fall ist.

Eine naheliegende Idee, einen gegebenen Fluß $f_1 \leqslant c$ zu verstärken, besteht darin, einen Weg von Q nach S zu suchen, der aus lauter nicht-ausgelasteten Kanten besteht; auf jeder dieser Kanten k hat man dann die ganze Zahl $c(k) - f(k) \geqslant 1$ „Luft", um den Fluß längs dieses Weges um 1 anzuheben: es entsteht ein um 1 stärkerer Fluß f_2, der immer noch $f_2 \leqslant c$ erfüllt.

Leider führt diese Idee nicht immer zum Erfolg, wie unser Beispiel aus § 1 zeigt: der dortige erste Fluß ließe sich, wenn wir alle $c(k)$ als $=1$ voraussetzen, noch auf die Stärke 2 anheben, aber nicht nach obiger Idee: jeder Weg von Q nach S hat bei ihm mindestens eine ausgelastete Kante.

Es ist also eine neue Idee vonnöten, und offensichtlich muß bei ihr auch das *Heruntersetzen* einzelner $f_1(k)$ zum Ausgleich einer Heraufsetzung anderer $f_1(k')$ ins Spiel kommen dürfen.

Dieser Gedanke führt auf den in der Tat erfolgreichen *Markierungs-Algorithmus* von Ford-Fulkerson [1956]. Bei ihm besteht der Verbesserungs-Schritt in einem Verfahren, nach welchem gewissen Punkten des Netzwerks N Marken zugeteilt werden, sowie einer sich an dieser Zuteilung orientierenden Modifikation des vorgegebenen Flusses f_1. Die Markierungs-Anweisung lautet hier:

(1) Die Quelle Q erhält eine Marke.

(2) Jede Spitze eines von Q ausgehenden nicht ausgelasteten Pfeils erhält eine Marke.

(3) Im weiteren geht man folgenden zwei Regeln vor:

    a) *Vorwärtsmarkierung:* tragt das Schwanzende eines *nicht ausgelasteten* Pfeils k bereits eine Marke, so bekommt auch die Spitze eine Marke.

    b) *Rückwärtsmarkierung:* tragt die Spitze eines *nicht toten* Pfeils k bereits eine Marke, so erhält auch das Schwanzende eine Marke.

Das zur Fluß-Verstärkung führende Sätzchen lautet: Kann man mit solchem Markieren bis zur Senke durchdringen, so rekonstruiert man die von Q nach S führende Markierungskette und kann dann, indem man längs dieser Kette die Anweisung

$$\text{bei } k \text{ Vorwärtsmarkierung } f_1(k) \text{ um 1 anheben}$$

$$\text{bei } k \text{ Rückwärtsmarkierung } f_1(k) \text{ um 1 absenken}$$

ausführt, den Fluß um 1 verstärken: von Q kommt man nur per Vorwärtsmarkierung weg, also wird der Abfluß $\|f_1\|$ aus Q um 1 angehoben. Der Witz beim Beweis dieses Sätzchen ist, daß die Bedingung

$$\text{Zufluß} = \text{Abfluß}$$

bei besagter Flußänderung bei allen Punkten $\neq Q, S$ tatsächlich erhalten bleibt, auch wenn Rückwärtsmarkierungen ins Spiel kommen; das ist nicht schwer zu zeigen: Aufgabe für den Leser.

    Nun muß man sich abschließend überlegen: kann man für einen Fluß $\bar{f}$ mit der Markierung nicht bis S durchdringen, so ist der Fluß $\bar{f}$ bereits optimal.

    Hierzu denkt man sich das Markieren durchgeführt, bis es nicht mehr geht. Nach Annahme ist dann Q markiert, S dagegen nicht. Pfeile mit markiertem Schwanz aber unmarkierter Spitze sind dann stets ausgelastet, denn sonst hätte man eine ihrer Spitzen noch markieren können. Jeder Weg von Q nach S beginnt markiert und endet ohne Marke, muß also einen dieser speziellen Pfeile enthalten. Sperrt man also diese Pfeile, so kann nichts mehr fließen: man sagt, sie bilden einen *Schnitt*. Da auf diesen Pfeilen $f(k) = c(k)$ gilt, rechnet man leicht aus:

$$\|\bar{f}\| = \text{Summe der } c(k) \text{ über alle } k \text{ aus diesem Schnitt} . \tag{1}$$

Bezeichnet man für irgendeinen Schnitt C mit $c(C)$ die Summe seiner $c(k)$, so bedeutet (1), daß für den dort mit Hilfe der Markierung zustandegekommenen Schnitt C_0 die Gleichung

$$\|\bar{f}\| = c(C_0) \tag{1a}$$

gilt. Da für jeden Schnitt C aus $f \leqslant c$ leicht

$$\|f\| \leqslant c(C)$$

also speziell $\|f\| \leqslant c(C_0) = \|\bar{f}\|$ zu beweisen ist, haben wir hier

$$\max_{f \leqslant c} \|f\| = \|\bar{f}\| = c(C_0) = \min_{C \, \text{Schnitt}} c(C) \, ,$$

mit der Zusatzinformation: sind alle $c(k)$ ganzzahlig, so kann man $\bar{f}$ ganzzahlig bekommen (denn man kann mit dem ganzzahligen Nullfluß anfangen und jeder Verbesserungsschritt ändert nur einige $f(k)$ um ± 1 ab, läßt also die Ganzzahligkeit aller $f(k)$ unangetastet, so daß auch der nach endlichvielen Schritten erreichte maximale Fluß f ganzzahlig ist).

    Dies Ergebnis ist der berühmte *Satz vom maximalen Fluß und minimalen Schnitt* (max-flow-min-cut theorem von Ford-Fulkerson [1956], [1962]). Wir haben seinen Beweis hier etwas ausführlich skizziert, weil er a) einen typischen Einblick in eine Technik der linearen Optimierung bietet, die heute von ungeheurer praktischer Bedeutung ist, und weil er b) ein relativ anschauliches

Resultat mit überraschenden Anwendungen darstellt. Als eine solche Anwendung führen wir den *Netzwerk-Beweis für den Heiratssatz* vor. Wie aus Kap. III, § 4 erinnerlich, geht es hier darum, in einem Freundschafts-Diagramm eine monogame Heirat zu gewinnen, vorausgesetzt, die sogenannte

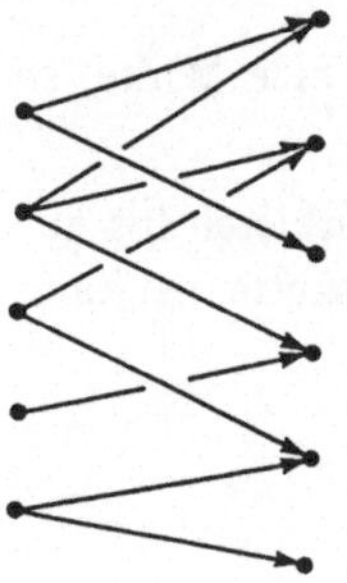

Bild IV-9 a

d Damen h Herren

Party-Bedingung ist erfüllt: mit je k Damen sind mindestens k Herren befreundet. Hierzu ergänzen wir das Diagramm zu einem Netzwerk, indem wir links eine Quelle Q und rechts eine Senke hinzufügen und alle Damen an die Quelle, alle Herren an die Senke mit je einem Pfeil anschließen.

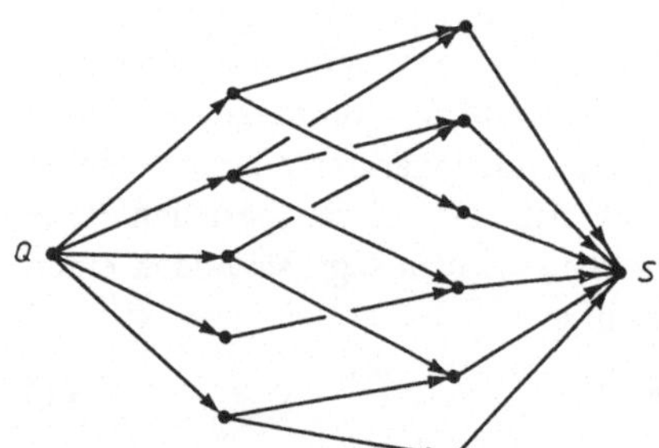

Bild IV-9 b

Als nächstes weisen wir Kapazitäten zu, u.z. jeweils $c(k) = 1$ bei allen neu hinzugenommenen Pfeilen k, und irgendwelche astronomisch großen ganzen $c(k)$ für die alten Freundschaftspfeile. Die von Q ausgehenden Pfeile bilden zusammen sicher einen Schnitt C_0. Die Party-Bedingung zeigt uns nun, daß sein Wert $c(C_0)$ minimal ist. Gäbe es nämlich einen anderen Schnitt C mit $c(C)<c(C_0)$, so könnte in C keiner der alten Freundschaftspfeile vorkommen, denn das gäbe einen astronomisch großen Beitrag $c(k)$ zu $c(C)$ und würde für $c(C) > c(C_0)$ sorgen. Also könnte C nur aus einigen neuen Pfeilen von links und aus einigen neuen Pfeilen von rechts bestehen. Da alle derartigen Pfeile k mit $c(k) = 1$ belegt wurden, heißt $c(C) < c(C_0)$ einfach: C besteht aus wenigen Pfeilen als C_0. C_0 besteht aus d Pfeilen: so viele, wie Damen da sind. C entsteht, indem man aus C_0 (links) eine Anzahl a von Pfeilen wegnimmt und rechts maximal $a - 1$ Pfeile dafür hinzunimmt. Die a damit „entpfeilten" Damen mussen, da auch C ein Schnitt ist, ihre Freundschaften alle bei den neu bepfeilten $a - 1$ Herren haben. Dies verletzt die Partybedingung. Also ist $c(C_0) \leqslant c(C)$ für jeden Schnitt C. Der Satz von Ford-Fulkerson liefert nun: es gibt einen ganzzahligen Fluß $\bar{f}$ mit $\|\bar{f}\| = c(C_0) = d =$ Anzahl der Damen. Bei diesem Fluß sind alle von Q ausgehenden Pfeile k mit je $f(k)$ ausgelastet: jede Dame bekommt genau eine Einheit. Sie gibt diese Einheit ganzzahlig, also ungeteilt an genau einen Herrn weiter. Da kein Herr mehr als eine Einheit an S weiterleiten kann, geben verschiedene Damen ihre Einheiten an verschiedene Herren: monogame Heirat. Man hat sogar einen Algorithmus, um so eine Heirat aufzufinden. — Dieser neuerliche Beweis für den Heiratssatz ist ein typisches Beispiel für ein in der Mathematik häufig vorkommendes Verfahren: man interpretiert Problem A im Rahmen der Theorie B und macht dadurch die Hilfsmittel von B für die Lösung von A verfügbar.

Die Aufgabe der Fluß-Optimierung in Netzwerken mit gegebener Kapazitätszuweisung ist ein typisches Problem aus der Theorie der *linearen Optimierung*, und der zu seiner Lösung dienende Markierungs-Algorithmus ist ein für diese Theorie typisches Verfahren. Man hat es in der Tat mit einem *linearen* Problem zu tun: alle betrachteten Größen kommen nur in erster Potenz vor. Wirtschaft und Technik arbeiten heute allenthalben mit linearer Optimierung. Das für sie wichtigste allgemeine Lösungsverfahren ist der sogenannte *Simplex-Algorithmus* (Dantzig [1951]); von den Profiten, die dieser Algorithmus laufend erwirtschaftet, konnte die gesamte Mathematik vermutlich üppig leben.

§ 3   Angeordnete Körper

Während in den Rechnungen des Kap. II nur gelegentlich von Größer- und Kleiner-Beziehungen zwischen Zahlen die Rede war, ist „größer, kleiner" im gegenwärtigen Kapitel geradezu das Generalthema. Es ist daher angebracht, dieses Thema kurz einmal zum Gegenstand grundsätzlicher Betrachtungen zu machen. Dabei spielt das Zusammenwirken von „größer, kleiner" mit den vier Grundrechnungsarten $+$, $-$, $\cdot$, $:$ eine Hauptrolle; entsprechend lautet der Hauptbegriff dieses Abschnitts „angeordneter Körper".

3.1   Anordnungen und Halbordnungen

Man sagt, in einer Menge X sei eine Anordnung $\leqslant$ definiert, wenn man irgendwie festgesetzt hat, wann für zwei Elemente x, y von X (in dieser Reihenfolge) eine Beziehung $x \leqslant y$ („x kleiner (oder) gleich y") gilt und wann nicht. Das bedeutet nichts weiter als daß man die Paare x, y in zwei Klassen eingeteilt und sich entschlossen hat, bei den x, y aus der ersten Klasse „$x \leqslant y$" zu schreiben bzw. zu sagen und für die x, y aus der zweiten Klasse „nicht $x \leqslant y$". Ferner setzt man voraus, daß folgende Regeln gelten:

(1) $x \leqslant x$ für jedes x aus X: sogenannte *Reflexivität*.

(2) $x \leqslant y$, $y \leqslant z \Rightarrow x \leqslant z$ für beliebige x, y, z aus X: sogenannte *Transitivität*.

(3) Sind x, y gegeben, so gilt entweder $x \leqslant y$ oder $y \leqslant x$ oder beides: sogenannte *Vergleichbarkeit*.

Kurz ausgedrückt: Eine in X definierte binäre Relation heißt eine Anordnung von oder in X, wenn sie reflexiv und transitiv ist und die Forderung der Vergleichbarkeit erfüllt.
Statt $x \leqslant y$ schreibt man auch $y \geqslant x$.
Man fordert gewöhnlich noch $x \leqslant y$, $y \leqslant x \Rightarrow x = y$ (sogenannte *Schärfe*).
Für $x \leqslant y$, $x \neq y$ schreibt man $x < y$ (x kleiner (als) y bzw. $y > x$). Diese neue Relation $<$ ist immer noch transitiv ($x < y$, $y < z \Rightarrow x < z$), aber nicht mehr reflexiv. Die Vergleichbarkeit für $\leqslant$ läßt sich auch so ausdrücken: Stets gilt genau eine der Beziehungen $x < y$, $x = y$, $x > y$.

Paradebeispiel ist die reelle Zahlengerade $X = \mathbb{R}$ mit $x \leqslant y$ genau dann, wenn x links von y liegt oder $x = y$ gilt. Die scheinbare Naturgegebenheit der reellen Zahlen samt ihrer Anordnung täuscht leicht darüber hinweg, daß all dies menschengemacht ist und auch anders gemacht werden könnte. Im Falle der reellen Zahlen hat man keinen Grund, es anders zu machen als üblich, aber in anderen Situationen kann das Hin- und Herwechseln zwischen verschiedenen Anordnungen in ein und derselben Menge die naturlichste Sache von der Welt sein; man denke nur an das Anordnen von Alternativen nach Graden der Erwünschtheit („Präferenzordnungen"). Handelt es sich um n Alternativen, so kann man sie auf $n! = n(n - 1) \ldots 2 \cdot 1$ Arten auf die n Platze einer Ordnungsskala stellen (Satz III.3.11).

Für drei Alternativen a, b, c ergibt dies die folgenden $6 = 3 \cdot 2 \cdot 1 = 3!$ Moglichkeiten:

$$
\begin{matrix}
a & a & b & b & c & c \\
b & c & a & c & a & b \\
c & b & c & a & b & a
\end{matrix}
$$

Läßt man die Forderung der Vergleichbarkeit fallen, so spricht man von *Halbordnung*, d.h. binare reflexive und transitive Relationen heißen auch Halbordnungen. Auch hier pflegt man wieder $x \leqslant y$, $y \leqslant x \Rightarrow x = y$ zu fordern („Schärfe"). Anordnungen sind spezielle Halbordnungen; eine Halbordnung ist keine Anordnung, wenn es zwei Elemente x, y gibt für die weder $x \leqslant y$ noch $y \leqslant x$, also auch nicht $x = y$ gilt; solche Elemente x, y heißen *unvergleichbar*. In der Ebene kann man eine Halbordnung $x \leqslant y$ durch

Punkt x liegt links unten von Punkt y,

definieren, was bedeutet, daß die 1. Koordinate von x als reelle Zahl $\leqslant$ der 1. Koordinate von y ist, und ebenso für die 2. Koordinaten. Unvergleichbar sind hier zwei Punkte genau dann, wenn sie so zueinander liegen: ╲ . Weitere anschauliche Beispiele von Halbordnungen — diesmal auf endlichen Mengen — sind

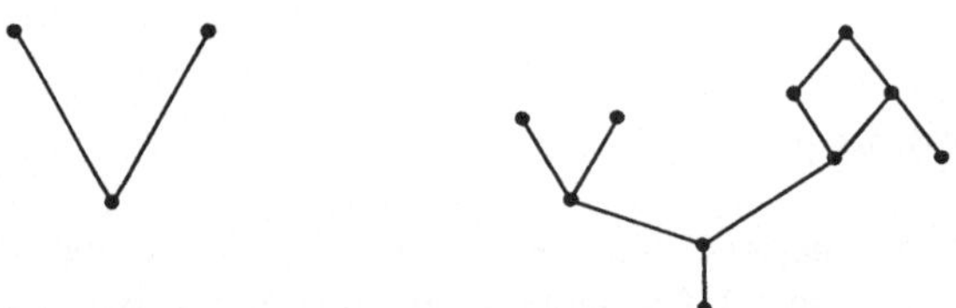

Hierbei ist $x \leqslant y$ durch „man kann von x nach y langs aufsteigender Strecken im Diagramm wandern" definiert. Hieraus entnimmt man sofort die Transitivitat: wandern + wandern = wandern.

3.2   Angeordnete Körper

An- oder halbordnen kann man beliebige Mengen, und das auf i.a. viele Arten. Sind diese Mengen bereits *Körper* (Kap. II, § 2) so wird man sich nur für solche Anordnungen interessieren, die in gewisser Weise mit der im Korper definierten Addition und Multiplikation harmonieren. Dies führt auf die folgende

Definition. Sei K ein Korper mit der Addition $+$ und der Multiplikation $\cdot$, sowie den Neutralelementen 0 und 1. In K sei eine Anordnung $\leqslant$ gegeben. Man sagt, K mit $+, \cdot, \leqslant$ sei ein *angeordneter Korper*, wenn folgende Verträglichkeitsbedingungen erfüllt sind:

(1)   *Vertraglichkeit von $\leqslant$ mit der Addition $+$:*

$a \leqslant b \Rightarrow a + c \leqslant b + c$ *für jedes c aus K*

(2)   *Vertraglichkeit von $\leqslant$ mit Multiplikation $\cdot$:*

$a \leqslant b, \ c \geqslant 0 \Rightarrow a \cdot c \leqslant b \cdot c$

Das Paradebeispiel eines angeordneten Korpers bilden die reellen Zahlen (und als deren Teilbereich, natürlich auch die rationalen Zahlen). Es gibt massenhaft weitere angeordnete Körper (Bd. 2, Kap. IX), aber da uns in den Anwendungen dieses Kapitels kein anderer angeordneter Körper als die reellen Zahlen begegnen wird, verzichten wir hier auf weitere Beispiele.

Geht man mit dem angeordneten Körper der reellen Zahlen praktisch um, so bedient man sich einer längeren Liste von Regeln, von denen wir einige nun vorstellen wollen, wir zeigen, daß sie allesamt aus den grundlegenden Verträglichkeitsbedingungen (1), (2) folgen und somit für beliebige angeordnete Korper zur Verfügung stehen.

(3) $Aus\ a \leqslant a',\ b \leqslant b'\ folgt\ a + b \leqslant a' + b'.\ -$

In der Tat liefert (1), zweimal angewendet, $a + b \leqslant a' + b,\ a' + b \leqslant a' + b'$, was sich per Transitivitat zu $a + b \leqslant a' + b'$ zusammensetzt.

(4) $Aus\ a \leqslant a',\ b < b'\ folgt\ a + b < a' + b'.\ -$

Wir beweisen zunächst $a + b < a + b'$; in der Tat gilt hier nach (1) $\leqslant$; hätte man $=$, so bekäme man sofort $b = b'$, einen Widerspruch. Per Transitivität ergibt sich $a + b < a' + b'$ aus $a + b < a + b'$ und $a + b' \leqslant a' + b'$.

(5) $Aus\ 0 \leqslant a \leqslant a',\ 0 \leqslant b \leqslant b'\ folgt\ 0 \leqslant ab \leqslant a'b'.\ -$

Wir beweisen zunächst $0 \leqslant ab \leqslant a'b$ mittels (2): $0 = 0 \cdot b \leqslant a \cdot b,\ ab \leqslant a'b$. Transitivitat liefert dann aus $a'b \leqslant a'b'$ (nach (2)) die Behauptung.

(6) $Aus\ 0 < a < a',\ 0 < b < b'\ folgt\ 0 < ab < a'b'.\ -$

Wir beweisen zunächst $0 < ab < ab'$. Nach (5) gilt hier $\leqslant$; hätte man z.B. $0 = ab$, so käme man in Widerspruch zu der aus Kap. II, § 2 bekannten Regel $ab = 0 \Rightarrow a = 0$ oder $b = 0$; hätte man $ab = ab'$, so würde $b = b'$ folgen, ein Widerspruch. Nun beweist man ebenso $ab' < a'b'$ und schließt per Transitivität zuende.

(7) $Aus\ a \leqslant b\ folgt\ -a \geqslant -b.\ -$

In der Tat: $a \leqslant b \Rightarrow a + (-a) \leqslant b + (-a)$
$\Rightarrow 0 \leqslant b - a \Rightarrow 0 + (-b) \leqslant b - a + (-b)$
$\Rightarrow -b \leqslant -a \Rightarrow -a \geqslant -b.$

(8) $1 > 0.\ -$

In der Tat: Ware $1 \leqslant 0$, so wäre $-1 \geqslant -0 = 0$ und damit $(-1)(-1) \geqslant (-1) \cdot 0 = 0$, d.h. $1 > 0$, ein Widerspruch.

(9) $Quadrate\ von\ Elementen\ \neq 0\ sind\ stets\ positiv\ (> 0).\ -$

In der Tat: $0 \cdot 0 = 0; a > 0 \Rightarrow a \cdot a > a \cdot 0 \Rightarrow a^2 > 0; a < 0 \Rightarrow -a > 0 \Rightarrow a^2 = (-a)(-a) > 0.$

(10) $Aus\ a \leqslant b,\ c < 0\ folgt\ ac \geqslant bc$

(11) $Aus\ a < b,\ c > 0\ folgt\ ac < bc.\ -$

In der Tat: Verträglichkeit ergibt $ac \leqslant bc$. Wäre $ac = bc$, so würde $a = b$ folgen. Widerspruch.

(12) $Aus\ a > 0\ folgt\ \frac{1}{a} > 0,\ aus\ a < 0\ folgt\ \frac{1}{a} < 0.\ -$

In der Tat: ist $a > 0$ und wäre $\frac{1}{a} < 0$, so würde $a \cdot \frac{1}{a} < a \cdot 0$, d.h. $1 < 0$ folgen. Widerspruch. $-$ Analog erledigt man die zweite Aussage.

(13) $0 < a < b \Rightarrow \frac{1}{a} > \frac{1}{b} \Rightarrow \frac{c}{a} > \frac{c}{b}$ *falls* $c > 0.$ –

(Hebt man den positiven Nenner eines positiven Bruchs an, so verkleinert sich der Bruch.)

in der Tat: $0 < a < b \Rightarrow 0 \cdot b < a \cdot b \Rightarrow ab > 0.$

Wäre $\frac{1}{a} < \frac{1}{b}$, so würde $\frac{1}{a} \cdot ab < \frac{1}{b} \cdot ab$, d.h. $b < a$ folgen, ein Widerspruch.

Ist a ein Element des angeordneten Körpers K, so gilt $a \geqslant 0$ oder $a < 0 \Rightarrow -a > 0$. Wir definieren den *(Absolut-)Betrag* $|a|$ von a durch

$$|a| = \begin{cases} a & \text{falls} \quad a \geqslant 0 \\ -a & \text{falls} \quad a < 0 \end{cases}.$$

Insbesondere gilt

$$|-a| = |a|$$

sowie

$$a \geqslant b, \ a \geqslant -b \Rightarrow a \geqslant |b|.$$

(14)   *Sogenannte Dreiecksungleichung für den Betrag:* $|a + b| \leqslant |a| + |b|.$ –

Da der Absolutbetrag mittels einer Fallunterscheidung definiert wurde, ist es kein Wunder, daß bei Beweisen, in denen er vorkommt, wiederum Fallunterscheidungen auftreten. Im gegenwärtigen Fall haben wir vier Fälle zu unterscheiden.

Fall I: $a \geqslant 0, \ b \geqslant 0.$ – Dann gilt $a + b \geqslant 0$ und somit $|a + b| = a + b = |a| + |b|.$

Fall II: $a < 0, \ b < 0.$ – Dann gilt $-a > 0, \ -b > 0, \ -(a + b) > 0$ und somit
$|a + b| = -(a + b) = -a - b = |a| + |b|.$

Fall III: $a < 0, \ b \geqslant 0.$ – Dann gilt $-a > 0 > a$ und somit $|a| + |b| = -a + b$.

Dies ist $\geqslant -a - b$ und $\geqslant a + b$, also $\geqslant |a + b|.$

Fall IV: $a \geqslant 0, \ b < 0.$ – Geht wie Fall III.

(15)   *Eine Folgerung:* $|a - b| \geqslant \big| |a| - |b| \big|$

In der Tat

$$|a| = |a - b + b| \leqslant |a - b| + |b| \Rightarrow |a - b| \geqslant |a| - |b|$$
$$|b| = |-b| = |a - b - a| \leqslant |a - b| + |-a| = |a - b| + |a|$$
$$\Rightarrow |a - b| \geqslant |b| - |a| = -(|a| - |b|),$$

was zusammen

$$|a - b| \geqslant \big| |a| - |b| \big|$$

ergibt.

(16)   *Multiplikativität des Betrages:* $|a \cdot b| = |a| \cdot |b|.$ –

Wir unterscheiden vier Fälle:

Fall I: $a \geqslant 0, \ b \geqslant 0.$ – Dann gilt $a \cdot b \geqslant 0$ und somit $|a \cdot b| = a \cdot b = |a| \cdot |b|.$

Fall II: $a < 0, \ b < 0.$ – Dann gilt $-a > 0, \ -b > 0$ und somit
$|a \cdot b| = |(-a) \cdot (-b)| = (-a)(-b) = |a| \cdot |b|.$

Fall III: $a < 0, \ b \geqslant 0.$ – Dann gilt $-a > 0$, also $-ab \geqslant 0$ und somit
$|ab| = |-ab| = -ab = (-a) \cdot b = |a| \cdot |b|.$

Fall IV: $a \geqslant 0, \ b < 0.$ – Geht wie Fall III.

Es gibt auch Anordnungsaussagen, die nicht in allen angeordneten Körpern gelten. Die berühmteste solche Aussage ist das

Axiom von Archimedes: Ist $a > 0$, so gibt es eine natürliche Zahl n mit: addiert man n-mal die Körper-Eins 1, so entsteht ein Element (genannt $n \times 1$) mit $n \times 1 > a$.

Es gibt angeordnete Korper, in denen dies Axiom nicht gilt: sogenannte *nicht-archimedische Körper*. Wir verzichten hier auf weitere Angaben (vgl. Bd. 2, Kap. IX). Für die reellen Zahlen gilt jedoch das archimedische Axiom. Aus ihm folgt sofort:

Zu jeder Zahl $a > 0$ gibt es eine natürliche Zahl n mit: addiert man n-mal die Körper-Eins 1, so entsteht ein Element $n \times 1$ mit $\frac{1}{n \times 1} < a$.

Man drückt das Archimedische Axiom auch so aus:

Es gibt keine unendlichgroßen (d.h. jedes $n \times 1$ übertreffenden) Körperelemente,

und die obige Folgerung durch

Es gibt keine unendlichkleinen (d.h. jedes $\frac{1}{n \times 1}$ untertreffenden) Körperelemente.

Wir schließen mit der Bemerkung:

Angeordnete Korper sind stets unendlich.

In der Tat: Aus $1 > 0$ folgt $1 + 1 > 1 + 0 = 1 > 0$ usw., d.h. man erhält in Gestalt von

$$1, \quad 1 + 1, \quad 1 + 1 + 1, \ldots$$

eine unendliche Folge von lauter verschiedenen Korperelementen.
Die endlichen Körper $GF(2)$ etc. aus § 2 lassen sich also auf keine Weise zu angeordneten Körpern machen.

3.3 Arithmetische Mittel und gewichtetes Mittel

Wir üben nun den Umgang mit dem archimedisch angeordneten Körper der reellen Zahlen ein, indem wir uns mit sogenannten Mittelbildungen befassen. Will man von einer großen Serie von Zahlendaten

$$a_1, \ldots, a_n$$

nur wissen, wo sie ungefähr liegt, so bildet man das *arithmetische Mittel*

$$\bar{a} = \frac{1}{n}(a_1 + \ldots + a_n) = \frac{1}{n} \sum_{k=1}^{n} a_k .$$

Wir wollen erkunden, wie $\bar{a}$ auf Abänderungen der Ingredienzien $a_1, \ldots, a_n$ reagiert und wie man aus der Lage von $\bar{a}$ auch wieder Rückschlüsse auf die Lage der $a_1, \ldots, a_n$ ziehen kann. Viele der diesbezüglichen Aussagen über arithmetische Mittel gelten ebenso oder fast ebenso auch für *gewichtete Mittel*, sie entstehen, indem man mittels *Gewicht*(szahl)*en*

$$\text{mit} \quad \begin{aligned} g_1, \ \cdots, \ g_n &\geqslant 0 \\ g_1 + \ldots + g_n &= 1 \end{aligned}$$

die Zahl

$$g_1 a_1 + \ldots + g_n a_n = \sum_{k=1}^{n} g_k a_k$$

bildet. Das arithmetische Mittel ist hiervon der Spezialfall $g_1 = \ldots = g_n = \frac{1}{n}$.

Es gibt gewichtige Anlässe, von arithmetischen Mitteln zu gewichteten Mitteln überzugehen. Ist z.B. die mündliche Prüfung in einem Fach halb so schwer wie die schriftliche, so wird man, um aus den Daten

mündliche Note a_1
schriftliche Note a_2

eine Gesamtnote a zu bilden, gegenüber dem arithmetischen Mittel $\frac{1}{2}(a_1 + a_2)$ das gewichtete Mittel

$$a = \frac{1}{3} a_1 + \frac{2}{3} a_2 ,$$

bei dem die schriftliche Note a_2 doppelt soviel zählt wie die mündliche, bevorzugen.
Wie viel davon abhängen kann, welche Gewichte man wählt, zeigt das berühmte

Beispiel. *Studienzulassungen Berkeley 1973*

Für das Herbst-Vierteljahr („fall quarter") 1973 bewarben sich an der UC (University of California) in Berkeley 8442 Männer und 4321 Frauen. 44 % der Männer und 35 % der Frauen wurden zum Studium zugelassen. Sofort erhob man gegen die UC den Vorwurf, nach promännlichen Vorurteilen entschieden zu haben („sex bias"). Eine Aufschlüsselung nach den sechs Fächern mit den höchsten Bewerberzahlen ergab folgende Zulassungszahlen

Fach	Männer		Frauen	
	Bewerber	davon zugelassen in %	Bewerberinnen	davon zugelassen in %
A	825	62	108	82
B	560	63	25	68
C	325	37	593	34
D	417	33	375	35
E	191	28	393	24
F	373	6	341	7
total	2691	44 %	1835	30 %

Für jedes Fach (außer vielleicht A) sind die Zulassungsprozente für Männer und Frauen ungefähr gleich. Die scheinbare Bevorzugung der Männer erklärt sich daraus, daß die Männer sich überwiegend für Fächer bewarben, in denen man leicht zugelassen wurde (A, B), während die Frauen sich auf die Fächer C, D, E, F mit niedrigen Zulassungsraten konzentriert hatten und dadurch global gesehen Nachteile hatten. Es scheint gerecht, die Zulassungsprozente nach der jeweiligen Gesamt zahl der Bewerbungen für die Fächer gewichtet zu mitteln:

Fach	Gesamtzahl der Bewerbungen	Gewicht
A	933	$g_A = \dfrac{933}{4526}$
B	585	$g_B = \dfrac{585}{4526}$
C	918	$g_C = \dfrac{918}{4526}$
D	792	$g_D = \dfrac{792}{4526}$
E	584	$g_E = \dfrac{584}{4526}$
F	714	$g_F = \dfrac{714}{4526}$
	total 4526	

Das ergibt

Männer $\quad g_A \cdot 62 + g_B \cdot 63 + g_C \cdot 37 + g_D \cdot 33 + g_E \cdot 28 + g_F \cdot 6 =$ ca. 39 %

Frauen $\quad g_A \cdot 82 + g_B \cdot 68 + g_C \cdot 34 + g_D \cdot 35 + g_E \cdot 24 + g_F \cdot 7 =$ ca. 43 %

Nun konnten sich umgekehrt die Manner beklagen.

Warum wählt man zur Kennzeichnung der ungefähren Lage der „Datenwolke" $a_1, \dots, a_n$ ein Mittel wie $\frac{1}{n}(a_1 + \dots + a_n)$ oder $g_1 a_1 + \dots + g_n a_n$? Carl Friedrich Gauß (1777–1855) stellte die Frage so:

Gegeben seien Zahlen $a_1, \dots, a_n$ und Gewichte $g_1, \dots, g_n$ $(g_1, \dots, g_n \geqslant 0, g_1 + \dots + g_n = 1)$. Fur welche Zahl a wird die gewichtete Summe der quadratischen Abweichungen, d.h. die Zahl

$$(a_1 - a)^2 g_1 + \dots + (a_n - a)^2 g_n \tag{1}$$

am kleinsten?

Die Antwort:

Fur $\quad a = \tilde{a} = g_1 a_1 + \dots + g_n a_n$.

Der Beweis: Wir vergleichen fur irgendein a

$$(a_1 - a)^2 g_1 + \dots + (a_n - a)^2 g_n$$

mit

$$(a_1 - \tilde{a})^2 g_1 + \dots + (a_n - \tilde{a})^2 g_n . \tag{2}$$

Der erste Ausdruck läßt sich umschreiben in

$$(a_1 - \tilde{a} + (\tilde{a} - a))^2 g_1 + \dots + (a_n - \tilde{a} + (\tilde{a} - a))^2 g_n \quad \text{(„Einschieben von } \tilde{a}\text{")}$$

$$= (a_1 - \tilde{a})^2 g_1 + 2(a_1 - \tilde{a})(\tilde{a} - a) g_1 + (\tilde{a} - a)^2 g_1 + \dots$$

$$\dots + (a_n - \tilde{a})^2 g_n + 2(a_n - \tilde{a})(\tilde{a} - a) g_n + (\tilde{a} - a)^2 g_n \quad \text{(„Ausquadrieren")} .$$

Nutzt man $g_1 + \ldots + g_n = 1$ und $\tilde{a} = a_1 g_1 + \ldots + a_n g_n$ aus, so ergeben sich gewaltige Vereinfachungen:

$$= (a_1 - \tilde{a})^2 g_1 + \ldots + (a_n - \tilde{a})^2 g_n + 2(a_1 g_1 + \ldots + a_n g_n - \tilde{a} g_1 - \ldots - \tilde{a} g_n)(\tilde{a} - a) + (\tilde{a} - a)^2$$

$$= (a_1 - \tilde{a})^2 g_1 + \ldots + (a_n - \tilde{a})^2 g_1 + 2(\tilde{a} - \tilde{a})(\tilde{a} - a) + (\tilde{a} - a)^2$$

$$= (a_1 - \tilde{a})^2 g_1 + \ldots + (a_n - \tilde{a}) g_1 + 0 + (\tilde{a} - a)^2.$$

Der mit a gebildete Ausdruck (1) übertrifft also den mit $\tilde{a}$ gebildeten Ausdruck (2) um $(\tilde{a} - a)^2$, eine stets nichtnegative Zahl, die genau für $a = \tilde{a}$ Null wird: (1) wird minimal für $a = \tilde{a}$.
Dies ist die sogenannte Kennzeichnung des Mittelwerts nach der „Methode der kleinsten Quadrate" (Gauß um 1800).

Wir wollen nun eine Reihe von Anordnungs-Eigenschaften gewichteter (also speziell: arithmetischer) Mittel kennenlernen, die sich durch Anwendung der vorhin aufgestellten Regeln (1)–(16) für angeordnete Körper ergeben; sie reichen im großen und ganzen aus, um mit Mittelwerten praktisch zurechtzukommen.

a) *Hebt man alle $a_1, \ldots, a_n$ an, so steigt auch ihr gewichtetes Mittel*

In der Tat: geht man von $a_1, \ldots, a_n$ zu $a_1' \geqslant a_1, \ldots, a_n' \geqslant a_n$ über, so gilt $a_1' g_1 \geqslant a_1 g_1, \ldots$
$\ldots, a_n' g_n \geqslant a_n g_n$, woraus durch Summation $a_1' g_1 + \ldots + a_n' g_n \geqslant a_1 g_1 + \ldots + a_n g_n$, d.h. die Behauptung folgt.

b) *Hebt man ein a_j an und senkt ein anderes a_k um den gleichen Betrag $\epsilon > 0$, so steigt im Falle $g_j > g_k$ das gewichtete Mittel.*

In der Tat ändert sich $\tilde{a}$ um $\epsilon g_j - \epsilon g_k = \epsilon(g_j - g_k) > 0$.

c) *Sind alle $a_1, \ldots, a_n \geqslant 0$ und $\tilde{a} \leqslant \epsilon^2$, so ist die Summe g der g_j mit $a_j > \epsilon$ kleiner als ϵ.*

In der Tat leisten diese j zum Mittel $\tilde{a}$ einen Beitrag $> \epsilon g$, zu dem nur noch weitere nichtnegative Glieder kommen können. Da das Gesamtresultat $\leqslant \epsilon^2$ ist, gilt $\epsilon g \leqslant \epsilon^2$, woraus $g \leqslant \epsilon$ folgt.

Speziell fürs arithmetische Mittel: die Prozentzahl der $a_j > \epsilon$ liegt unter 100ϵ. Ist also $\bar{a} < \frac{1}{10000}$, so sind hochstens 1 % der a_j größer als $\frac{1}{100}$.
Manchmal bildet man statt des *arithmetischen* Mittels

$$\frac{a + b}{2}$$

aus zwei — sagen wir positiven — Zahlen lieber das *geometrische* Mittel

$$\sqrt{ab},$$

d.h. man multipliziert a und b statt sie zu addieren, und man zieht die Wurzel statt durch 2 zu dividieren. Man kann das auch auf mehr als zwei Zahlen ausdehnen, aber wir wollen es hier bei zweien bewenden lassen. Hier gilt nun die berühmte

Ungleichung vom arithmetischen und geometrischen Mittel:

$$\frac{a + b}{2} \geqslant \sqrt{ab} \quad (= \text{nur für } a = b).$$

Statt sie aus unseren Regeln (1)–(16) herzuleiten, was auch leicht ginge (Übung für den Leser), geben wir lieber einen geometrisch in die Augen springenden Beweis für die durch Quadrieren entstehende äquivalente Ungleichung

$$(a + b)^2 \geqslant 4ab \quad (= 0 \text{ nur für } a = b).$$

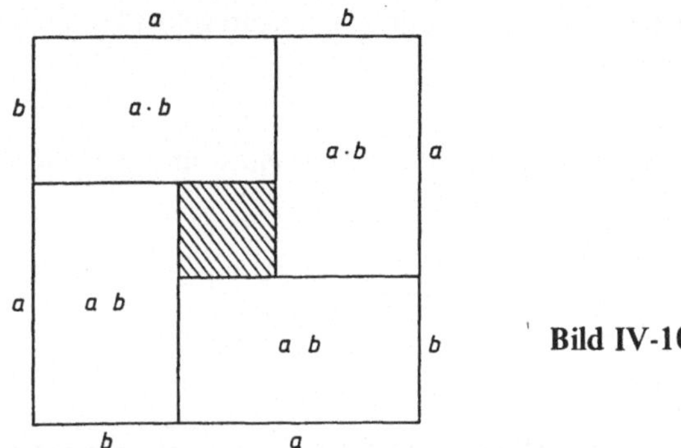

Bild IV-10

3.4   Der Verlauf von Potenz- und Polynomfunktionen

Ein zweites gutes Übungsfeld für den Umgang mit Ungleichungen ist die fur viele Zwecke innerhalb der Mathematik und ihrer Anwendungen nützliche Diskussion des Verlaufs von Potenz- und Polynomfunktionen.

Für jeden Grad n gibt es die Potenzfunktion x^n, die jeder reellen Zahl x die reelle Zahl x^n zuordnet. Für $n = 0$ setzt man künstlich $x^0 = 1$, für $n = 1$ hat man es mit der identischen Zuordnung $x \to x$ zu tun, und für $n = 2, 3, \ldots$ ist $x^n = \underset{(n\text{-mal})}{x \cdot \ldots \cdot x}$. Zeichnet man wie üblich die Schaubilder dieser Funktionen (= Zuordnungen), so bekommt man z.B.

n	Zuordnung	Schaubild
0	$x \to 1$	
1	$x \to x$	
2	$x \to x^2$	
3	$x \to x^3$	

Gewisse Charakteristika dieser Schaubilder kann man nun aus unseren Rechenregeln (1)–(16) säuberlich abstrakt herausholen, z.B.

a) Vergrößert man $x > 0$ zu $y > x$, so wird x^n größer. –

Dies folgt, wenn man Regel (6) per Induktion auf n statt 2 Faktoren ausdehnt, und die Fälle $n = 0, 1$ gesondert erledigt.

b) Ist n gerade, so ist $(-x)^n = x^n$ (Symmetrie um 0). –

Für $n = 0$ ist dies trivial. Für $n = 2, 4, \ldots$ folgt es aus der Tatsache, daß

$$(-x)^n = \underbrace{(-1)\ldots\ldots(-1)}_{n\text{-mal}}\ \underbrace{x\ldots\ldots x}_{n\text{-mal}}\ ,\tag{1}$$

und daß geradzahlig-viele Faktoren -1 zusammen $+1$ ergeben: man fasse sie paarweise zusammen und benutze $(-1)(-1) = 1$. –
Man nennt ganz allgemein Funktionen f, die um 0 symmetrisch sind, d.h. $f(-x) = f(x)$ erfüllen, *gerade Funktionen*.

c) Ist n ungerade, so ist $(-x)^n = -x^n$ (Antisymmetrie um 0). –
Für $n = 1$ ist dies trivial. Für $n = 3, 5, \ldots$ folgt es aus Formel (1): ungeradzahlig-viele Faktoren -1 ergeben zusammen -1: man fasse alle bis auf einen paarweise zusammen, das gibt lauter Einsen, und ein -1 bleibt übrig. – Man nennt ganz allgemein Funktionen f, die um 0 antisymmetrisch sind, d.h. $f(-x) = -f(x)$ erfüllen, *ungerade Funktionen*.

d) x^n wird für $n \geqslant 1$ weit rechts von 0 beliebig groß, genauer. zu jedem $A > 0$ gibt es ein $x_0 > 0$ mit $x \geqslant x_0 \Rightarrow x^n \geqslant A$. –

In der Tat: man muß nur z.B. x_0 größer als 1 und als A wählen, dann gilt

$$x^n \geqslant \underbrace{x \cdot 1 \ldots\ldots\ldots\ldots 1}_{(n-1)\text{-mal}} = x \geqslant x_0 \geqslant A \ .$$

e) x^n wird weit links von 0
für gerades $n \geqslant 2$ beliebig groß positiv
für ungerades n beliebig groß negativ. –
Dies folgt aus d) und der Symmetrie bzw. Antisymmetrie (c) und d)).

Setzt man Potenzen linear zusammen, so entstehen sogenannte *Polynome*

$$a_0 + a_1x + a_2x^2 + \ldots + a_nx^n \ .$$

So ein Polynom ist durch seine *Koeffizienten* $a_0, a_1, \ldots, a_n$, d.h. irgendwelche reellen Zahlen, festgelegt und ist ein Kurzausdruck für die Vorschrift, jeder reellen Zahl x die reelle Zahl $a_0 + a_1x + \ldots + a_nx^n$ zuzuordnen. Hierbei setzt man gewöhnlich $a_n \neq 0$ voraus, weil man ja sonst bei einem früheren a_k – dem letzten, das $\neq 0$ ist – abbrechen könnte, ohne die Zuordnung zu verändern. Man nennt dann n den *Grad* des Polynoms und a_nx^n das *höchste Glied*. Gestützt auf a)–e) beweisen wir nun

f) Weit weg von 0 überwiegt das höchste Glied. –
Was mit dieser verbalen Ausdrucksweise genau gemeint ist, erläutern wir zusammen mit dem Beweis. Wegen $a_n \neq 0$ können wir umrechnen (nämlich ausklammern):

$$a_0 + a_1x + \ldots + a_nx^n = \left[\left(\frac{a_0}{a_n} \cdot \frac{1}{x^n}\right) + \left(\frac{a_1}{a_n} \cdot \frac{1}{x^{n-1}}\right) + \ldots + \left(\frac{a_{n-1}}{a_n} \cdot \frac{1}{x}\right) + 1\right] a_nx^n\tag{2}$$

Ist x weit weg von 0, so werden $\frac{1}{x^n}$, $\frac{1}{x^{n-1}}$, ... , $\frac{1}{x}$ winzigklein, beispielsweise bekommen wir für $x = 1000 = 10^3$ die Werte 10^{-3n}, $10^{-3(n-1)}$, ... , 10^{-3}. Mit den Faktoren $\frac{a_0}{a_n}$, ... , $\frac{a_{n-1}}{a_n}$ und durch Summieren kommt wieder zusammen etwas Winzigkleines heraus, genauer: da $\frac{a_0}{a_n}$, ...

... , $\frac{a_{n-1}}{a_n}$ stets fest bleiben, kann man mit x von 0 so weit weggehen, daß der Ausdruck

$$\frac{a_0}{a_n} \cdot \frac{1}{x^n} + ... + \frac{a_{n-1}}{a_n} \cdot \frac{1}{x}$$

so klein wird wie man will, z.B. dem Betrage nach kleiner als $\frac{1}{2}$. Dann aber wird Formel (2) gleich

$$c(x) \cdot a_n x^n$$

mit einem $c(x)$, das noch von x abhängt, aber stets näher als $\frac{1}{2}$ bei 1 bleibt, also zwischen $\frac{1}{2}$ und $\frac{3}{2}$ liegt. Dann aber bestimmt $a_n x^n$ den Verlauf:

Für gerades n wird $a_0 + a_1 x + ... + a_n x^n = c(x) a_n x^n$

weit rechts wie weit links

im Falle $a_n > 0$ beliebig groß positiv
im Falle $a_n < 0$ beliebig groß negativ.

Für ungerades n wird $a_0 + a_1 x + ... + a_n x^n = c(x) a_n x^n$

im Falle $a_n > 0$ weit rechts beliebig groß positiv, weit links beliebig groß negativ
im Falle $a_n < 0$ weit rechts beliebig groß negativ, weit links beliebig groß positiv.

Insbesondere nimmt jedes Polynom ungeraden Grades sowohl positive wie negative Werte an, also irgendwo dazwischen nach dem sogenannten Zwischenwertsatz (Bd. 2, Kap. X und XI) auch den Zwischenwert 0:

Jedes Polynom ungeraden Grades besitzt mindestens eine Nullstelle im Bereich der reellen Zahlen.

§ 4   Mehrpersonenspiele: Beispiele

Wir verlassen nunmehr für den Rest dieses Kapitels den Bereich der Ein-Personen-Situation = Optimierungsaufgaben und treten in den Bereich der Mehr-Personenspiele ein, also in jenen Bereich, dem das Ergebnis für jeden Beteiligten nicht nur von seinem eigenen Verhalten sondern auch vom Verhalten aller anderen Mitspieler abhängt. Um einen ersten Einblick in die Fülle der damit eröffneten Möglichkeiten zu gewinnen, betrachten wir eine Reihe von Beispielen.

4.1   Knobeln

Dies bekannte Spiel stellt jedem der $n = 2$ Spieler die drei Strategien $P = $ Papier, $S = $ Schere, $St = $ Stein zur Wahl.

Die möglichen Ergebnisse werden nach den Regeln

> Papier wickelt Stein ein
> Stein macht Schere stumpf
> Schere schneidet Papier

ermittelt und lassen sich für beide Spieler in Form einer sogenannten *Bimatrix* darstellen („*Bimatrix-Spiel*"): In jedem der $3 \cdot 3 = 9$ Felder steht links unten das Ergebnis (1 für Gewinn, -1 für Verlust, 0 für remis) für Spieler 1, rechts oben das Ergebnis für Spieler 2

Spieler 2

		P	S	St
	P	0 \ 0	1 \ -1	-1 \ 1
Spieler 1	S	-1 \ 1	0 \ 0	1 \ -1
	St	1 \ -1	-1 \ 1	0 \ 0

Die beiden Einträge in jedem Kästchen haben stets die Summe 0, weil das, was der eine Spieler gewinnt, vom anderen bezahlt wird. Man nennt solche Spiele *Nullsummenspiele*. Statt einer Bimatrix genügt also eine gewöhnliche Matrix, die die Ergebnisse (z.B.) für Spieler 1 auflistet, um das Spiel zu durchschauen: die Ergebnisse für den anderen Spieler ergeben sich dann durch bloßen Vorzeichenwechsel; man spricht daher auch von einem *Matrixspiel*:

Spieler 2

		P	S	St
	P	0	-1	1
Spieler 1	S	1	0	-1
	St	-1	1	0

Wer (bayr.) „lurt", kann auf die gegnerische Strategie optimal antworten (mit S auf P, mit St auf S, mit P auf St) und immer gewinnen. Wird ehrlich blind gespielt, so hat man immerhin die Möglichkeit, mittels eines Zufallsmechanismus unabhängig vom Gegner mit je $\frac{1}{3}$ Häufigkeit zwischen P, S und St hin und her zu wechseln, was jeder der 9 Kombinationen PP, PS, PSt, SP, SS, SSt, StP, StS, $StSt$ die gleiche Häufigkeit $\frac{1}{9}$ und somit für Spieler 1 das mittlere Resultat $\frac{1}{9}(0 - 1 + 1 + 1 + 0 - 1 - 1 + 1 + 0) = 0$ liefert, ebenso für Spieler 2. Bleibt Spieler 2 bei seiner

$\frac{1}{3}$-Strategie und weicht Spieler 1 auf andere Haufigkeiten p_P, p_S, $p_{St} \geqslant 0$ mit $p_P + p_S + p_{St} = 1$ aus, so lautet das Ergebnis für Spieler 1

$$p_P \cdot \frac{1}{3} \cdot 0 + p_P \cdot \frac{1}{3} \cdot (-1) + p_P \cdot \frac{1}{3} \cdot 1$$

$$+ p_S \cdot \frac{1}{3} \cdot 1 + p_S \cdot \frac{1}{3} \cdot 0 \quad + p_S \cdot \frac{1}{3} (-1)$$

$$+ p_{St} \cdot \frac{1}{3} \cdot (-1) + p_{St} \cdot \frac{1}{3} \cdot 1 + p_{St} \cdot \frac{1}{3} \cdot 0$$

$$= \frac{1}{3} \lfloor p_P((-1) + 1) + p_S(1 + (-1)) + p_{St}((-1) + 1) \rfloor = 0 \,,$$

d.h. Spieler 1 kann sich hierbei nicht verbessern. Dasselbe gilt für Spieler 2, so daß ein gewisses *Gleichgewicht* herrscht.

4.2 Das Spiel NIMM

wird nach folgenden Regeln gespielt:

Sei N eine naturliche Zahl; N Streichholzer sind auf drei nichtleere Haufen verteilt; zwei Spieler ziehen abwechselnd, ein Zug besteht darin, von *einem* der Haufen, soweit er noch nicht leer ist, einige der dort liegenden Holzchen (mindestens eins, evtl. alle) wegzunehmen; wer abraumt, gewinnt.

Dies Spiel geht durch eine Folge von Zuständen, deren jeder durch drei ganze Zahlen n_1, n_2 $n_3 \geqslant 0$ gekennzeichnet ist. Mit einem Zustand N_1, N_2, $N_3 > 0$, $N_1 + N_2 + N_3 = N$ fängt man an; ein Zug besteht darin, ein $n_i > 0$ um mindestens 1 herabzusetzen; wer dabei $0, 0, 0$ herstellt, gewinnt. Gibt es eine Gewinnstrategie?

Wir nennen eine Menge K von Zustanden einen *Kern*, wenn folgenden Bedingungen erfüllt sind:

(1) Der Endzustand $0, 0, 0$ gehört zu K.

(2) Von einem n_1, n_2, n_3 aus K kann man zu keinem m_1, m_2, m_3 aus K ziehen: man *muß* aus K *hinaus*.

(3) Von jedem n_1, n_2, n_3 *außerhalb* K kann man zu mindestens einem m_1, m_2, m_3 *innerhalb* K ziehen.

Wenn es einen Kern K gibt, so hat ein Spieler, der einen Zustand n_1, n_2, n_3 *außerhalb* K vorfindet, eine sichere Gewinnstrategie G: immer in K hineinziehen – der Gegner muß immer wieder aus K heraus, erreicht also nie $0, 0, 0$ das ja zu K gehort. – Gehört also der Anfangszustand N_1, N_2, N_3 *nicht* zu K, so hat der, der als erster am Zuge ist, eine sichere Gewinnstrategie; gehört N_1, N_2, N_3 zu K, so hat der, der als zweiter am Zuge ist, eine sichere Gewinnstrategie.

Gibt es einen Kern K fur NIMM? Es gibt sogar genau einen: zwei verschiedene kann es nicht geben, denn gäbe es zwei, K und L mit $K \neq L$, so gabe es etwa einen Zustand n_1, n_2, n_3, der zu K aber nicht zu L gehort; man zieht dann zwangslaufig aus K heraus, kann aber nach L gelangen; das liefert einen Folgezustand, der zu L, aber nicht zu K gehort. Wiederholt man dies, so bekommt man einen Spielverlauf, der immer zwischen nicht-L und nicht-K pendelt, also nie den zu K und L gehorenden Endzustand $0, 0, 0$ erreicht. Da immer mindestens ein Hölzchen weggenom-

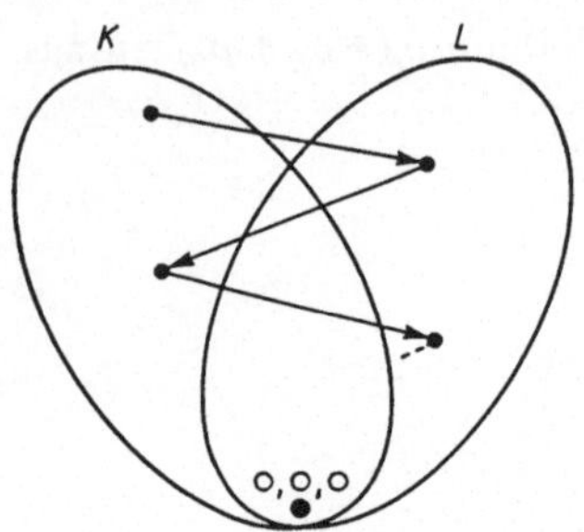

Bild IV-11

men wird, ist dies ein Widerspruch. Es gibt nun aber auch wirklich einen Kern. Um ihn zu beschreiben, entwickeln wir n_1, n_2, n_3 dyadisch

$$n_1 = a_0 + a_1 \cdot 2 + a_2 \cdot 2^2 + \ldots + a_r \cdot 2^r$$
$$n_2 = b_0 + b_1 \cdot 2 + b_2 \cdot 2^2 + \ldots + b_r \cdot 2^r$$
$$n_3 = c_0 + c_1 \cdot 2 + c_2 \cdot 2^2 + \ldots + c_r \cdot 2^r$$

(die $a_0, \ldots, c_r$ sind stets 0 oder 1); K besteht aus allen n_1, n_2, n_3, bei welchen die Vertikalsummen

$$a_0 + b_0 + c_0, \ldots, a_r + b_r + c_r$$

samtlich *gerade* Zahlen (also 0 oder 2) sind. So gehort z.B. 1, 3, 5 wegen

$$1 = 1 + 0 \cdot 2 + 0 \cdot 2^2 + \ldots + 0 \cdot 2^r$$
$$3 = 1 + 1 \cdot 2 + 0 \cdot 2^2 + \ldots + 0 \cdot 2^r$$
$$5 = 1 + 0 \cdot 2 + 1 \cdot 2^2 + \ldots + 0 \cdot 2^r$$

nicht zu K, weil $1 + 1 + 1 = 3$, $0 + 1 + 0 = 1$, $0 + 0 + 1 = 1$ ungerade Zahlen sind. Indem man die große unserer drei Zahlen, also 5, auf

$$2 = 0 + 1 \cdot 2 + 0 \cdot 2^2 + \ldots + 0 \cdot 2^r$$

herabsetzt, erreicht man eine Umwandlung von $1+1+1$ in $1+1+0=2$, von $0+1+0$ in $0+1+1=2$ und von $0+0+1$ in $0+0+0=0$; das sind lauter gerade Zahlen, also hat man einen Zustand 1, 3, 2 aus K. Wenn man aber eine *dieser* drei Zahlen herabsetzt, geht mindestens eine der Einsen in 0 uber, so daß aus mindestens einer der geraden Summen $1+1+0$, $0+1+1$ eine ungerade Summe wird: man mußte K verlassen. Der in diesem Zahlenbeispiel steckende Gedanke läßt sich leicht zu einem allgemeinen Beweis, daß K Kern ist, ausbauen (Übung für den Leser).

Man konnte jedes einzelne NIMM-Spiel N_1, N_2, N_3 als Matrix-, also als Nullsummenspiel auffassen, aber das ist hier nicht das Interessante. Für weitere Informationen vgl. etwa Jacobs [1983]. Die „Idee NIMM" ist von ganz allgemeiner Bedeutung im Problemkreis „Zahlen und Spiele", vgl. Conway [1976], Berlekamp-Conway-Guy [1982].

4.3   Das Gefangenen-Dilemma

„Prisoner's Dilemma" ist ein vieldiskutiertes Bimatrix-Spiel (vgl. z.B. Brams [1983]). Es handelt von zwei eines gemeinsamen Verbrechens angeklagten Spielern 1 und 2, die im Untersuchungsgefangnis sitzen, keine Informationen austauschen konnen, und jeder die Wahl zwischen G = Gestehen und L = Leugnen haben. Je nachdem, was die beiden tun, wird das Gericht vom Strafmaß 5 (Jahre Gefangnis) Ablasse zuerkennen gemäß folgender Bimatrix

Spieler 2

		G	L
Spieler 1	G	2 \ 2	3 \ 0
	L	0 \ 3	1 \ 1

Spieler 1 sagt sich: bei L bin ich besser dran, einerlei, was Spieler 2 tut (3 ist besser als 2, 1 besser als 0), also wähle ich L.

Spieler 2 sagt sich dasselbe, wahlt also auch L.

Spieler 1 denkt sich aus, was Spieler 2 denkt, und das Analoge tut Spieler 2. Beide kommen zu dem Schluß: wir landen bei L, L.

Spieler 1 und Spieler 2 denken sich: aber bei G, G waren wir beide besser dran (2 besser als 1). Also schwenken sie beide auf G um.

Spieler 1 sagt sich: Wenn Spieler 2 auf G umgeschwenkt ist, kann ich mich verbessern, indem ich für L votiere (3 besser als 2).

usw. usw.

Interpretiert man die beiden Spieler als Supermächte, G als weiche, L als harte Verhandlungstaktik und die Matrixelemente als Erfolgszahlen, so ergibt sich ein stark vergröbertes Bild der gegenwärtigen Weltlage. Spieltheoretische Überlegungen gehoren in der Tat seit langem zum Repertoire der Großmacht-Diplomatie, vgl. z.B. Brams [1985].

4.4   Einige weitere Bimatrix-Spiele

Im sogenannten *Offenbarungs-Spiel* ist Spieler 1 ein hoheres Wesen, das die Wahl hat, seine Existenz durch Offenbarung kundzutun (O) oder spurlos zu bleiben (S). Spieler 2 ist ein Mensch, der die Wahl hat, an die Existenz des hoheren Wesens zu glauben (G) oder in Ungläubigkeit zu verharren (U).

Die Bimatrix

Mensch

		G	U
hoheres Wesen	O	4 \ 3	1 \ 1
	S	2 \ 4	3 \ 2

drückt die Präferenzen der beiden Spielpartner aus:

(1) Für das höhere Wesen ist ein Mensch, der „nicht sieht und doch glaubt" das höchste der Gefühle (4), Unglaube trotz Offenbarung ist größte Blamage (1); daß der Mensch auf Offenbarung hin glaubt ist dem höheren Wesen lieber (3) als daß er bei Nicht-Offenbarung ungläubig bleibt (2).

(2) Für den Menschen ist ein auf Offenbarung gegründeter Glaube das Hochste (4), bei Unglaube trotz Offenbarung wird er sich selbst töricht schelten (1); die Trotzhaltung „du offenbarst dich nicht, also glaube ich nicht" ist diesem Menschen immer noch lieber (3) als blinder Glaube (2).

Die Situation S, U (keine Offenbarung, kein Glaube) ist auf folgende Weise im Gleichgewicht: beharrt das hohere Wesen auf S, so kann der Mensch nur verlieren (2 ← 3), wenn er zum Glauben G übertritt; beharrt der Mensch auf Unglauben U, so kann sich das hohere Wesen nur blamieren (2 → 1), wenn es ihm doch noch die Offenbarung 0 nachwirft.

Newcombs Problem handelt von folgender Situation: Spieler 1 (wieder ein hoheres Wesen) bestuckt ein Kastchen I mit $1000 = 10^3$ DM und hat die Wahl, Kastchen II leer zu lassen (L) oder mit 1 Million (10^6) DM zu bestucken (M); Spieler 2 ist ein Mensch, der nicht weiß, was in Kastchen II ist und die Wahl hat, entweder beide Kastchen in seine Tasche zu entleeren (B) oder nur Kastchen II aufzumachen und den Inhalt zu nehmen (II). Die zugehorige Matrix

Mensch

		B	II
höheres Wesen	L	10^3	0
	M	$10^6 + 10^3$	10^6

sagt uns, was der Mensch in jedem der moglichen vier Fälle bekommt. Naturlich ist es fur ihn in jedem Falle besser, beide Kastchen zu leeren statt nur eines.

Soweit ist die Situation sonnenklar und trivial. Newcombs Problem entsteht daraus, daß das hohere Wesen versucht, vorherzusagen, was der Mensch tun wird und seine Entscheidung fur L oder M von dieser Vorhersage in folgender Weise abhangig macht

Vorhersage	B	L	(Gier wird bestraft)
Vorhersage	II	M	(Maßigkeit wird belohnt)

Dann kann man die Gesamtsituation durch folgende Bimatrix wiedergeben

Mensch

<table>
<tr><td></td><td></td><td align="center">B</td><td align="center">II</td></tr>
<tr><td rowspan="2">höheres Wesen
sagt voraus</td><td>B</td><td align="right">10^3

1</td><td align="right">0

0</td></tr>
<tr><td>II</td><td align="left">$10^6 + 10^3$

0</td><td align="right">10^6

1</td></tr>
</table>

wobei die linken unteren Ecken nur die Befriedigung (1) oder Enttauschung (0) des hoheren Wesens uber eine eingetroffene oder nicht eingetroffene Vorhersage wiedergeben.

In die von zahlreichen Abhandlungen ausgeleuchtete Welt des Newcomb-Paradoxons fuhrt folgendes Szenario ein:

Der Mensch (Spieler 2) denkt sich: wenn das hohere Wesen allwissend ist, weiß es, was ich tun werde, dann bewegen wir uns auf der Diagonale unserer Bimatrix und ich tue gut, II zu wahlen, weil ich dann belohnt werde; wenn das hohere Wesen aber nicht allwissend ist, sondern nur meint, ich hielte es fur allwissend, dann wird es meine soeben angestellte Überlegung nachvollziehen und

10^6 DM in Kästchen *II* tun; dann aber kann ich ihm ein Schnippchen schlagen und beide Kästchen öffnen, das bringt mir 10^3 DM mehr, usw. usw. Eine ausführliche Diskussion der Allwissenheits-Problematik bei Bimatrixspielen findet sich bei Brams [1983].

4.5 Spieltheorie und Biologie

In den letzten 20 Jahren hat die Spieltheorie Einzug in die Biologie gehalten, u.z. einerseits in die Verhaltensforschung, andererseits in die Evolutionsbiologie. Hier hat die spieltheoretische Betrachtungsweise zu einem „Neo-Darwinismus auf Gen-Ebene" geführt, der selbst Phänomene wie die traditionell als Hinweis auf einen Schöpfergott angesehene sogenannte fremddienliche Zweckmäßigkeit rational hat erklären können. Standard-Referenzen sind Smith [1982], Hofbauer-Sigmund [1984], populäre Darstellungen geben Dawkins [1976], Wickler-Seibt [1977]. Wir diskutieren ein einziges Beispiel.

Das sogenannte hawk-dove game handelt von zwei miteinander kämpfenden Individuen einer Species, die jeder die Wahl zwischen zwei Strategien haben

H = Kampf bis zu Sieg oder Verwundung („hawk")
D = den Gegner testen, bleibt er hart, dann zurückweichen („dove").

Die Termini „hawk" und „dove" stammen aus dem politischen Jargon. Die Bimatrix

Spieler 2

	H	D
H	$\frac{V-C}{2}$ / $\frac{V-C}{2}$	0 / V
D	V / 0	$\frac{V}{2}$ / $\frac{V}{2}$

Spieler 1

ist folgendermaßen zu interpretieren: Man kämpft um Nahrung im Werte V (wie „value"), der mit irgendwelchen biologisch relevanten Maßstäben zu messen ist; trifft „hawk" auf „dove", so geht „dove" leer aus und „hawk" bekommt alles; trifft „dove" auf „dove", so teilen sie halbe-halbe; trifft „hawk" auf „hawk", so teilen sie halbe-halbe, verlieren aber jeder $\frac{C}{2}$ durch Kampfanstrengung bzw. Verletzung.

Wie die Strategien von ihren Spielern zu bewerten sind hängt davon ab, in welchem Verhältnis Nahrungswert und Kampfkosten zueinander stehen: bei $V \geqslant C$ ist H universell besser; bei $V < C$ ist H gegenüber H im Nach-, gegenüber D im Vorteil. Bei evolutionsbiologischer Betrachtungsweise denken wir uns eine große Population einer Species, in der der Bruchteil p der Population genetisch auf H, der Bruchteil $1-p$ auf D eingeschworen ist; V und C werden in Graden der Überlebenstüchtigkeit gemessen, p kann sich durch Mutation, Fortpflanzung und Selektion verschieben. Wir diskutieren die Fälle $V > C$ und $V < C$.

Fall I: $V > C$. – Wer als H geboren wird, ist immer im Vorteil; die H-Gene setzen sich durch; nach einer Weile herrscht $p = 1$: reine H-Population.

Fall II: $V < C$. – In einer Population mit dem Bruchteil p an H-, und dem Bruchteil $1-p$ an D-Genen trifft ein H-Individuum in seinen Konfrontationen mit der Haufigkeit p auf ein H, mit der Haufigkeit $1-p$ auf ein D; im Kampf mit H gewinnt es $\frac{V-C}{2} < 0$ (Verlust), im Kampf mit D gewinnt es V, also im Mittel $p\frac{V-C}{2} + (1-p) \cdot V$. Für ein D-Individuum lautet das entsprechende Mittel $p \cdot 0 + (1-p) \cdot \frac{V}{2}$. Wer ist im Mittel besser dran? Wir berechnen die Differenz

$$p \cdot \frac{V-C}{2} + (1-p) \cdot V - (1-p) \cdot \frac{V}{2} = p\frac{V}{2} - p\frac{C}{2} + V - pV - \frac{V}{2} + p\frac{V}{2} = \frac{1}{2}(V - pC).$$

Das ist $= 0$ (Gleichgewicht) für $p = \frac{V}{C}$; ist $p > \frac{V}{C}$, so ist unsere Differenz < 0, also sind die D im Vorteil, p ($=$ Anteil der H) nimmt ab; ist $p < \frac{V}{C}$, so ist unsere Differenz > 0, also sind die H im Vorteil, p nimmt zu; die Population wird sich also auf den stabilen Proporz $p = \frac{V}{C}$ einpendeln.

Nach einem ahnlichen Kalkül hat Ronald Alymer Fisher (1890–1962) schon 1930 gezeigt, daß ein Geschlechterverhaltnis $\frac{1}{2} : \frac{1}{2}$ evolutionsstabil ist, obwohl wenige Mánnchen zur Begattung aller Weibchen ausreichen würden (Fisher [1930]). Der Begriff „evolutionsstabile gemischte Strategie" ist für die Evolutions-Spieltheorie zentral (vgl. § 6).

4.6   Aggregation von Präferenzen und Arrows Diktator-Theorem

Wenn zwei Personen (1 und 2) sich darüber einigen, ob sie gemeinsam Kaffee (K) oder gemeinsam Tee (T) trinken sollen, leiten sie aus ihren individuellen Präferenzen, für die die beiden Moglichkeiten

$$\text{lieber Kaffee als Tee:} \quad \frac{K}{T}$$

$$\text{lieber Tee als Kaffee:} \quad \frac{T}{K}$$

bestehen, eine gemeinsame Praferenz her, im Fachjargon spricht man von der *Aggregation* der individuellen Präferenzordnungen zu einer sozialen Präferenzordnung; man hat das Problem im allgemeinen für irgendeine Zahl $n \geqslant 2$ von Personen und für irgendeine Zahl $m \geqslant 2$ von sogenannten *Alternativen* (wie K, T, …); wir werden sehen, daß fur die Fälle mit $m = 2$ bewahrte Aggregationsmethoden zur Verfügung stehen (Mehrheitsentscheidung), während man für $m \geqslant 3$ mit unangenehmen mathematischen Satzen (Arrows Diktator-Theorem) zu kampfen hat.

Bei unserem Kaffee-Tee-Problem sind die einstimmigen Situationen

$$\begin{array}{cc} \underline{1} & \underline{2} \\ K & K \\ T & T \end{array} \qquad\qquad \begin{array}{cc} \underline{1} & \underline{2} \\ T & T \\ K & K \end{array}$$

einfach: links wird Kaffee getrunken, rechts Tee.
In den gegenstimmigen Situationen

$$\begin{array}{cc} \underline{1} & \underline{2} \\ K & T \\ T & K \end{array} \qquad\qquad \begin{array}{cc} \underline{1} & \underline{2} \\ T & K \\ K & T \end{array}$$

spricht vieles dafür, immer Kaffee zu trinken, denn dann bekommt jeder einmal recht (links Person 1, rechts Person 2). Mit „immer Tee" würde natürlich derselbe Zweck erreicht. Entschiede man links für Kaffee, rechts für Tee, so bekäme immer die Person 1 recht und würde damit zum „Diktator".

Hat man n individuelle Präferenzen zwischen zwei Alternativen K und T zu aggregieren, so kann man auf das bewährte Verfahren „Mehrheitsbeschluß mit Stichentscheid durch einen vorher bestimmten Vorsitzenden" zurückgreifen. Ist $n \geqslant 3$, so kann man den Vorsitzenden überstimmen: er ist kein Diktator. Für $n = 2$ wäre ein Vorsitzender ein Diktator, aber da kann man sich, wie wir vorhin gesehen haben, durch „Ethik" helfen: für den Zweifelsfall wird vorher festgelegt, was bevorzugt werden soll.

Schwierig wird die Situation von drei Alternativen an. Bei

$$
\begin{array}{cc}
1 & 2 \\
\hline
K & T \\
T & W \qquad (W \text{ wie „Whisky"}) \\
W & K
\end{array}
$$

herrscht über $\frac{T}{W}$ Einstimmigkeit. Aber wo setzt man den Kaffee hin?

In eine ähnliche Sackgasse gerät eine um einen runden Tisch sitzende Fakultät, wenn bei der Dekanswahl jeder für seinen linken Nebenmann stimmt. Die aus solchen Problemen bis 1949 entstandenen mathematischen Untersuchungen schildert Black [1958]; vgl. auch Straffin [1980]. Im Jahre 1951 publizierte Kenneth Arrow ($*$ 1921, Nobel-Gedächtnispreis für Ökonomie 1972) das nach ihm benannte Paradoxon, das wir vorläufig-verbal so ausdrücken können:

> Jedes Aggregationsverfahren für $n \geqslant 2$ Personen mit $m \geqslant 3$ Alternativen, das gewissen allgemeinen Bedingungen genügt, ist diktatorisch.

Mit „diktatorisch" ist hierbei gemeint: es gibt eine unter den n Personen – den sogenannten Diktator – dessen Präferenzordnung vom Verfahren in allen Fällen schlicht und einfach reproduziert wird. Diese diktatorischen Verfahren – es gibt ihrer n, gemäß den n Möglichkeiten, den Diktator zu wählen – haben zwei gar nicht so unvernünftige Eigenschaften (im folgenden steht K und T für irgend zwei der m Alternativen):

(1) *Einstimmigkeitsregel.* Wenn alle n Personen K über T stellen, stellt auch die aggregierte soziale Präferenzordnung K über T.

In der Tat: auch der Diktator ist ja der Meinung $\frac{K}{T}$, und seine Meinung ist gleich der aggregierten Meinung.

(2) *Unabhängigkeitsregel:* Ändern die n Personen ihre individuellen Präferenzordnungen, ohne die Anordnung von K und T zu ändern, (d.h. die $\frac{K}{T}$-Leute bleiben bei $\frac{K}{T}$ und die $\frac{T}{K}$-Leute bleiben bei $\frac{T}{K}$), so bleibt auch die Anordnung von K und T in der aggregierten Präferenzordnung dieselbe.

In der Tat: auch der Diktator ändert dann seine Anordnung von K und T nicht.

Die präzisierte Fassung von Arrows Paradoxon lautet nun

Arrows Diktator-Theorem. Es gibt bei $n \geqslant 3$ genau n Aggregationsverfahren, die der Einstimmigkeitsregel und der Unabhängigkeitsregel genügen, nämlich

> Verfahren 1: Person 1 ist Diktator
> $\cdots\cdots$
> Verfahren n: Person n ist Diktator

Diktatorfreie Verfahren, die den beiden genannten Regeln genügen, gibt es nicht.

Der Beweis ist nicht allzu schwer, erfordert aber mehr Platz als uns hier zur Verfügung steht. Vgl. z.B. Black [1958], Straffin [1980], Jacobs [1983] und die dort angegebene Literatur, aus der wir Peleg [1978], [1984] besonders hervorheben. Bezalel Peleg (Jerusalem) konnte namlich die durch Arrows Paradoxon entstandene Situation 1978 bis zu einem gewissen Grade entscharfen. Wir geben einen kurzen Bericht uber die historische Entwicklung.

Arrow [1951] formulierte sein Paradoxon etwas anders als oben, namlich so: die drei Forderungen

(1) Einstimmigkeitsregel
(2) Unabhangigkeitsregel
(3) Diktatorfreiheit

sind zusammen widersprüchlich, d.h. nicht gleichzeitig erfullbar. Diese Fassung ist natürlich zur obigen logisch äquivalent. Man versuchte nun, zu diktatorfreien Verfahren zu gelangen, indem man die von Arrow konzipierte Situation abandert, um sie dem eisernen Griff des Diktator-Theorems zu entziehen. Der wichtigste Abänderungsversuch bestand darin, von einem Aggregationsverfahren nicht gleich eine komplette Rangfolge für alle Alternativen als Ergebnis zu verlangen, sondern nur auf der Angabe einer einzelnen Top-Präferenz zu bestehen. Während es bei unserem Aggregationsproblem i.a. schwierig für den einzelnen Spieler ist, dem Ergebnis — eine Präferenzordnung — einen Platz auf einer linear geordneten Skala zuzuordnen, ist dies hier nun plötzlich ohne weiteres möglich: jede der n Personen, d.h. jeder Spieler findet jene Top-Praferenz in seiner individuellen Praferenz-Skala irgendwo eingereiht, wird das Ergebnis danach bewerten, wo er sie eingereiht findet, und versuchen, z.B. durch „Bluffen" mit einer vorgeschobenen anderen Praferenzordnung, eine in seiner wahren Präferenzordnung weiter oben sitzende Alternative zur Top-Präferenz gemäß dem Verfahren zu machen. Man erlebte jedoch eine herbe Enttauschung: „Bluffsichere" Entscheidungsverfahren fur eine einzelne Top-Praferenz sind stets diktatorisch (sog. Gibbard-Satterthwaite-Theorem, vgl. Gibbard [1973], Satterthwaite [1975]). Peleg [1978] konnte ein diktatorfreies Verfahren angeben, das sich verbal etwa so beschreiben laßt:

(1) Jeder Spieler kommt einmal dran, die ihm unangenehmste Alternative abzuwahlen.

(2) Die Spieler unterwerfen sich einem milden Schiedsrichter.

Vgl. ferner Peleg [1984].

§ 5   Gleichgewicht

Im vorigen Abschnitt haben wir an verschiedenen Beispielen von 2- oder auch n-Personen-Situationen gesehen, was das Verhalten *aller* Beteiligten dem einzelnen Beteiligten bringt und wie der Einzelne darauf reagieren kann. Immer dann, wenn sich das Ergebnis fur den Einzelnen durch einen Wert auf einer geordneten Skala herstellen läßt, wird er danach trachten, auf dieser Skala hoher zu klimmen — falls er das kann. Eine Situation, in der kein Spieler dies kann, wird man als Gleichgewicht einstufen. Ein wenig genauer, aber immer noch verbal:

> Man spricht bei einem n-Personenspiel von *Gleichgewicht*, wenn die von den einzelnen Spielern gewahlten Verhaltensformen (Strategien) zusammen eine Situation schaffen, in der kein Spieler sich durch Abanderung seiner Strategie verbessern kann, falls die ubrigen $n-1$ Spieler an ihren Strategien festhalten.

Ein Gleichgewicht in diesem Sinne lag in folgenden Beispielen vor: beim Knobeln, wenn man statistisch mit den Haufigkeiten $\frac{1}{3}, \frac{1}{3}, \frac{1}{3}$ zwischen den drei moglichen Strategien wechselte, beim NIMM-Spiel durch eine eindeutige Gewinner-Verlierer-Situation, beim Gefangenen-Dilemma, wenn beide leugnen; beim Offenbarungs-Spiel in der Kombination „keine Offenbarung und kein

Glaube"; beim hawk-dove game mit $V < C$ bei einer Mischung $p = \frac{V}{C}$ der beiden Strategien in der Population. Bei Newcombs Paradoxon (in der einzig interessanten Version) und beim Aggregationsproblem für Präferenzen bot sich keine Sachlage, die sich auch nur zur Formulierung eines Gleichgewichts geeignet hätte.

Im vorliegenden Abschnitt wollen wir nun n-Personen-Spiele betrachten, bei denen es keinerlei Unklarheit darüber gibt, wie eine Gleichgewichts-Situation auszusehen hatte. Es fragt sich stets nur, was man voraussetzen muß, um zu garantieren, daß es ein Gleichgewicht auch wirklich gibt. Die präzise mathematische Antwort auf eine solche Frage ist das, was man ein *Gleichgewichts-Theorem* nennt.

Wir besprechen hier die wichtigsten Gleichgewichts-Theoreme. Das erste dieser Theoreme bezieht sich auf sogenannte Baum-Spiele und ist, mathematisch gesehen, kombinatorischer Natur: man operiert nur mit endlichvielen Moglichkeiten. Das zweite Gleichgewichts-Theorem bezieht sich auf sogenannte nichtkooperative n-Personen-Spiele, verwendet den Begriff der „gemischten Strategie" und ist von der Methodik her topologischer Natur: es stutzt sich auf den Fixpunktsatz von Brouwer bzw. Kakutani (vgl. Kap. V, § 5). Dasselbe gilt für die Gleichgewichtssätze der mathematischen Ökonomie, die wir im Unterabschnitt 3. kurz besprechen. Eine gute Einführung in die Gesamt-Problematik der Spieltheorie gibt das für Nichtmathematiker geschriebene Buch Davis [1972]. Anfangssemestern sei ferner Franklin [1980] besonders empfohlen.

5.1   Das Gleichgewichts-Theorem für Baumspiele

Wir beginnen mit einem einfachen Baumspiel, das taglich irgendwo stattfindet. Spieler 1 ist ein Staatsburger, Spieler 2 ist die Polizei, Spieler 3 die Justiz.

Schritt 1:
Spieler 1 wählt in einer von der Polizei beobachteten Situation eine von mehreren möglichen Verhaltensformen.

Schritt 2:
Die Polizei entscheidet gegenüber Spieler 1 zwischen „tätig werden" oder „nicht tätig werden". Im letzteren Falle ist das Spiel zuende, mit einem Ergebnis, das wir für alle drei Spieler getrost mit 0 bewerten können. – Wird die Polizei tätig, so folgt:

Schritt 3:
Die Polizei entscheidet sich für eine von mehreren Möglichkeiten des Tätigwerdens.

Schritt 4:
Spieler 1 entscheidet sich für eine von mehreren Möglichkeiten des Reagierens. In einigen Fällen endet das Spiel mit dem Ergebnis, das für die Polizei mit einem Wert -2 (z.B. Schreibarbeit), für den Spieler 1 mit irgendeinem Wert ≤ 0 (z.B. „davongekommen" oder „Strafmandat"), für die Justiz immer noch mit 0 anzusetzen ist. In den übrigen Fällen erfolgt

Schritt 5:
Die Justiz wird befaßt und wählt zwischen mehreren Möglichkeiten einer Reaktion,

usw. usw., notfalls durch alle Instanzen. Stets endet das Spiel irgendwann und für jeden der drei Spieler ergibt sich dann „unterm Strich" ein zahlenmäßiges Ergebnis. Man kann die Gesamtheit der Möglichkeiten in Gestalt eines Baumdiagramms erfassen, das etwa so aussieht:

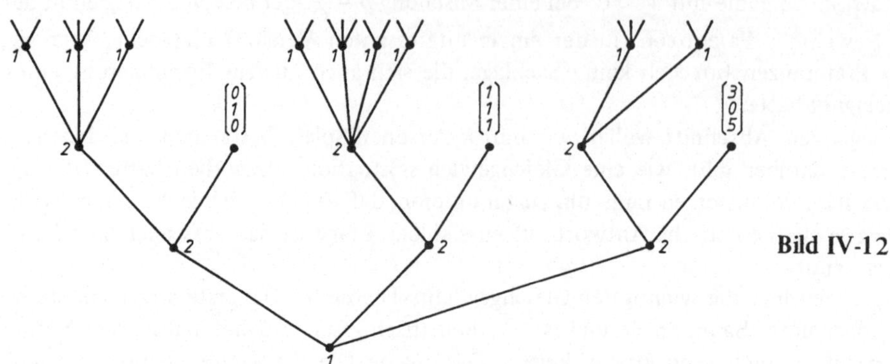

Bild IV-12

und in dem man schrittweise hochsteigt. Bei jedem Verzweigungspunkt steht, wer „dran" ıst. „Spiel-Ende" bedeutet Ankunft an einer Baumspitze; dort stehen dann untereinander die drei Ergebnis-Zahlen für die drei Spieler. Es soll Leute geben, die sıch vorweg perfekt uberlegen, wie sie sich an jedem Verzweigungspunkt verhalten wollen, an dem sie „dran sind" − falls es einmal dazu kommen sollte: sie haben eine *Strategie* (als Spieler 1). Spieler 2, die Polizei, hat ebenfalls eine Strategie in Form der sie betreffenden Vorschriften (Gesetze, Einsatzbefehle, ...), und ebenso Spieler 3, die Justiz. In Wirklichkeit gibt es natürlich auch einen Ermessens- oder Beurteilungs-Spıelraum.

Es sollte nun eıgentlich klar sein, was man unter einem *Baumspiel* fur n Spieler zu verstehen hat, und was dann fur jeden Spieler die (endlichvielen) moglichen *Strategien* sind, deren jede ihm fur jede mogliche Entscheıdung, die er zu treffen haben könnte, genau sagt, was er tun soll: an jedem Knotenpunkt des Baumes ist genau ein Spieler „dran"; eine Strategie für Spieler k legt an jedem Knotenpunkt des Baumes, wo Spıeler k „dran" ist, fest, für welchen weiterführenden Ast er sich entscheidet.

Hat jeder der n Spieler seine Strategie gewahlt, so saust das Spiel von der Wurzel hoch zu einer durch die Strategien genau definıerten Baumspitze, und dort kann jeder Spieler seine Zahl, seine sogenannte Auszahlung („pay-off") abholen. Die n Strategien setzen sich also um ın n Auszahlungen.

Wir gehen nun davon aus, daß jeder Spieler die Strategien seiner $n − 1$ Partner erfährt. Dann kann er seine eigenen möglichen Strategien daraufhin durchmustern, ob sie ihm eine Verbesserung seiner Auszahlung liefern, falls die $n − 1$ Partner an ihren zunächst gewahlten Strategien festhalten. Ist das Ergebnis negativ, so hat unser Spieler keinen Grund, seine Strategie zu andern. Kommen alle n Spieler (jeder für sich) zu diesem Ergebnis, so liegt *Gleichgewicht* vor. Gibt es das immer? Antwort: ja. Es gilt namlich das

Gleichgewichts-Theorem für Baumspiele (Kuhn [1950]). Jedes Baumspiel besitzt mindestens ein Gleichgewicht.

Beweis durch Induktion nach der Hohe N des Baumwipfels. Fur $N = 0$ sieht der Baum sehr kümmerlich aus: ● . Keiner der n Spieler kommt wirklich dran, jeder hat nur eine Strategıe, namlich nichts zu tun, und somit herrscht Gleichgewicht. Für $N = 1$ sieht der Baum so aus:

Spıeler k ıst der eınzıge, der uberhaupt eıne Wahl zwischen mehreren Strategien hat: er darf einen Ast wahlen. Wahlt er den, an dem fur ıhn eıne maximale Auszahlung steht, so liegt Gleichgewıcht vor, die ubrigen Spieler konnen ohnehin nur nichts tun und Spieler k hat schon sein Bestes getan.

Angenommen, jedes Baumspiel einer Hohe $\leqslant N-1$ hat ein Gleichgewicht. Wir betrachten nun ein Baumspiel der Hohe N und schauen es so an:

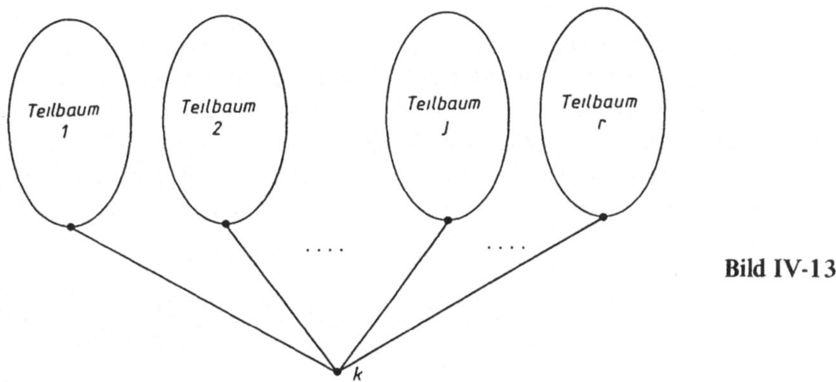

Bild IV-13

Spieler k ist als erster dran und hat die Wahl zwischen endlichvielen Zügen. Hat er seinen Zug getan, so folgt das Spiel weiterhin dem Teil-Baum j, dessen Nummer er soeben festgelegt hat. Jeder dieser Teil-Baume hat eine Hohe $\leqslant N-1$ (evtl. 0), besitzt also nach (Induktions-)Annahme mindestens ein Gleichgewicht; eines von diesen wählen wir aus und geben ihm den Namen „Gleichgewicht Nr. j"; dann hat jeder Teil-Baum sein Gleichgewicht, d.h. jeder Spieler hat in jedem Teil-Baum seine dortige Gleichgewichtsstrategie. Spieler k schaut sich an, was für eine Auszahlung ihm die Gleichgewichte Nr. 1, Nr. 2, ..., Nr. r bieten und richtet seine Wahl von j so ein, daß diese Auszahlung maximal wird. Die Strategie von Spieler k, der als erster dran ist, lautet nun

> ich wahle j; in jedem Teil-Baum spiele ich meine dortige Gleichgewichtsstrategie.

Für die übrigen Spieler, die ohnehin nur in den Teil-Bäumen dran sind, lautet die Strategie

> in jedem Teil-Baum spiele ich meine dortige Gleichgewichtsstrategie.

Es ist nun klar, daß diese n Strategien zusammen ein Gleichgewicht für unser Baumspiel bilden: Spieler k kann sich in keinem Teil-Baum verbessern und auch sein j ist optimal – gegen die festgehaltenen Strategien der übrigen Spieler, die ebenso keine Verbesserung im Alleingang (in irgendeinem Teil-Baum) erzielen konnen.

Der Weg, der uns hier zu *einem* Gleichgewicht geführt hat, erlaubt u.U. noch Freiheiten, so daß i.a. mehrere Gleichgewichte moglich sind, was uns das folgende Beispiel auch explizit bestätigt:

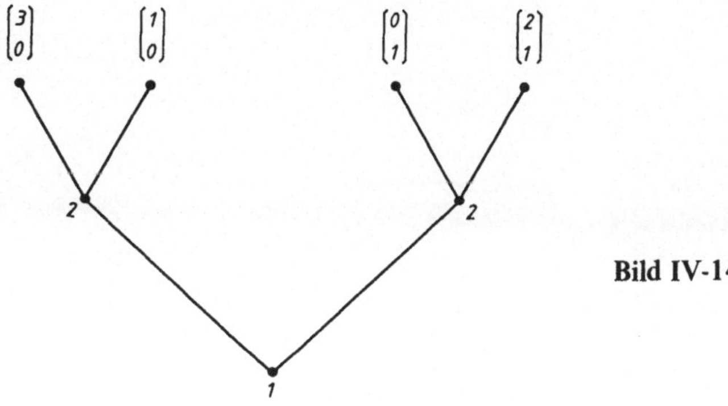

Bild IV-14

Für Spieler 2 ist hier jede Strategie im Teil-Baum ein Gleichgewicht, Wahlt Spieler 2 in jedem Teil-Baum „links", so muß Spieler 1 „links" wahlen und die Gleichgewichts-Auszahlungen sind $\binom{3}{0}$. Wählt Spieler 2 in jedem Teil-Baum „rechts", so wahlt Spieler 1 „rechts" und die Gleichgewichts-Auszahlungen sind $\binom{2}{1}$.

Die mit unserem Begriff „Baumspiel" verbundene Vorschrift, alle Strategien bekanntzugeben (sog. Spiel mit *vollstandiger Information*) ist fur die Gultigkeit unseres Gleichgewichtstheorems entscheidend. Läßt man sie fallen, so andert sich der Strategie-Begriff grundlegend, da der Spieler seine Einzel-Entscheidungen u.U. festlegen muß, ohne zu wissen, wo im Baum diese Entscheidung wirksam wird. Ein Beispiel hierfur ist das Spiel „Finanzamt und Steuerpflichtiger" (nach Selten [1982]), bei dem wir die Gelegenheit benutzen, auch gleich das Vorkommen von Zufallszügen kennenzulernen.

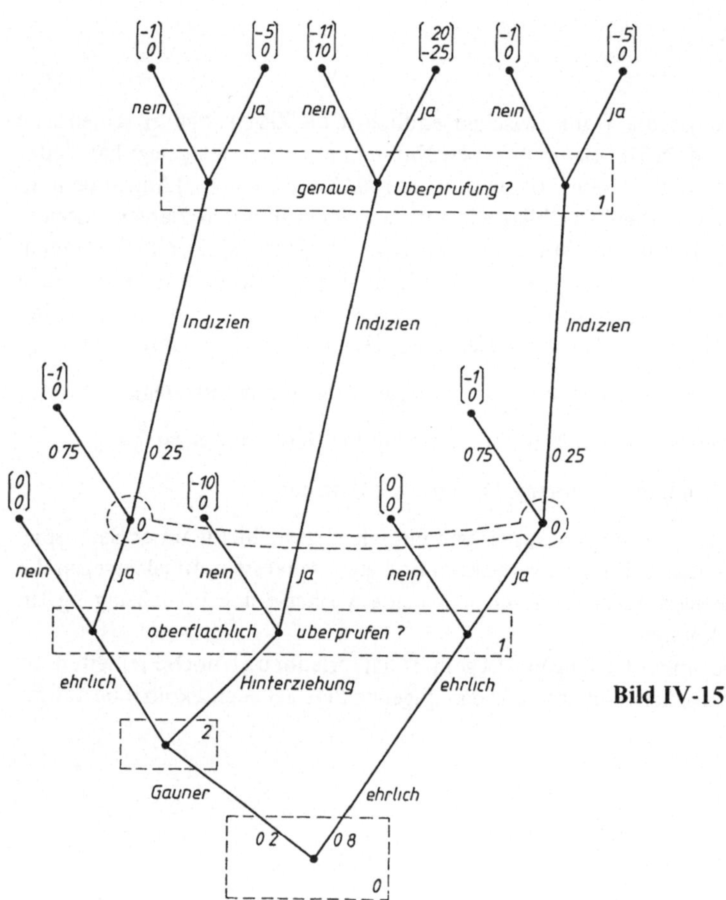

Bild IV-15

Da die drei Spieler

     Spieler 0 = Zufall
     Spieler 1 = Finanzamt
     Spieler 2 = Steuerpflichtiger

voneinander nicht wissen, was sie jeweils tun, muß man die Knoten des Spielbaums in sogenannte Informationsbezirke einteilen und für alle Knoten desselben Informationsbezirks dem Spieler, der in diesem Bezirk „dran" ist, dieselben Alternativen (hier: links, rechts) anbieten, zwischen denen er dann uniform für den Bezirk zu entscheiden hat: eine Strategie besteht darin, fur jeden Bezirk, in dem man „dran" ist festzulegen, welche Entscheidung gleichmäßig für diesen Bezirk zu gelten hat (hier: „alles links", oder „alles rechts").

Der Leser ist eingeladen das nebenstehende Diagramm durchzustudieren und sich einen Vers auf die angegebenen Auszahlungen (die obere fur Spieler 1 = Finanzamt, die untere für Spieler 2 = Steuerpflichtiger) zu machen. Der Umstand, daß an einigen Stellen der Zufall am Werke ist, macht das Erreichen einer bestimmten Wipfelspitze bei gegebenen Strategien zu einer Zufallssache. Wenn z.B. das Finanzamt (1) stets überprüft („sturer Bürokrat") und der Steuerpflichtige (2) sich für den Fall, daß er ein Gauner ist, zur Hinterziehung entschließt, gehen alle nicht-zufälligen Entscheidungen nach rechts und man landet mit der Wahrscheinlichkeit

$$0.2 \qquad \text{bei} \quad \begin{pmatrix} 20 \\ -25 \end{pmatrix} \quad \text{(„Gauner zahlt Strafe")}$$

$$0.8 \cdot 0.75 = 0.6 \quad \text{bei} \quad \begin{pmatrix} -1 \\ 0 \end{pmatrix} \quad \text{(„Finanzamt trägt die Kosten der ergebnislosen oberflächlichen Prufung")}$$

$$0.8 \cdot 0.25 = 0.2 \quad \text{bei} \quad \begin{pmatrix} -5 \\ 0 \end{pmatrix} \quad \text{(„Finanzamt trägt die Kosten der ergebnislosen oberflächlichen + genauen Überprufung")}$$

Dies bedeutet für das Finanzamt (1) eine erwartete Auszahlung von

$$0.2 \cdot 20 + 0.6 \cdot (-1) + 0.2(-5)$$
$$= 4 - 0.6 - 1 = 2.4$$

und für den Steuerpflichtigen (2) eine erwartete Auszahlung

$$0.2 \cdot (-25) + 0.6 \cdot 0 + 0.2 \cdot 0 = -5 \, ,$$

nach der Produktregel der Wahrscheinlichkeitsrechnung (Unabhängigkeit der Zufallsentscheidungen,...) etc., so daß man das Ergebnis dieser Strategien so ausdrücken kann:

treffen sture Bürokraten auf entschlossene Hinterzieher, so siegt im Schnitt das Finanzamt.

Natürlich ändert sich die Situation, wenn man andere Strategien und Auszahlungen ansetzt. Man wird auch an die Möglichkeit denken, daß der Finanzbeamte auch die Entscheidungen, bei denen apriori kein Zufall am Werke ist, auswürfelt, was auf die im nachsten Unterabschnitt zu behandelnden „gemischten Strategien" führt.

Für viele reale Lebenssituationen kommt hochstens ein Spiel mit unvollständiger Information als Modell in Frage: jeder weiß, wie viele Entscheidungen er ohne Kenntnis der Gesamtsituation und der „Auszahlungen" über den Daumen peilen muß (Politik, Partnerwahl, Erziehung, ...). Die Anwendbarkeit des obigen Gleichgewichts-Theorems ist die Ausnahme.

5.2   Das Gleichgewichts-Theorem für nichtkooperative Spiele

In § 4 hatten wir mehrere Bimatrix-Spiele kennengelernt. Beispielsweise sagte beim „prisoner's dilemma" die Bimatrix

Spieler 2

		G	L
Spieler 1	G	2 2	0 3
	L	3 0	1 1

welche Auszahlungen (in Form von Strafnachlassen) die beiden Spieler nach Entscheidung zwischen ihren Strategien G (= Gestehen) und L (= Leugnen) zu gewärtigen haben. Bei vielen solchen Bimatrixspielen gibt es keine Gleichgewichtssituation. So sagen uns z.B. die Pfeile in der Bimatrix

3 2	0 1
1 3	2 0

wie sich das Spiel im Kreise drehen würde, wenn die Spieler abwechselnd darüber nachdenken würden, wie sie auf die gerade vorliegende Strategie des Gegners am besten antworten. Auch beim Nullsummenspiel „Knobeln" mit der Bimatrix

0 0	1 -1	-1 1
-1 1	0 0	1 -1
1 -1	-1 1	0 0

kann man so einen ungleichgewichtigen Kreislauf einzeichnen. Aber gerade beim Knobeln haben wir gesehen, wie wir Gleichgewicht herstellen konnen, wenn wir den beiden Spielern vorschlagen, doch „statistisch" mit Haufigkeiten $\frac{1}{3}, \frac{1}{3}, \frac{1}{3}$ ihre drei Strategien unabhängig voneinander zu spielen. In der Tat haben wir damals ausgerechnet, daß dann keiner der beiden Spieler mehr einen Grund hat, von seiner statistischen, oder wie man dann sagt, *gemischten Strategie* $\frac{1}{3}, \frac{1}{3}, \frac{1}{3}$ abzugehen.

Der Satz, den wir jetzt ansteuern, besteht nun einfach in einer Ausdehung dieser höchst speziellen Einsicht auf den Fall von n Spielern, deren jeder eine endliche Anzahl von Strategien zur Verfugung hat.

Um nicht allzu komplizierte Bezeichnungen zu bekommen, führen wir die weiteren Erläuterungen für $n = 3$ durch; die Ausdehnung auf eine beliebige endliche Zahl n von Spielern sollte dann auf der Hand liegen.

Es haben also Spieler 1 die Wahl zwischen endlichvielen Strategien mit Nummern $1,2,...,r$, Spieler 2 die Wahl zwischen Strategien Nr. $1,2,...,s$, und Spieler 3 zwischen Strategien Nr. $1,2,...,t$. Natürlich ist Strategie Nr. 1 für Spieler 1 etwas völlig anderes als Strategie Nr. 1 für Spieler 2, etc.

Eine *gemischte Strategie* für Spieler 1 ist nun einfach eine Verteilung von Gewichten $u_1,...,u_r \geqslant 0$ mit $u_1 + ... + u_r = 1$ auf die r Strategien von Spieler 1; wir sprechen abkürzend von der gemischten Strategie u für Spieler 1. Entsprechend haben wir gemischte Strategien v bestehend aus $v_1,...,v_s$, für Spieler 2 und gemischte Strategien w für Spieler 3 — jedenfalls eine gewaltige Fülle möglicher u, v, w, da man die u_i, v_j, w_k ja kontinuierlich variieren kann (außer für $r = 1$, $s = 1$, $t = 1$). Im Gegensatz zu den gemischten Strategien u, v, w nennen wir die alten Strategien $1, ..., r$ für Spieler 1 *reine Strategien* für Spieler 1, und entsprechend für Spieler 2 und Spieler 3.

Wenn nun die drei Spieler ihre drei gemischten Strategien u, v, w gewählt haben, denken wir uns folgendes weitere Vorgehen: das Spiel wird in einer langen Serie von Wiederholungen gespielt. Innerhalb dieser Serie spielt Spieler 1 im Bruchteil u_1 der Fälle seine reine Strategie Nr. 1, im Bruchteil u_2 der Fälle die reine Strategie Nr. 2 etc. und entsprechend verfährt Spieler 2 mit v und Spieler 3 mit w. Dabei wird angenommen, daß Spieler 1 einen Zufallsmechanismus betätigt, der mit den Wahrscheinlichkeiten $u_1,...,u_r$ arbeitet, entsprechend auch Spieler 2 mit v, Spieler 3 mit w, und daß diese drei Zufallsmechanismen unabhängig voneinander arbeiten. Nach den Regeln der Wahrscheinlichkeitsrechnung kommt dann die Kombination i, j, k von reinen Strategien (i für Spieler 1; j für Spieler 2, k für Spieler 3) annähernd mit der relativen Häufigkeit $u_i \cdot v_j \cdot w_k$ (sog. Produktformel) vor. Wenn auf i, j, k

> für Spieler 1 die Auszahlung A_{ijk}
> für Spieler 2 die Auszahlung B_{ijk}
> für Spieler 3 die Auszahlung C_{ijk}

steht, bekommt

> Spieler 1 im Schnitt $\quad \sum\limits_{i,\,j,\,k} A_{ijk} u_i v_j w_k$
>
> Spieler 2 im Schnitt $\quad \sum\limits_{i,\,j,\,k} B_{ijk} u_i v_j w_k$
>
> Spieler 3 im Schnitt $\quad \sum\limits_{i,\,j,\,k} C_{ijk} u_i v_j w_k$,

wobei stets über alle Kombinationen i, j, k von reinen Strategien (i für Spieler 1 etc.) zu summieren ist.

Für diese drei Werte wollen wir abkürzend

$$A(u, v, w), B(u, v, w), C(u, v, w)$$

schreiben.

Wenn es nun gelingt, ganz besondere u, v, w — wir wollen sie $\bar{u}, \bar{v}, \bar{w}$ nennen — so zu bestimmen, daß Spieler 1 bei jeder Abänderung $\bar{u} \to u$ seiner gemischten Strategie $\bar{u}$

$$A(u, \bar{v}, \bar{w}) \leqslant A(\bar{u}, \bar{v}, \bar{w})$$

erntet, sich also gegen festgehaltene $\bar{v}, \bar{w}$ nicht verbessern kann, und wenn Analoges auch für Spieler 2 und Spieler 3 gilt, so liegt mit $\bar{u}, \bar{v}, \bar{w}$ *Gleichgewicht* (in *gemischten Strategien*) vor. Es ist nun praktisch klar, wie man all dies auf n Spieler mit gemischten Strategien $u, ..., v, ..., w$ ausdehnt, und es bleibt nur die Frage, ob besagtes „wenn" wirklich eintreten kann. Dies garantiert nun eben das

Gleichgewichts-Theorem von Nash [1950], [1951]. In jedem n-Personenspiel der beschriebenen Art gibt es mindestens einen Gleichgewichtspunkt aus gemischten Strategien.

Da in unserer Spiel-Beschreibung keine Kooperation zwischen den Spielern vorgesehen ist, spricht man hier von *nichtkooperativen n-Personen-Spielen* (Nashs *Gleichgewichts-Theorem für nichtkooperative n-Personen-Spiele*).

Wie beweist man diesen Satz? Man stellt ein dynamisches System (Kap. VI) X, T her, das den Voraussetzungen des *Fixpunktsatzes von Brouwer* (Kap. V, § 5) genügt: X ist konvex und kompakt und T ist stetig. Der Fixpunktsatz liefert dann einen Punkt $\bar{x}$ in X, der unter T fix ist: $T\bar{x} = \bar{x}$. Alles kommt dann darauf an, es auch noch so eingerichtet zu haben, daß dies $\bar{x}$ einem Gleichgewicht $\bar{u}, \dots, \bar{w}$ im vorgegebenen n-Personenspiel entspricht. In der Tat wählt man X schlicht und einfach als die Menge *aller* möglichen Kombinationen $u, \dots, w$ von gemischten Strategien (u für Spieler 1, $\dots$, w für Spieler n) und kann dann in der Tat zeigen, daß X auf natürliche Weise konvex und kompakt ist; und T richtet man so ein, daß der Übergang von x zu Tx, also von $u, \dots, w$ zu einem $u', \dots, w'$) gerade das Bestreben jedes einzelnen Spielers wiedergibt, seine Auszahlung durch die Abänderung ($u \to u'$ bei Spieler 1 etc.) gegen die festgehaltenen gemischten Strategien der übrigen Leute ($\dots, w$ bei Spieler n) anzuheben. Wenn man das geschickt ansetzt, bekommt man ein stetiges T und ein Fixpunkt (nach Brouwer) entspricht einer Situation $\bar{u}, \dots, \bar{w}$, in der eben keiner der Spieler sich wirklich verbessert: Gleichgewicht. – Mit dieser Beweis-Andeutung wollen wir es hier bewenden lassen. Wir lassen noch einige Diskussionsbemerkungen folgen.

a) *Reine Strategien und gemischte Strategien*

Man kann jede reine Strategie mit einer speziellen gemischten Strategie in folgender Weise identifizieren: ist i eine reine Strategie für Spieler 1, so bedeutet diejenige gemischte Strategie u, die durch

Gewicht $u_i = 1$ auf i

Gewicht 0 auf jeder anderen reinen Strategie

definiert ist, daß Spieler 1 sich voll auf i konzentriert und alle anderen reinen Strategien außer acht läßt: dies u ist für ihn so gut wie i, und diese Einsicht bewahrt sich auch in allen diesbezüglichen Rechnungen. Man sagt etwas salopp:

reine Strategien sind spezielle gemischte Strategien

und

das Spiel mit gemischten Strategien ist die gemischte Erweiterung des Spiels mit reinen Strategien.

Der obige Gleichgewichts-Satz läßt sich dann so wiedergeben:

In reinen Strategien hat man nicht immer ein Gleichgewicht, aber in der gemischten Erweiterung gibt es stets eines.

b) *Die Belegung der reinen Strategien im Gleichgewicht*

Haben die Spieler $2, \dots, n$ ihre (gemischten) Strategien gewählt, so kann Spieler 1 seine reinen Strategien daraufhin inspizieren, was sie ihm gegen jene gemischten Strategien bringen. Er optimiert seine Auszahlung genau dann, wenn er nur jene reinen Strategien mit Gewichten $\neq 0$ belegt, die eine maximale Auszahlung (alle dieselbe) bringen. Dies ist also im Gleichgewicht für jeden Spieler der Fall: jeder Spieler belegt nur diejenigen seiner reinen Strategien mit Gewichten $\neq 0$ seiner gemischten Strategie, die ihm gegen die gemischten Strategien der übrigen Spieler eine maximale Auszahlung liefern: alle dieselbe. Diese Aussage wird von spieltheoretisch arbeitenden Biologen manchmal als Satz von Bishop-Cannings bezeichnet.

c) *Der Fall eines 2-Personen-Nullsummenspiels: Minimax*

Den historischen Ausgangspunkt für Nashs Gleichgewichte bildete der Spezialfall der 2-Personen-Nullsummenspiele. Hat hier Spieler 1 die reinen Strategien Nr. 1, … , r und Spieler 2 seine reinen Strategien Nr. 1, … , s, so ergibt sich, wenn Spieler 1 sich für i, Spieler 2 sich für j entscheidet, eine Auszahlung

$$A_{ij} \quad \text{für Spieler 1}$$
$$B_{ij} \quad \text{für Spieler 2.}$$

„Nullsummenspiel" heißt $A_{ij} + B_{ij} = 0$, also $B_{ij} = -A_{ij}$: was Spieler 1 bekommt, hat er Spieler 2 weggenommen und vice versa (reales Beispiel: Verteilung unveränderlicher Gütermengen). Spielt Spieler 1 die gemischte Strategie u und Spieler 2 eine gemischte Strategie v, so ergibt sich die Auszahlung

$$A(u, v) = \sum_{i,j} A_{ij} u_i v_j \quad \text{für Spieler 1}$$
$$-A(u, v) \quad \text{für Spieler 2.}$$

Spezielle u, v genannt $\bar{u}, \bar{v}$ bilden zusammen ein *Gleichgewicht*, wenn

$$A(u, \bar{v}) \leqslant A(\bar{u}, \bar{v}) \text{ für jede gemischte Strategie } u \text{ für Spieler 1}$$
$$-A(\bar{u}, v) \leqslant -A(\bar{u}, \bar{v}) \text{ für jede gemischte Strategie } v \text{ für Spieler 2}$$

Man schreibt die erste Aussage auch

$$A(\bar{u}, \bar{v}) = \max_u A(u, \bar{v}) \,.$$

Die zweite kann man ebenso in

$$-A(\bar{u}, \bar{v}) = \max_v (-A(\bar{u}, v))$$

umschreiben, aber man zieht es hier vor, durch Übergang von $-A$ zu $+A$ alle Größer-Kleiner-Beziehungen umzukehren, so daß man auf

$$A(\bar{u}, \bar{v}) = \min_v A(\bar{u}, v)$$

kommt. Nun gilt für beliebige u', v'

$$\min_v A(u', v) \leqslant A(u', v') \leqslant \max_u A(u, v') \,,$$

denn wenn man von $A(u', v')$ zu $\min_u A(u, v')$ übergeht, kommt man höchstens tiefer, und wenn man zu $\max_v A(u', v)$ übergeht, höchstens höher. Wie man also auch u', v' wählt, es gilt immer

$$\min_v A(u', v) \leqslant \max_u A(u, v') \,.$$

Dies bleibt auch richtig, wenn man links durch geschickte Wahl von u zum größtmöglichen Wert $\max_u \min_v A(u, v)$ und rechts zum kleinstmöglichen Wert $\min_v \max_u A(u, v)$ übergeht:

$$\max_u \min_v A(u, v) \leqslant \min_v \max_u A(u, v) \,.$$

Dies ist die sogenannte *Minimax-Ungleichung*; sie war problemlos zu gewinnen und ist keine besonders tiefe mathematische Aussage. Man kann sie sich so merken: Spieler 1 macht $\max_u$, Spieler 2 macht $\min_v$ und was mit max angefangen hat (rechte Seite) bleibt $\geqslant$ als was mit min angefangen hat (linke Seite).

Nun gibt es (nach Nash) aber ein Gleichgewicht $\bar{u}$, $\bar{v}$, und das hatte

$$\max_u \min_v A(u, v) \geqslant \min_v A(\bar{u}, v) = A(\bar{u}, \bar{v}) = \max_u A(u, \bar{v}) \geqslant \min_v \max_u A(u, v)$$

zur Folge. Die Enden dieser Ungleichung ergeben gerade die Umkehrung zur Minimax-Ungleichung $\geqslant$ statt $\leqslant$. Das macht zusammen

$$\max_u \min_v A(u, v) = \min_v \max_u A(u, v) , \tag{1}$$

und dies ist $= A(\bar{u}, \bar{v})$ für *jedes* Gleichgewicht $\bar{u}$, $\bar{v}$.

Die Aussage ist das berühmte *Minimax-Theorem*, mit dessen Beweis im Jahre 1928 John v. Neumann (1903–1957) die Entwicklung der modernen mathematischen Ökonomie einleitete (Neumann [1928]). Für diesen Spezialfall des Gleichgewichtstheorems gibt es etwa acht auf eben diesen Spezialfall zugeschnittene Beweise, und von diesen kommen einige mit erheblich einfacheren Hilfsmitteln als dem tiefen Fixpunktsatz von Brouwer, ohne den man Nashs Theorem bis heute nicht allgemein beweisen kann, aus. In der Tat kann man das Minimax-Theorem in die Theorie der linearen Optimierung (§ 1, § 2) einfügen. Dies hat die angenehme Konsequenz, daß man gemischte Gleichgewichte im Nullsummen-Fall wesentlich leichter explizit ausrechnen kann als in dem allgemeinen, von Nashs Theorem abgedeckten Fall (Simplex-Algorithmus u.dgl.). Bemerkenswert ist ferner, daß im Nullsummen-Fall alle Gleichgewichte zu denselben Auszahlungswerten $A(\bar{u}, \bar{v})$ führen, wie wir oben gesehen haben. Daß dies bei Nicht-Nullsummen-Spielen nicht der Fall zu sein braucht, haben wir im Unterabschnitt Nr. 1 im Anschluß an das dortige Gleichgewichtstheorem durch ein Beispiel belegt.

d) *Evolutionsstabile Strategien (ESS)*

In biologischen Spielen geht es gewöhnlich um Auseinandersetzungen innerhalb ein und derselben Species, deren Individuen alle über ein und dieselbe Liste $1, \ldots, r$ möglicher reiner Strategien verfügen und in 2-Personen-Situationen aufeinandertreffen. Gemischte Strategien $u = u_1, \ldots, u_r$ treten als Populations-Proporz auf: der Bruchteil u_1 befolgt Strategie Nr. 1 etc. Da die Population gegen sich selbst spielt, sind vor allem die Auszahlungen

$$A(u, u)$$

für gemischte Strategien u von Interesse. Tritt in der Population ein Mutant mit der reinen Strategie Nr. i auf, so steht er gegenüber der durch u beschriebenen Population mit der Auszahlung ($=$ fitness) $A(i, u)$ da. Ist $A(i, u) > A(u, u)$, so hat der Mutant eine überdurchschnittliche fitness und vergrößert daher seinen Anteil an der Population. Populationsdynamisches Gleichgewicht kann also nur vorliegen, wenn $A(i, u) \leqslant A(u, u)$ für alle i gilt. Diese notwendige Bedingung ist aber noch nicht allgemein hinreichend. Es könnte ja vorkommen, daß $A(i, u) = A(u, u)$ ist, und daß eine wie immer verursachte Populationsverschiebung zugunsten von i die gesamte fitness nicht beeinträchtigen würde. Um diesen Fall auszuschließen, stellt man die zusätzliche Forderung

$$A(i, u) = A(u, u) \Rightarrow A(i, i) < A(u, u) .$$

Dies bedeutet, daß i-Individuen, wenn sie auf ihresgleichen treffen, schlechter davonkommen als gegenüber der gemischten Strategie u; bei einer Verschiebung von u zugunsten von i würde dieser Fall verstärkt eintreten, die fitness der Gesamtpopulation würde sinken und ein Zurückpendeln in Richtung u wäre sofort biologisch erfolgreicher. Aus diesen Überlegungen stammt die

Definition. Bei einem Bimatrixspiel, dessen zwei Spieler über dieselben Strategien verfügen und spiegelsymmetrische Auszahlungen erhalten ($A_{ij} = B_{ji}$, wobei A die Auszahlung an Spieler 1

B die an Spieler 2 bedeutet), heißt eine gemischte Strategie $\bar{u}$ *evolutionsstabil* (engl. evolutionary stable strategy = ESS), wenn $\bar{u}, \bar{u}$ ein Gleichgewicht ist, und für jede reine Strategie *i* gilt:

$$A(i, \bar{u}) = A(\bar{u}, \bar{u}) \Rightarrow A(i, i) < A(\bar{u}, \bar{u}).$$

Der Begriff der ESS beherrscht die gesamte biologisch-spieltheoretische Literatur (vgl. Smith [1982], Hofbauer-Sigmund [1984]) und beginnt auch in die mehr ökonomisch orientierte Spieltheorie einzudringen (z.B. Selten [1980]). Im Beispiel § 4, Nr. 5 haben wir eine ESS bestimmt.

5.3 Gleichgewichts-Theoreme der mathematischen Ökonomie

In der heutigen mathematischen Wirtschaftstheorie spielt die *Beschreibung* der tatsächlichen wirtschaftlichen Verhältnisse in einer Wirtschaftseinheit (z.B. einer Nation), eine untergeordnete Rolle. Vielmehr geht es darum, der wirtschaftlichen Wirklichkeit ein mathematisches *Modell* gegenüberzustellen, um das Wirtschaftssystem in einem umfassenden Sinne zu verstehen. Die mathematische Wirtschaftstheorie stellt heute ein riesiges Arsenal möglicher Modelle zur Verfügung. Welche dieser mathematischen Apparaturen (dies Wort suggeriert wohl eine ungefähr zutreffende Vorstellung) man sich im konkreten Falle aussucht, hängt von den allgemeinen Charakteristika von Situation und Fragestellung ab; oft geht es gar nicht um eine Darstellung des wirtschaftlichen Gesamtzustandes einer ganzen Nation, sondern nur um die Optimierung eines kleineren Verbundes von Betrieben u.dgl. Die Erhebung konkreter Wirtschaftsdaten hat dann vor allem den Zweck, Größen, die man am gewählten Apparat noch einzustellen hat (sog. Parameter), möglichst realitätsnah einzustellen, so daß der Apparat möglichst treffende Prognosen, möglichst realistische Aktionsvorschläge etc. zu produzieren imstande ist. — Die meisten Modelle der heutigen mathematischen Ökonomie arbeiten mit

einer Liste von Wirtschafts-Agenten (Produzenten, Konsumenten),
einer Liste von Gütern, die in der betreffenden Wirtschaft eine Rolle spielen,
möglichen Preislisten für diese Güter,
und für jede solche Preisliste mit dann von den Agenten besonders bevorzugten Aktionen.

Dabei bestehen die *Aktionen* wiederum in Listen, in denen für jedes Gut ein Quantum dieses Guts aufgeführt wird; dies Quantum wird negativ angesetzt, wenn das Gut bei der Aktion verbraucht wird, und positiv, wenn man es dabei produziert. — Unter einem Gleichgewicht in einem solchen Modell versteht man die Angabe

einer Preisliste und
einer Aktion für jeden Agenten,

derart, daß jeder Agent eine von ihm bei dieser Preisliste besonders bevorzugte Aktion zugewiesen bekommt. Die erste Hauptfrage ist dann natürlich, ob es solche Gleichgewichte gibt. Sie wird in einer ganzen Reihe von Fällen durch Anwendung des Brouwerschen Fixpunktsatzes oder des Fixpunktsatzes von Kakutani (Kap. V, § 5) positiv beantwortet. Diese positiven Antworten sind gerade die Gleichgewichts-Theoreme der mathematischen Wirtschaftstheorie.

Diese Theoreme haben mit Nashs Theorem über Gleichgewichte bei nichtkooperativen *n*-Personenspielen eines gemeinsam: sie handeln ebenfalls von einer endlichen Anzahl von Personen oder Wirtschafts-Agenten und die Begriffe ,,konvex`` und ,,kompakt`` spielen eine zentrale Rolle. Es bestehen jedoch gewichtige Unterschiede: die möglichen Verhaltensweisen eines Wirtschafts-Agenten sind nicht einfach beliebige gemischte Strategien über einer endlichen Menge von schlicht durchnumerierten reinen Strategien, sondern einem i.a. komplizierter gebauten Bereich entnommen. Ferner erfolgt die Bewertung von Verhaltensweisen (Strategien) nicht einfach bloß nach einer Auszahlung, sondern i.a. nach viel raffinierteren Praferenzen. Man kann jedoch die nichtkooperativen n-Personenspiele in diese Modelle als extreme Spezialfalle einordnen.

In die Details solcher Modelle einzusteigen, mussen wir uns hier leider versagen. Interessierte, die über einen gewissen mathematischen Hintergrund verfügen, konnen sich z.B. bei Debreu [1959], Hildenbrand-Hildenbrand [1975], Cassels [1981] und Konig-Neumann [1985] informieren; eine enzyklopädische Darstellung gibt Aubin [1979].

Gegen die mathematische Theorie okonomischer Gleichgewichte sind mehrere Einwande erhoben worden. Die wichtigsten sind:

(1) Die Sätze dieser Theorie sind bloße Existenzsatze; auch wenn sie gestatten, Gleichgewichte auszurechnen (hierfur gibt es Algorithmen, vgl. Scarf [1973]), so liefert doch diese Theorie keinen Hinweis, wie man sie praktisch herstellen kann, da die Theorie sich nicht mit durchsetzenden Institutionen befaßt.

(2) Diese Theorie sagt nicht, was passiert, wenn sich ein System nicht im Gleichgewicht befindet.

Dem Einwand (2) kann man einen Hinweis auf die mathematische Theorie der Konjunkturschwankungen entgegenhalten (vgl. z.B. Rosenmüller [1972]). Fur die Diskussion zu Einwand (1) vgl. z.B. Kornai [1971], Kotter [1982].

Kapitel V
Topologie

In diesem Kapitel mochte ich den Leser mit gewissen Grundideen der Topologie vertraut machen, jener Disziplin, die anschaulichen Vorstellungen wie

Kontinuum   Stetigkeit   Deformation

exakte mathematische Modelle zur Verfügung stellt. Im Verlauf unseres Besichtungsganges wird unser Vorstellungs-Arsenal noch eine Erweiterung erfahren, die durch Stichworte wie

Zusammenhang   Mannigfaltigkeit   Orientierung   Dimension   Kompaktheit

vorläufig angedeutet sein moge. Die exakte Begriffswelt der Topologie ist erst im 20. Jahrhundert nach Aufklärung zahlreicher Irrwege, auf die die Mathematiker durch ein zunächst allzu naives Vertrauen auf anschauliche Vorstellungen geraten waren, voll ausgebildet worden. Sie ist in ihren Einzelheiten oft nicht gar zu kompliziert, aber doch so vielfältig und abstrakt, daß eine wirklich adäquate Darstellung hier nicht in Frage kommt. So muß es mit einem gewissen Grade des Heranführens auf den Wegen der Anschauung sein Bewenden haben. Es kommt mir vor allem darauf an, den Leser mit gewissen grundlegenden Unterscheidungen und Auslotungen, einigen wichtigen Sätzen und einer gewissen Galerie von Prunkstücken mathematischen Konstruktions-Raffinements bekannt zu machen. Als Literatur seien vor allem die einschlägigen Kapitel bei Coxeter [1981] empfohlen.

§ 1   Topologische Räume und stetige Abbildungen

Wir betrachten die Abbildung

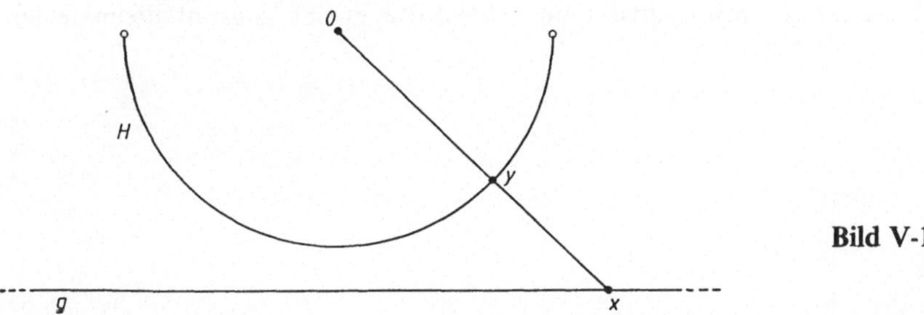

Bild V-1

und wollen uns vorstellen, daß wir mit dem Punkt x kontinuierlich auf der unendlichen Geraden g entlang fahren und dabei die sich ändernde Lage des Strahls $0x$ und des sich jeweils ergebenden Schnittpunkts y mit dem Halbkreis H verfolgen. Anschaulich ist klar:

A)   Kleine Verrückungen von x ergeben kleine Verruckungen von y und umgekehrt.

B) Wandert x nach links oder rechts ins Unendliche, so nahert sich y dem betreffenden Halbkreis-Ende, ohne es je zu erreichen.

Die Beobachtung A) laßt sich so vertiefen:

Aa) Schreiben wir für ein y_0 eine beliebige (insbesondere z.B.: beliebig kleine) Bogen-Umgebung U auf H vor, so konnen wir um das dem y_0 zugeordnete x_0 eine Umgebung V abgrenzen, derart, daß gilt: bleibt x in V, so bleibt y in U.

Ab) Dasselbe mit Vertauschung der Rollen von x_0 und y_0.

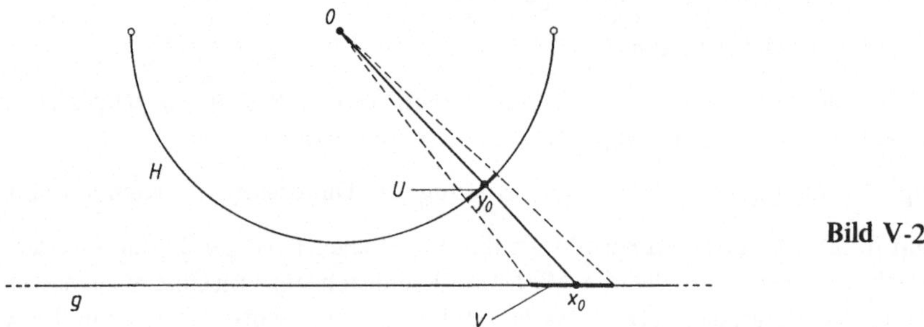

Bild V-2

Einigermaßen professionell-topologisch druckt man all dies so aus:

> Unsere obige Figur liefert eine umkehrbar eindeutige und in beiden Richtungen stetige Abbildung $x \to y$ des *topologischen Raumes* g (= „Gerade") auf den topologischen Raum H (= „Halbkreis ohne die Endpunkte"), einen sogenannten *Homoomorphismus*, der g und H als *topologisch aquivalent* erweist.

> In dieser Formulierung kommen vier Grundbegriffe der Topologie vor:

(1) Topologischer Raum. Wir haben g und H soeben als topologische Raume bezeichnet. Was gehört zum allgemeinen Begriff des topologischen Raums? Es gehort dazu

α) Eine („Grund-")Menge X von „Punkten" $x, x', \ldots$

β) Zu jedem Punkt x aus X ein System von *Umgebungen* $U, U', \ldots$; hierbei wird gefordert

> x ist in jeder Umgebung U von x enthalten.

> Zu zwei Umgebungen U, U' von x gibt es immer eine dritte, etwa $\bar{U}$ genannt, die in beiden enthalten ist.

Anschaulich:

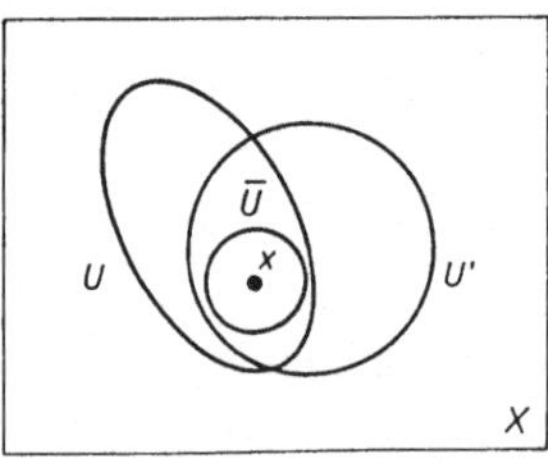

Bild V-3

In aller Regel fordert man noch das *Hausdorffsche Trennungsaxiom*:

Zwei verschiedene Punkte x, x' von X besitzen stets (u.a.) disjunkte Umgebungen U, U':

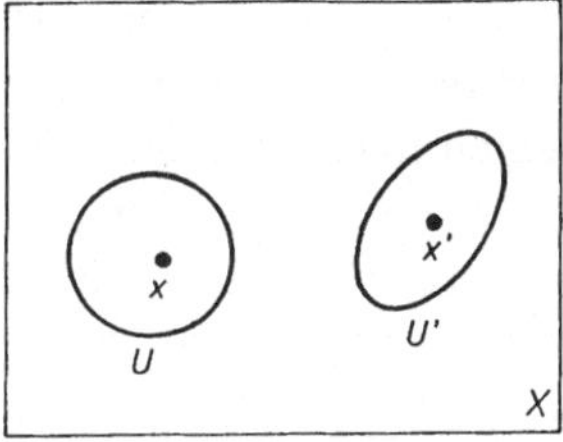

Bild V-4

In diesem Falle nennt man X (versehen mit den Umgebungssystemen für die einzelnen Punkte von X) einen *Hausdorff-Raum*; in praktisch jedem mathematischen Vortrag wird mit diesem Doppelwort des bedeutenden Mathematikers, Poeten und Essayisten Felix Hausdorff (Pseudonym Paul Mongré; 1968–1942) gedacht, der sich 1942 als Emeritus in Bonn der drohenden Deportation durch Freitod entzog.

(2) **Stetige Abbildung.** Sind X und Y topologische Räume und ist f eine Abbildung von X nach Y, d.h. ist jedem x aus X ein $y = f(x)$ aus Y zugeordnet, so nennt man diese Abbildung (= Zuordnung) f *stetig* im Punkte x_0 aus X, wenn es zu jeder Umgebung V von $y_0 = f(x_0)$ (in Y) eine Umgebung U von x_0 gibt, derart, daß alle x aus U in Punkte $y = f(x)$ aus V abgebildet werden; ist f in *jedem* Punkte x_0 aus X stetig, so heißt $f: X \to Y$ *stetig* (schlechthin). – Man beachte, daß diese Definition mit der Ausstattung auskommt, die wir in (1) dem Begriff „topologischer Raum" gegeben haben, zuzüglich der logischen Figur „zu jedem... gibt es...", die man auch mit den logischen sogenannten Quantoren $\forall$ (= zu jedem = für alle) und $\exists$ (= es gibt) hinschreiben kann. Es war eine ziemlich aufregende Entdeckung des 19. Jahrhunderts, daß man in der Vorstellungswelt des Kontinuierlichen mit den logischen Ausdrucksmitteln $\forall$, $\exists$ auskommen konnte.

(3) **Umkehrbar eindeutige, in beiden Richtungen stetige Abbildung („Homöomorphismus").** Bei unserem anfänglichen Beispiel hatte die Abbildung $f: x \to y$ von $X(=g)$ nach $Y(=H)$ folgende Eigenschaften

    verschiedene x ergeben verschiedene y (Injektivität, Eineindeutigkeit)

    jedes y kommt als Bild eines x vor   (Surjektivität, Abbildung „auf" Y (= H))

was man zusammen „umkehrbar eindeutig" oder „bijektiv" nennt. Man kann im bijektiven Fall, also zu einer sogenannten Bijektion, die Umkehrabbildung („Inverse") f^{-1} zu f bilden. Sind f und f^{-1} dann beide stetig, so spricht man von einer umkehrbar eindeutigen, in beiden Richtungen stetigen Abbildung und sagt, sie sei *homöomorph* oder ein *Homöomorphismus*.

(4) **Topologische Äquivalenz.** Gibt es zwischen zwei topologischen Räumen X und Y einen Homöomorphismus, so sagt man, X und Y seien *homöomorph* oder *topologisch äquivalent*. Man sagt auch etwas salopp, indem man die Zuordnung $f: x \to y$ als Namenstausch zwischen x und y deutet: X und Y unterscheiden sich topologisch nicht; der Unterschied besteht nur in den Namen der Elemente.

    Die Fülle der Beispiele von topologischen Räumen, über die man heute verfügt, ist ungeheuer. Man würde viel Druckerschwärze sparen, wenn man von zwei topologisch äquivalenten topologischen Räumen immer den einen wegfallen ließe, so daß am Schluß nur eine *komplette Liste* von topologisch paarweise *inäquivalenten* topologischen Räumen übrig bliebe. Die Aufgabe, eine solche Liste zu erstellen und auch wirklich zu beweisen, daß sie komplett und „paarweise inäquivalent" ist (und somit zu jedem topologischen Raum *genau einen* topologisch äquivalenten Repräsentanten enthält), nennt man die *Klassifikationsaufgabe der Topologie.* Sie repräsentiert einen theoretischen Aufgabentypus, der sich überall in der Mathematik wiederfindet: man hat einen Begriff (z.B. „topologischer Raum") und man möchte ihn extensional erfassen, d.h. eine komplette Liste der unter ihn fallenden Gegenstände unter Vermeidung unnötiger Duplizierungen aufstellen. Hat man diese Klassifikationsaufgabe für einen Begriff gelöst, so ist man mit diesem Begriff mathematisch sozusagen fertig. Die Topologie ist heute weit davon entfernt, in diesem Sinne fertig zu sein; nur für gewisse Klassen topologischer Räume hat man die Klassifikationsaufgabe bisher lösen können (§ 3).

Auch wenn man zwischen zwei topologischen Räumen einen Homöomorphismus hergestellt hat, so daß sie also topologisch als derselbe Raum anzusehen sind, können sie u.U. trotzdem immer noch jeder für sich Interesse beanspruchen. Beispielsweise zeigt die Abbildung wie sich

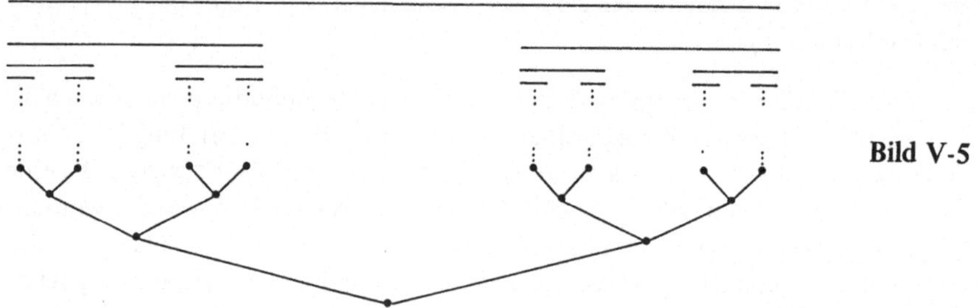

Bild V-5

die Punkte x des oben angedeuteten sogenannten *Cantorschen Discontinuums* — es entsteht aus einem Intervall, indem man in unendlicher Sukzession immer die mittleren Drittel wegläßt (von Georg Cantor (1845–1918), dem Schöpfer der Mengenlehre, um 1883 erfunden) — in bijektive Beziehung zu den aufsteigenden Pfaden des darunter gezeichneten unendlichen Baums, und damit zu den diese Pfade als Links-Rechts-Kommandofolgen repräsentierenden 0-1-Folgen à la 01101001... (0 = links, 1 = rechts) setzen lassen; definiert man als Umgebung Nr. n einer solchen 0-1-Folge die Gesamtheit aller mit ihr in den ersten n Komponenten übereinstimmenden 0-1-Folgen, so wird die Menge aller 0-1-Folgen zu einem topologischen Raum und obige Beziehung zu einem Homöomorphismus dieses Raums mit einem Cantor-Discontinuum. Dies Beispiel, mit dem wir zwei „Prunkstücke" der Topologie vorgeführt haben, sei dem Leser für längere Meditationen empfohlen.

Das Cantor-Discontinuum tritt in der Mathematik an vielen Stellen auf (vgl. etwa Kap. VI, §§ 3, 4). Es figuriert auch in Anatole Becks Paradoxon vom Hasen und der Schildkröte. Beide

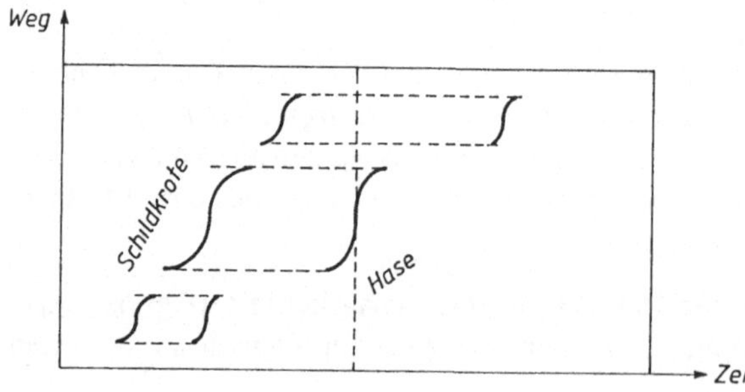

Bild V-6

Tiere benutzen je eine Art Cantor-Discontinuum zum Ausruhen: sie laufen nur auf den bei dessen Bildung weggelassenen Mittelteilen. Diese beiden Discontinua sind jedoch so konstruiert, daß der Hase zwar jede Stelle doppelt so schnell durcheilt wie die Schildkröte (seine Kurve ist in jeder Höhe x doppelt so steil), aber trotzdem doppelt so lange braucht (Beck [1979]).

§ 2   Kurven und Knoten

Kurven sind relativ einfache topologische Gebilde und geben trotzdem bereits Anlaß zu hochst verwickelten Phanomenen und Untersuchungen. Die Grundlage des Kurvenbegriffs bilden zwei spezielle Beispiele:

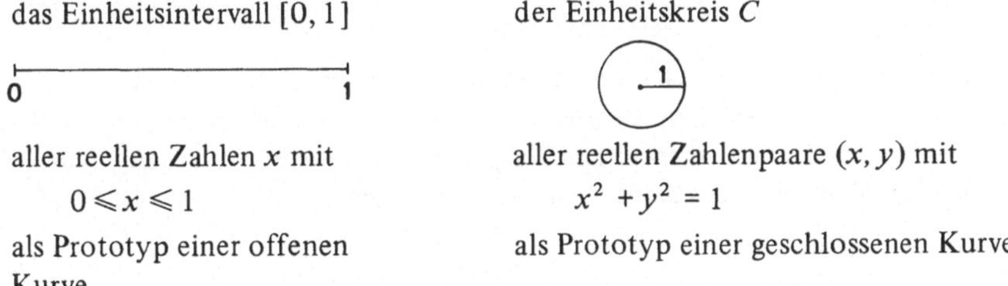

das Einheitsintervall $[0, 1]$ aller reellen Zahlen x mit

$$0 \leqslant x \leqslant 1$$

als Prototyp einer offenen Kurve

der Einheitskreis C aller reellen Zahlenpaare (x, y) mit

$$x^2 + y^2 = 1$$

als Prototyp einer geschlossenen Kurve.

Sowohl $[0,1]$ als auch C sind topologische Räume, wenn man in naheliegender Weise Umgebungen definiert.

Topologische Räume, die zu $[0,1]$ homoomorph sind, heißen *offene Jordan-Kurven*, topologische Räume, die zu C homoomorph sind, heißen *geschlossene Jordan-Kurven*. Das Präfix „Jordan" soll an Camille Jordan (1838–1922) erinnern (nicht an Pascual Jordan (1902–1980), der, obwohl theoretischer Physiker, soviel mathematisches Karat hatte, daß ihm zu Ehren der Begriff Jordan-Algebra benannt wurde). Bei einem Homoomorphismus von $[0,1]$ liefert 0 den *Anfangs*- und 1 den *Endpunkt* der zugehorigen Jordan-Kurve, und man sagt, sie *verbinde* den Anfangs- mit dem Endpunkt. Topologische Raume, in denen man jeden Punkt mit jedem andern (durch eine offene Jordan-Kurve) verbinden kann, heißen („bogenweise") *zusammenhangend*. C ist ein Beispiel dafür. Im Cantorschen Discontinuum läßt sich überhaupt nichts verbinden, weil sich überall ein irgendwann weggelassenes mittleres Drittel dazwischendrangt; es wird damit zum Prototyp eines sogenannten *total unzusammenhangenden* topologischen Raumes.

Der sogenannte *Jordansche Kurvensatz* besagt: legt man in die Ebene E eine geschlossene Jordan-Kurve K, so besteht der Rest von E („E ohne K") aus genau zwei zusammenhangenden Teilen, dem Außengebiet und dem Innengebiet von K. Dieser Satz ist ein typisches Beispiel für die historische Entwicklung der Topologie: vor Jordan betrachtete man immer nur spezielle geschlossene Jordan-Kurve, wie z.B. stückweise gerade oder „glatte" Kurven (Bild V-7), für die die Aussage des Jordanschen Kurvensatzes leicht zu beweisen ist und deshalb oft einfach intuitiv ohne Beweis hingenommen wird; erst Camille Jordan bemerkte, daß der allgemeine Kurvenbegriff derartig verwickelte Figuren erlaubt, daß die Aussage des Satzes alles andere als selbstverständlich ist und um-

Bild V-7

ständlich bewiesen werden muß; auch heute ist der Beweis des Jordanschen Kurvensatzes trotz mancher Vereinfachungen immer noch ganz schon kompliziert (Schmidt [1923], Moise [1977]). Man kann den Jordanschen Kurvensatz verschärfen: das Außengebiet einer Jordan-Kurve in der Ebene ist zu einer „Ebene minus Kreisscheibe", das Innengebiet zu einer Kreisscheibe homoomorph, wobei am Kreisloch wie an der Kreisscheibe die Randlinie jeweils wegzunehmen ist (Satz von Schoenflies).

Jordan-Kurven im dreidimensionalen Raum, wie z.B. die beiden Kleeblatt-Schlingen

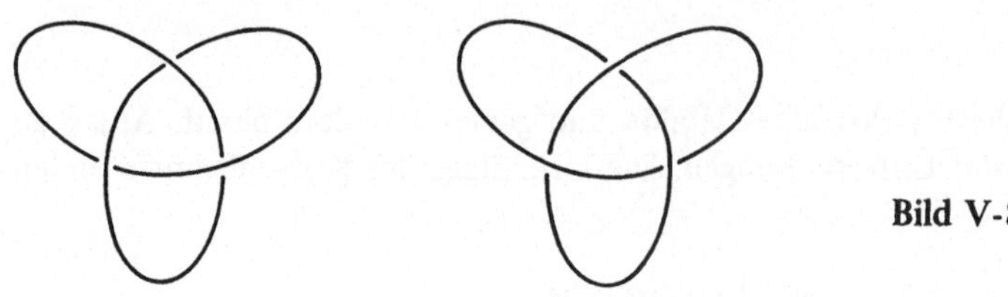

Bild V-8

heißen auch *Knoten*. Man nennt zwei Knoten äquivalent, wenn sie sich ineinander stetig deformieren lassen. Den hierbei erforderlichen Begriff der *Deformation* führt man auf den Begriff der stetigen Abbildung zurück, indem man einen Zeitparameter einbaut. Anschaulich ist dann z.B. eine Deformation einer Kreislinie im Raum etwa so wiederzugeben

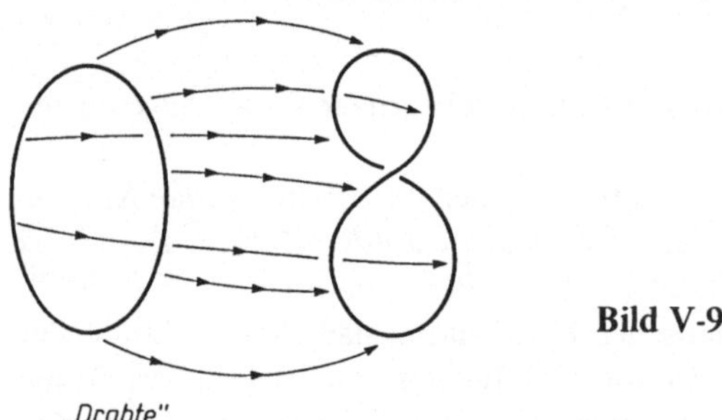

Bild V-9

Knoten, die sich in Streckenzuge wie —für die Kleeblatt-Schlingen als Beispiel —

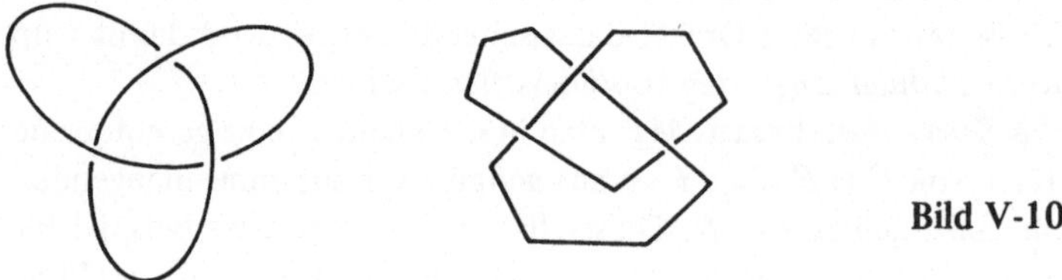

Bild V-10

deformieren lassen, heißen *zahme Knoten*; es gibt auch *wilde Knoten* (im punktierten Rechteck geht die Verschlingung ad infinitum weiter):

Bild V-11

Als weiteres „wildes" Gebilde sei hier das sogenannte *Antoinesche Halsband* (Antoine's necklace) eingeschoben. Es wird, nicht unähnlich dem Cantorschen Discontinuum, durch unendliches Weglassen aus einem massiven Ring wie folgt gebildet:

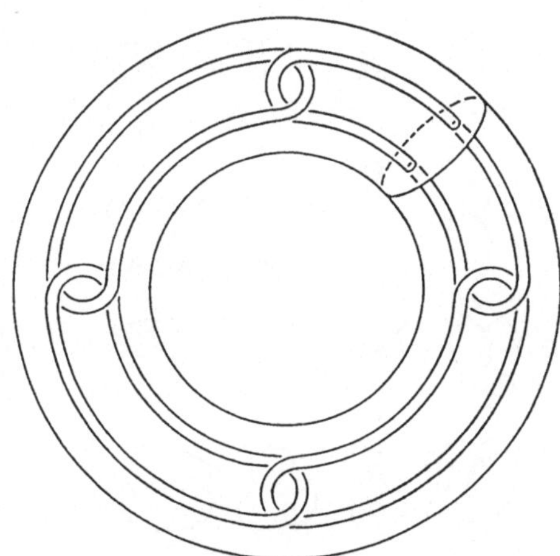

Bild V-12

Also: der Lehrbub schnitzt einen Elfenbein-Reif; der Geselle schnitzt aus diesem Reif eine Kette mit vier Gliedern; der Altgeselle schnitzt aus jedem dieser Kettenglieder eine weitere Kette mit vier Gliedern; der Meister schnitzt... Das Raffinement dieser zu einem bestimmten inner-topologischen Zweck ersonnenen Konstruktion des im 1. Weltkrieg blind gewordenen französischen Mathematikers Louis Auguste Antoine (1888–1971) soll Erhard Schmidt (1876–1959) zu dem Ausruf veranlaßt haben: „Nur ein Blinder konnte dies erschauen".

Doch zurück zu den zahmen Knoten. Man stellt für sie die folgenden Variante der *Klassifikationsaufgabe*: gesucht wird eine *komplette Liste aller zahmen Knoten*: jeder zahme Knoten läßt sich in genau einen Knoten aus der Liste deformieren; insbesondere lassen sich zwei verschiedene Knoten der Liste nicht ineinander deformieren. Lange, bis ins 19. Jahrhundert zurückreichende Vorarbeiten haben zu folgendem Listen-Anfang geführt (nach Alexander-Briggs [1927] bzw. Reidemeister [1932]):

Bild V-13 listet alle ebenen Projektionen von Knoten auf, die mit höchstens neun Überkreuzungen auskommen. Bei einigen dieser Projektionen ist das zugrundeliegende räumliche Urbild durch Über- und Unterkreuzungen direkt abzulesen. In allen anderen Fällen gibt es zwei räumliche Urbilder, die durch Spiegelung ineinander übergehen: man trage Über- und Unterkreuzungen so ein, daß sie sich beim Durchlaufen der Linie abwechseln – dies ist stets auf genau zwei Arten möglich. In einigen Fällen lassen sich die beiden Spiegelbilder ineinander deformieren; man spricht dann von einem amphicheiralen Knoten. Die Kleeblattschlinge ist nicht amphicheiral. In unserer Liste sind die Knoten nach einem Kompliziertheitsgrad geordnet, der durch die Minimalzahl der Überkreuzungen definiert ist, die bei einer ebenen Wiedergabe des Knotens in Kauf genommen werden müssen. Die Knoten Nr. 8_1 – 8_{21} bilden also die komplette Liste der zahmen Knoten mit acht Überkreuzungen. Man hofft, diese bis zu neun Überkreuzungen reichende Liste demnächst bis auf elf Überkreuzungen fortführen zu können. M.W. bisher nicht eingeordnet wurden die berühmten sechs Ornament-Knoten von Dürer (Bild V-14), der sich von einem Vorbild von Leonardo da Vinci anregen ließ. Verknotete Kettenmoleküle spielen in der Chemie eine Rolle (Boeckmann-Schill [1974]).

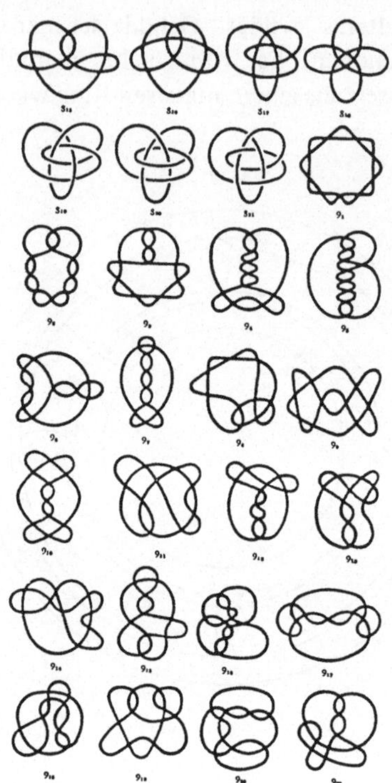

Bild V-13

Bild V-14

Wir haben in diesem Abschnitt bisher nur von Jordan-Kurven gesprochen, weil sich fur diese ein rundes Bukett von Resultaten anbot. Fur viele Zwecke ist jedoch der Begriff „Jordan-Kurve" nicht allgemein genug. Unter einer *(stetigen) Kurve* in einem topologischen Raum X versteht man eine beliebige stetige Abbildung von $[0, 1]$ nach X. Dies schließt den Extremfall, daß die ganze Kurve „auf der Stelle tritt", ein, und ebenso auch den Fall, daß Anfangs- und Endpunkt zusammenfallen: *geschlossene Kurve*. Anders als bei den auf Eineindeutigkeit festgelegten Jordan-Kurven konnen auch sonst massenhaft *Doppelpunkte* auftreten, d.h. Überführungen verschiedener Punkte aus $[0, 1]$ in ein und denselben Punkt aus X. Wir verdeutlichen die angedeuteten Moglichkeiten anschaulich

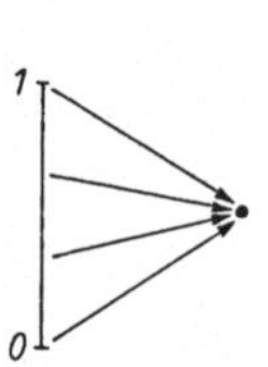

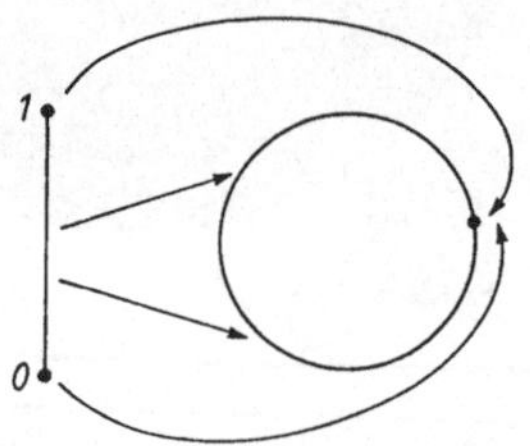
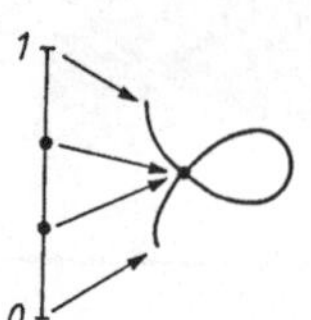

auf der Stelle treten   geschlossene Kurve   Doppelpunkt

Dieser allgemeine Kurvenbegriff spricht nicht nur von der Menge der durchlaufenen Punkte – diese kann (beim auf-der-Stelle-treten) bis auf einen Punkt zusammenschrumpfen – sondern vor allem von der Art, wie die Kurvenpunkte auf den (sog. Parameter-)Werten aus $[0, 1]$ aufgefädelt, d.h. ihnen zugeordnet sind. Eine der raffiniertesten Auffadelungen bietet die sogenannte Peano-Kurve, die wir hier nicht in der von Guiseppe Peano (1858–1932) publizierten Urfassung (Peano [1890]) sondern in der Variante von Hilbert [1891] vorführen. Sie kommt durch eine unendliche Folge von Modifikationen zustande und durchlauft schließlich das gesamte Ein-

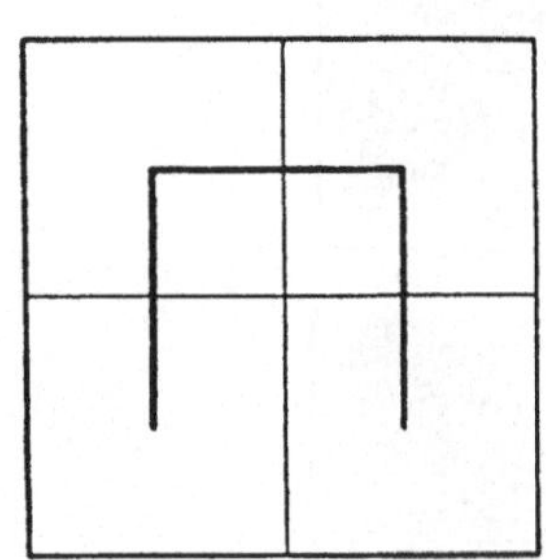
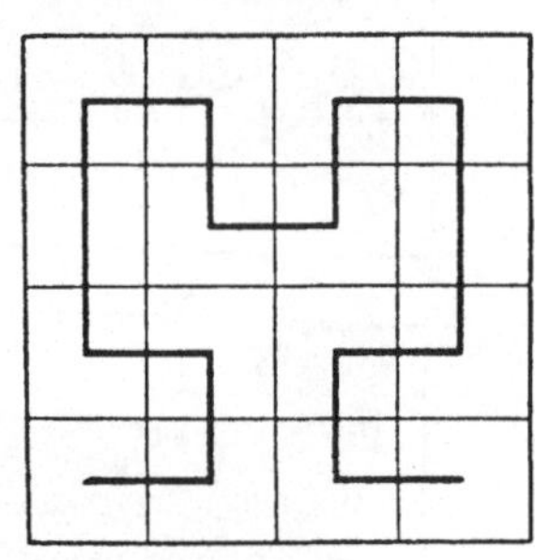
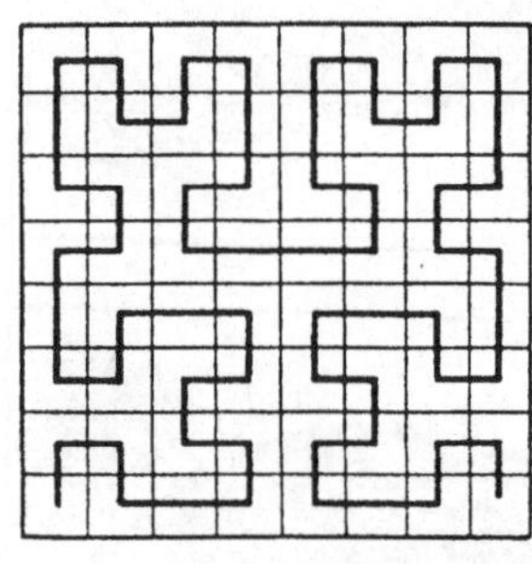

heitsquadrat Q aller (x, y) mit $0 \leqslant x \leqslant 1$, $0 \leqslant y \leqslant 1$, ohne auch nur einen Punkt auszulassen, so daß Q als stetiges Bild von $[0, 1]$ erscheint. Natürlich erhob sich im Anschluß an Peanos Entdeckung die Frage, ob Q sogar topologisch aquivalent zu $[0, 1]$ sei, d.h. ob man Q sogar als Jordan-Kurve darstellen konne, also mit einer bijektiven, in beiden Richtungen stetigen Abbildung zwischen $[0, 1]$ und Q (die Peano-Kurve ist nur in einer Richtung stetig und nicht bijektiv). Wenn dem so ware, so wurde der Dimensionsbegriff fur die Topologie zusammenbrechen, denn dann ware das eindimensionale $[0, 1]$ zum zweidimensionalen Q topologisch äquivalent. Mit dem grundlegenden *Satz von der Invarianz der Dimensionszahl*, der u.a. besagt, daß es eine solche topologische Äquivalenz zwischen $[0, 1]$ und Q nicht geben kann, legte Luitzen Egbertus Jan Brouwer (1881–1966) den Grundstein zur topologischen Theorie der *Dimension* (Brouwer [1913]). Derselbe L.E.J.Brouwer erschütterte übrigens zur gleichen Zeit die Grundfesten der Mathematik durch die Propagierung des sogenannten Intuitionismus (kurz: Logik mit tertium-non-datur-Verbot), der heute neben der klassischen Logik als Variante seinen Platz gefunden hat (vgl. Bd. 2, Kap. VII). Brouwers Satz von der Dimensions-Invarianz wurde 1928 durch den jungen Emanuel Sperner (1905–1980) auf eine kombinatorische Aussage – heute *Spernersches Lemma* genannt – zurückgeführt, was den Beweis außerordentlich vereinfachte (Sperner [1928]); wir werden im Zusammenhang mit einem anderen Satz von Brouwer (dem Fixpunktsatz) noch näher mit dem Sperner-Lemma in Berührung kommen (§ 5).

§ 3   Flächen

Unter einer Fläche verstehen wir – um den Begriff nur erst einmal anzudeuten – ein beliebiges zweidimensionales Gebilde. Einen ersten Einblick in die Fülle möglicher Flächen gibt die Abbildung, wobei wir eine der einfachsten Flächen, nämlich die Ebene, naturgemäß nicht eigens angedeutet haben.

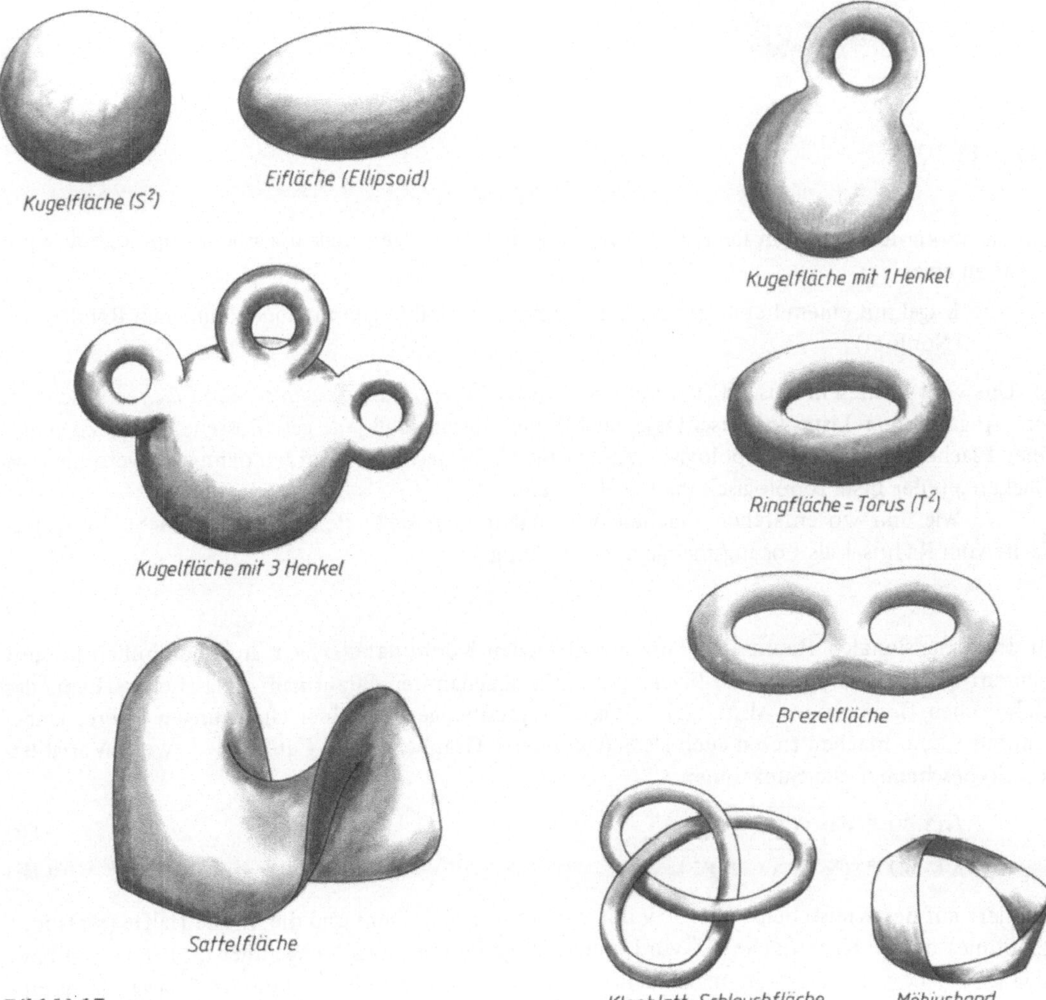

Bild V-17

Zwei erste grobe Klassifikationen teilen die Flächen ein in: beschränkte und unbeschrankte, berandete und unberandete.

Hier sollen uns im wesentlichen nur beschränkte Flächen interessieren, und unter diesen

einige berandete: Einheitsquadrat, Einheitskreisscheibe, Mobiusband, und
viele unberandete: Kugelfläche, Torusfläche etc. – die sog. geschlossenen Flachen.

Flachen sind spezielle topologische Raume. Manche der oben als Flächen abgebildeten topologischen Räume sind topologisch äquivalent. So zeigt man durch Deformation, die einen Homoomorphismus liefert, daß die Torusflache zur Kugel mit einem Henkel topologisch äquivalent ist. Auch die Kleeblatt-Schlauchflache ist zum Torus topologisch äquivalent: sie „merkt nicht",

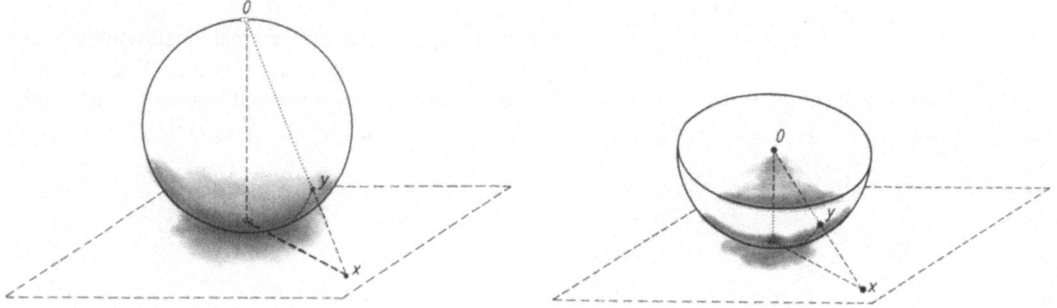

Bild V-18

daß sie verknotet im Raum liegt. Die Abbildungen V-18 zeigen, daß die Ebene topologisch aquivalent zu einer

Kugel mit einem herausgenommen Punkt   Halbkugel mit abgenommenen Rand
(Nordpol)

ist. Uns wird in diesem Abschnitt vor allem die *Klassifikation der geschlossenen Flachen* beschaftigen: Angabe einer Liste von geschlossenen Flächen, derart, daß jede geschlossene Flache zu genau einer Flache aus der Liste topologisch aquivalent ist; insbesondere werden dann zwei verschiedene Flachen aus der Liste topologisch inaquivalent sein.

Wie und wo entstehen Flachen, wie macht man sie? Beispielsweise taucht die Kugelfläche vom Radius 1 als Losungsmenge der Gleichung

$$x^2 + y^2 + z^2 = 1 \qquad\qquad (1)$$

im dreidimensionalen Raum aller Punkte mit reellen Koordinaten x, y, z auf und ähnlich kommt man auf Ellipsoid-, Hyperboloid-Flächen etc.: die sogenannten Quadriken – klassisches Thema der analytischen Geometrie. Also: Flachen als Lösungsmengen einzelner Gleichungen in drei Unbekannten x, y, z. Flächen treten auch als Schaubilder („Graphen") von Funktionen zweier Variablen auf. So beschreiben die Funktionen

$$f_+(x, y) = \sqrt{1 - (x^2 + y^2)} \qquad\qquad (1a)$$
$$f_-(x, y) = -\sqrt{1 - (x^2 + y^2)} \ , \qquad\qquad (1b)$$

definiert auf der Kreisscheibe aller x, y mit $x^2 + y^2 \leqslant 1$, die obere und die untere Halfte (stets incl. Randlinie) obiger Kugelflache ($\sqrt{\ }$ wird stets $\geqslant 0$ genommen) als Menge aller $(x, y, f_+(x, y))$ bzw. aller $(x, y, f_-(x, y))$; hier sieht man auch gleich, wie man eine *Gleichungs-Darstellung* (1) in eine *Funktions-Darstellung* (1a), (1b) umrechnet – dergleichen kann man mit dem Implizite-Funktionen-Theorem (Bd. 2, Kap. X) ganz allgemein leisten; die umgekehrte Umrechnung ist noch viel einfacher: die $(x, y, z) = (x, y, f(x, y))$ bilden die Lösungsmenge der Gleichung

$$f(x, y) - z = 0 \ .$$

Neben diese beiden höchst streng mathematischen Verfahren zur Flächengewinnung tritt eine anschauliche Methode, aus gegebenen Flächen neue (z.B. kompliziertere) zu machen: Schneiden, Verbiegen und Kleben („Verheftung von Rändern"). Beispielsweise bekommt man ein Möbius-Band, indem man ein Rechteck verdrillt und dann klebt:

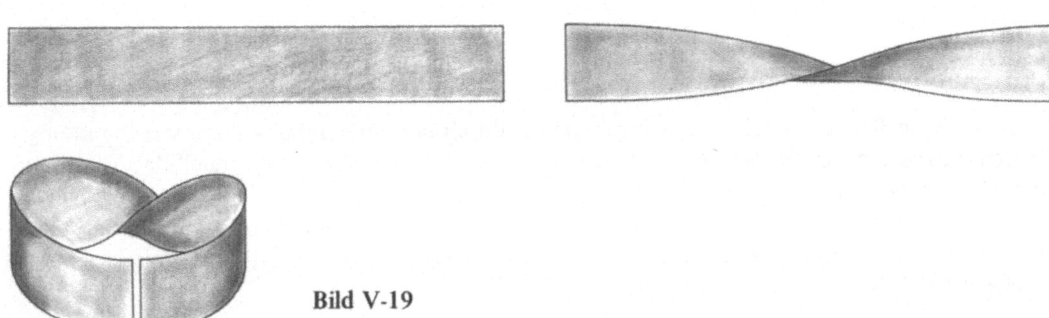

Bild V-19

(„Gürtel öffnen und falsch herum wieder zuschnallen"). Ein Torus entsteht durch folgendes Verfahren:

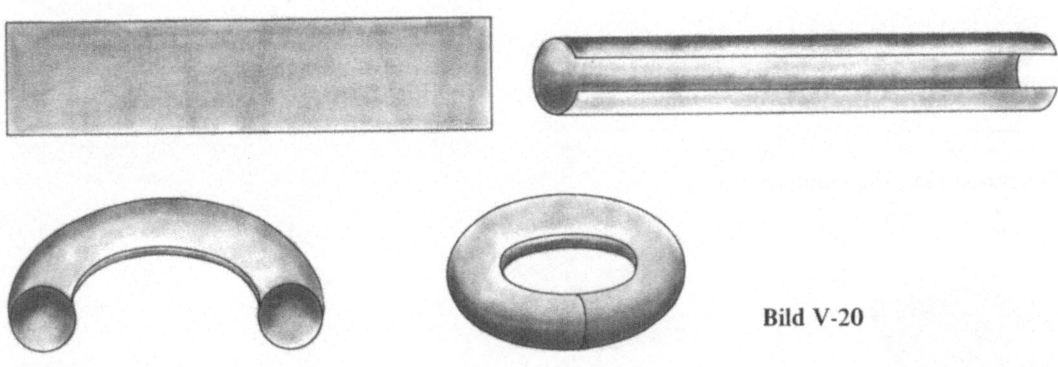

Bild V-20

eine Brezelfläche folgendermaßen:

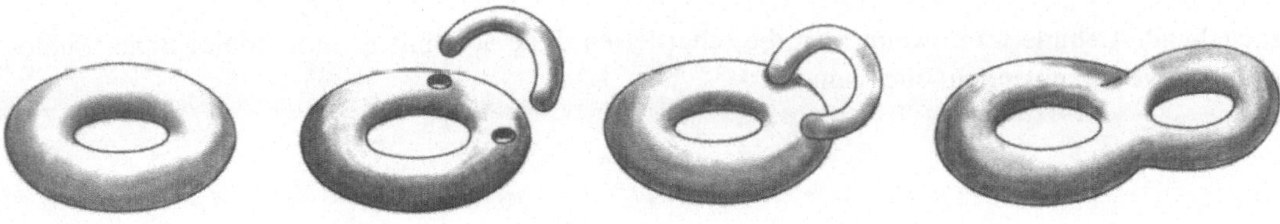

Bild V-21

Das sieht alles nicht ganz serios aus, läßt sich aber mathematisch perfekt in Ordnung bringen; die Topologen benutzen dergleichen Verfahren heute virtuos und nennen sie „Chirurgie".

Mathematisch in Ordnung gebracht besteht z.B. die Herstellung des Mobius-Bandes einfach darin, die linken Randpunkte des Rechtecks mit den gespiegelten Randpunkten rechts zu „identifizieren", d.h. ihnen gemeinsame Umgebungen zuzuordnen:

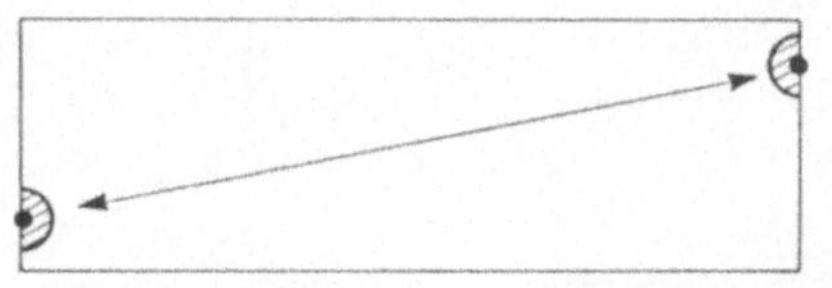

Bild V-22

Der schraffierte Bereich fungiert als Umgebung des durch Identifizierung ⟶ aus zwei Punkten gebildeten einzigen neuen Punkts. Nach diesem Schema wird die ganze „Chirurgie" der Topologen zur exakten Wissenschaft gemacht.

Vor allem aber kann man nach diesem Schema Dinge tun, die materiell nicht funktionieren wurden, weil man mit Durchdringungen arbeiten müßte. So entsteht die berühmte Kleinsche Flasche (Klein [1882], S. 571):

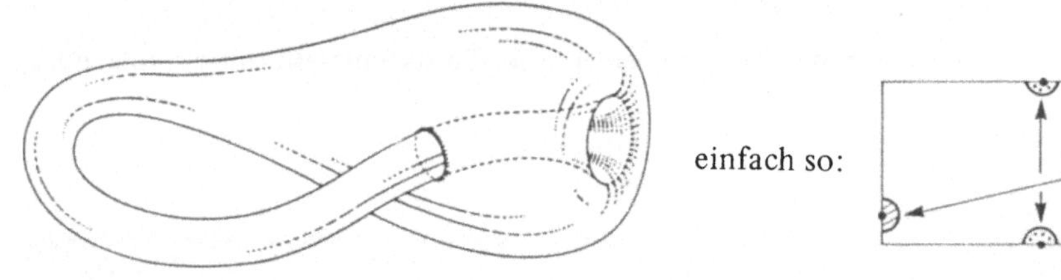

einfach so:

Bild V-23   **Bild V-24**

Das durch Identifizierung gemäß

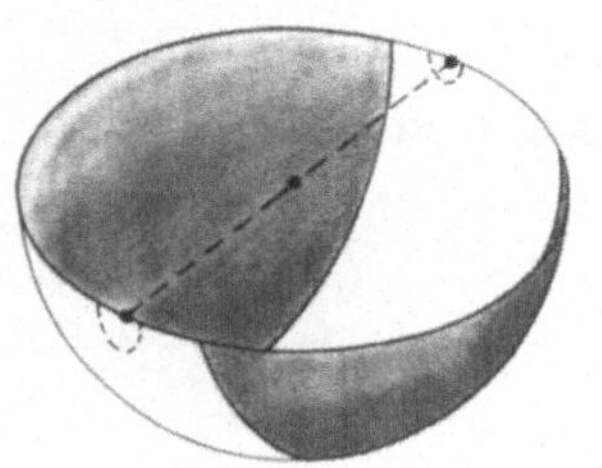

Bild V-25

entstehende Gebilde wäre, wenn man die schattierten Teile abschnitte, zum Mobius-Band topologisch aquivalent, entspricht aber gemäß

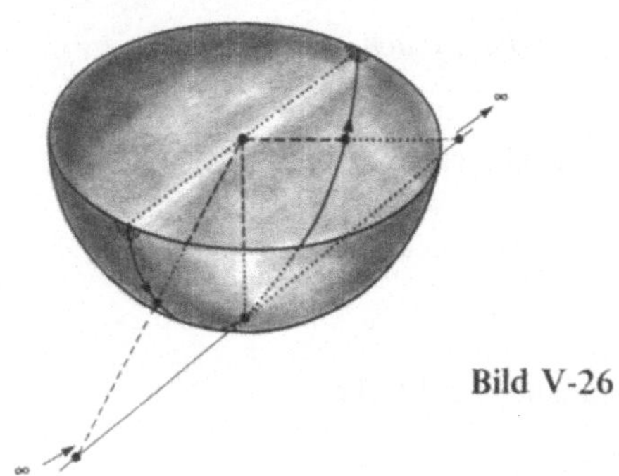

Bild V-26

der Vorstellung „wir gehen langs einer Geraden ins Unendliche und kehren von der andern Seite wieder zuruck, nachdem wir durch den sogenannten unendlichfernen Punkt gegangen sind". Die unendlichfernen Punkte sind ein Charakteristikum der sogenannten projektiven Geometrie, und demgemäß nennt man unser neues Gebilde auch die *topologische projektive Ebene*; denkt man eher an ein Über-Kreuz-Vernähen der Randpunkte (so flickt der Junggeselle das Loch in der Hose), so spricht man von der *Kugel mit Kreuzhaube.*

Was bewirken nun solche Überkreuz-Identifizierungen? Am Möbius-Band demonstriert: das Männchen wird (schwerelos) spazierengehend sein eigener Antipode

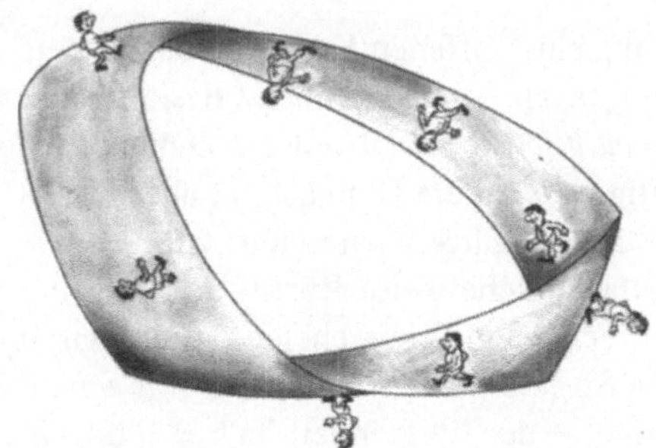

Bild V-27

An der projektiven Ebene demonstriert: ein links-umlaufendes Dreieckchen „geht durchs Unendliche" und kehrt als rechts-umlaufendes Dreieck zurück.

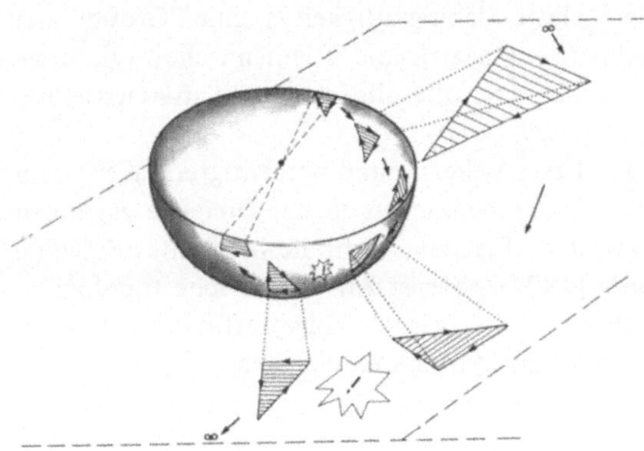

Bild V-28

Man sagt: Möbius-Band und projektive Ebene sind *nicht-orientierbare Flächen.*

Und nun die *Lösung der Klassifizierungsaufgabe*:

(1) Jede orientierbare geschlossene Fläche ist zu genau einer der Flächen

K_g = Kugel mit g Henkeln
(g = 0, 1, ... heißt das *Geschlecht* der Fläche)

topologisch äquivalent.

(2) Jede nicht-orientierbare geschlossene Fläche ist zu genau einer der Flächen

$\bar{K}_h$ = Kugel mit h Kreuzhauben

topologisch äquivalent.

Diese Aussagen sind auch noch dann richtig, wenn man den Flächenbegriff, in Zusammenfassung einiger unserer bisherigen Flächenherstellungsverfahren, exakt als ,,2-dimensionale Mannigfaltigkeit" (kurz: ,,2-Mannigfaltigkeit") definiert. Diese Definition wollen wir nun beschreiben.

Eine Kreisscheibe mit weggelassenem Rand wollen wir eine *offene* Kreisscheibe nennen und so zeichnen:

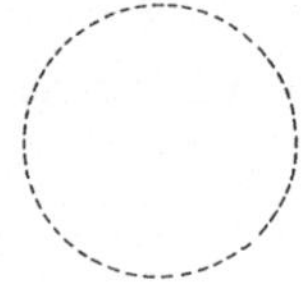

Sei X ein topologischer Raum. Eine homöomorphe Abbildung einer offenen Kreisscheibe auf eine Umgebung eines Punktes x in U wollen wir eine *Umgebungskarte* von x nennen. Besitzt jeder Punkt x von X eine solche Umgebungskarte, so heißt X *zweidimensional* (Brouwers Dimensions-Invarianz garantiert, daß X dann nicht auch noch gleichzeitig eine andere Dimension haben kann) oder eine *zweidimensionale Mannigfaltigkeit.* Beispielsweise ist die Kugelfläche eines Globus eine zweidimensionale Mannigfaltigkeit; daß die Karten eines Atlas üblicherweise Rechtecke sind und keine Kreisscheiben, braucht uns nicht zu stören, da Rechtecke und Kreisscheiben topologisch äquivalent sind. Eine zweidimensionale Mannigfaltigkeit heißt *geschlossen*, wenn sie mit einem endlichen Atlas (= Karten-Menge) überdeckt werden kann und – der Einfachheit halber – bogenweise zusammenhängend ist (§ 2). Auch der Begriff der Orientierbarkeit läßt sich exakt fassen, und dann hat man das begriffliche Rüstzeug für die *Formulierung* der obigen Klassifizierungsaussage beisammen; einen *Beweis* kann man z.B. in dem klassischen Topologie-Buch Seifert-Threlfall [1934] nachlesen.

Der Mannigfaltigkeits-Begriff beherrscht, auch auf andere Dimensionen als 2 übertragen und oft noch mit zusätzlicher Struktur aufgeladen (,,glatte Mannigfaltigkeit"), einen Großteil der Topologie, ferner die sogenannte Differentialgeometrie (speziell die Riemannsche, vgl. etwa Bröcker-Jänich [1973], Klingenberg [1973]) und damit auch die allgemeine Relativitätstheorie (vgl. etwa Sachs-Wu [1977]).

Bei den vorstehenden Darlegungen hat der Leser sicher – und berechtigtermaßen – an ,,zahme" Flächen gedacht, wie man sie etwa durch Zusammenkleben ebener Dreiecke gewinnen kann. Es gibt jedoch Anlässe zur Konstruktion ,,wilder" Flächen. Wohl die berühmteste ,,wilde Fläche" ist *Alexanders ,,horned sphere"* (Alexander [1924]). Sie ist zur Kugelfläche topologisch äquivalent, weil sie sich aus ihr durch eine unendliche ,,konvergente" Folge raffinierter Ausbeulungsvorgänge gewinnen läßt, bei denen jeweils ,,Begegnungen" nach dem Schema

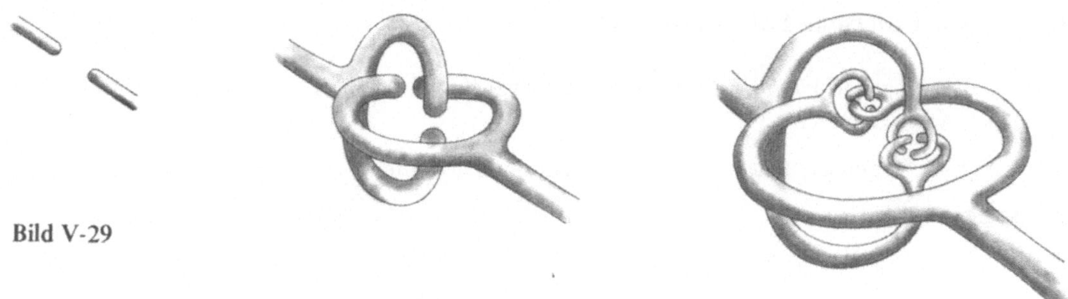

Bild V-29

ad infinitum verarbeitet werden: die Konstruktion ist unendlich fortgesetzt zu denken.

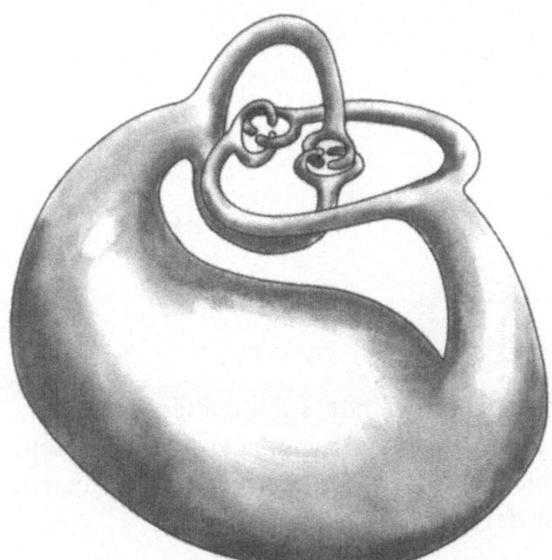

Bild V-30

Zweck der Konstruktion: die übliche Kugelfläche streift jede Bauchbinde leicht ab; die „horned sphere" schafft das nicht, weil die Bauchbinde im „Geweih" hängenbleibt. Das Abstreifen-Können ist also keine gegenüber topologischer Äquivalenz invariante Eigenschaft. Hinter Anschauungen wie „Bauchbinde" und „Abstreifen" steht der exakte Begriff der Fundamentalgruppe (§ 4), hier auf den Außenraum der Kugel bzw. horned sphere bezogen.

§ 4   Kurven auf Flächen

Manchmal kann man Aufschluß über ein kompliziertes mathematisches Gebilde gewinnen, indem man ein einfaches Gebilde als eine Art Sonde auf ihm spazierenführt und registriert, was dabei passieren kann. So konnten wir die Nicht-Orientierbarkeit des Möbius-Bandes bzw. der projektiven Ebene dadurch dingfest machen, daß wir ein kleines orientiertes, d.h. mit einem Umlaufssinn versehenes Dreieck darauf herumwandern ließen. In diesem Abschnitt wollen wir Kurven auf Flächen legen bzw. auf ihnen herumführen, um Aufschluß über die Gestalt der Fläche zu gewinnen.

4.1   Die Eulersche Polyederformel

Die folgende kleine Tafel über gewisse Anzahlen im Zusammenhang mit den fünf platonischen Korpern, namlich

f = Anzahl der Flächen k = Anzahl der Kanten p = Anzahl der Punkte

gibt sogleich zu denken.

Name	Figur	f	k	$\dot p$	$f-k+p$
Tetraeder		4	6	4	$4-\ 6+\ 4=2$
Würfel	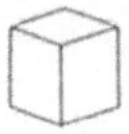	6	12	8	$6-12+\ 8=2$
Oktaeder	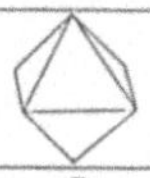	8	12	6	$8-12+\ 6=2$
Dodekaeder		12	30	20	$12-30+20=2$
Ikosaeder		20	30	12	$20-30+12=2$

Bild V-31

Die *Wechselsumme* $f-k+p$ ist nämlich immer gleich 2. Die folgende Tafel demonstriert nun, daß dies gar keine Besonderheit der fünf platonischen Körper ist, sondern immer zwangslaufig sehr bald zustandekommt, wenn man auf der Kugelfläche (die Polyeder-Oberflachen sind topologisch äquivalent zu einer solchen) durch sukzessive Anwendung der drei Operationen

A) Punkt in eine vorhandene Kante einfügen
B) Kante an vorhandenen Punkt hängen, anderes Ende bleibt frei
C) Kante an zwei vorhandene Punkte hängen

von einem ersten Punkte ausgehend ein Kurvennetz mit p (Eck-)Punkten und k Kanten (= Verbindungskurven) konstruiert, das die Kugelfläche in f Flächenstücke einteilt.

Schritt Nr.	Figur	f	k	p	$f-k+p$
0		1	0	0	$1-0+0=1$
1	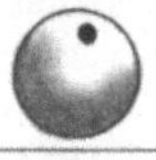	1	0	1	$1-0+1=2$
2		1	1	2	$1-1+2=2$
3		1	2	3	$1-2+3=2$
4		1	3	4	$1-3+4=2$
5	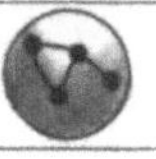	2	4	4	$2-4+4=2$

Bild V-32

Jede der Operationen A), B), C) läßt nämlich genau eine der drei Zahlen f, k, p unverändert und erhöht zwei Zahlen, die in der Wechselsumme mit entgegengesetztem Vorzeichen auftreten, je um 1, so daß der Wert der Wechselsumme ungeändert bleibt.

Wie die Figur

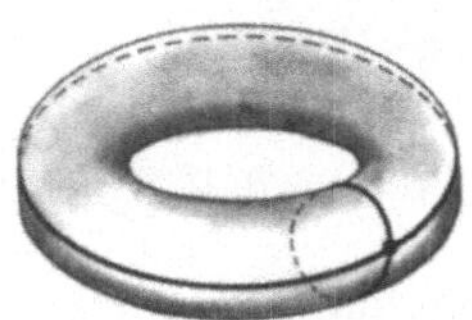

Bild V-33

mit $f = 1$, $k = 2$, $p = 1$, $f - k + p = 0$ zeigt, kann der Wert der Wechselsumme ganz anders ausfallen, wenn man von der Kugelfläche zu einer anderen Fläche (hier: Torus) übergeht. Es ist nicht schwer, sich zu überlegen, daß eine Kugelfläche mit g Henkeln stets die Wechselsumme $2 - 2g$ liefert, sobald das Kurvennetz „gemerkt hat", auf was für einer Fläche es sich befindet, was bedeutet, daß die f Flächen zu Kreisscheiben topologisch äquivalent geworden sind. Für $g = 1$ haben wir in der Tat den obigen Fall: Torus, Wechselsumme $2 - 2 \cdot 1 = 0$.

Alle Kurven, die wir hier betrachtet haben, sind als Jordan-Kurven zu nehmen, und die Zählung der f Flächenstücke beruht auf Anwendungen des Jordanschen Kurvensatzes bzw. des Satzes von Schoenflies (§ 2).

4.2   Die Fundamentalgruppe

Eine andere Art, Kurven als Sonden auf Flächen einzusetzen, besteht darin, an einen fest gewählten Punkt 0 auf der Fläche geschlossene Kurven zu hängen und zwei Kurven nicht als verschieden zu zählen, wenn sie sich innerhalb der Fläche ineinander stetig deformieren lassen.

Nimmt man als Fläche z.B. einen Kreisring, so zeigen die Beispiele, daß zwei Kurven sich

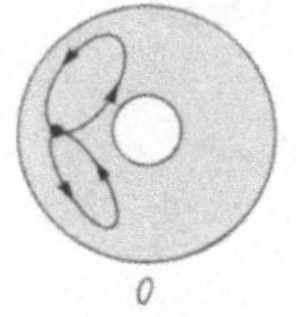

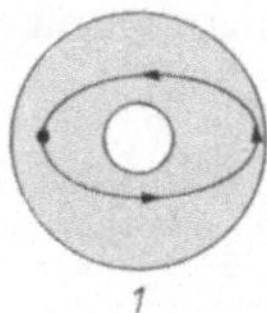

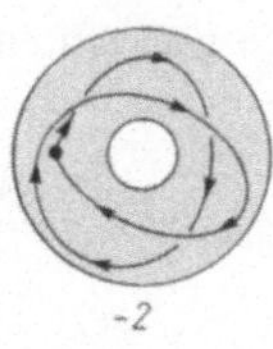

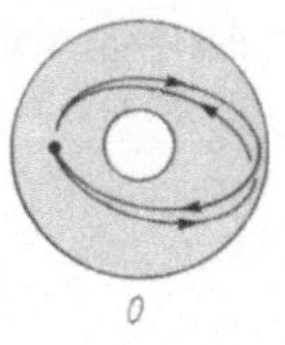

Bild V-34

genau dann ineinander deformieren lassen, wenn sie die gleiche *Umlaufzahl* rund um das Loch in der Mitte besitzen; wir haben im Bild V-34 die Umlaufzahlen gleich dazugeschrieben; man rechnet sie positiv, wenn man im mathematisch positiven Sinne um das Loch läuft, sonst negativ (bzw. = 0). Nun überlegt man sich leicht

Kurven aneinanderhängen (Symbol ∘) ⇔ Umlaufzahlen addieren (und ggf. deformieren)

incl. Umlaufssinn und Vorzeichen. So ergibt z.B.

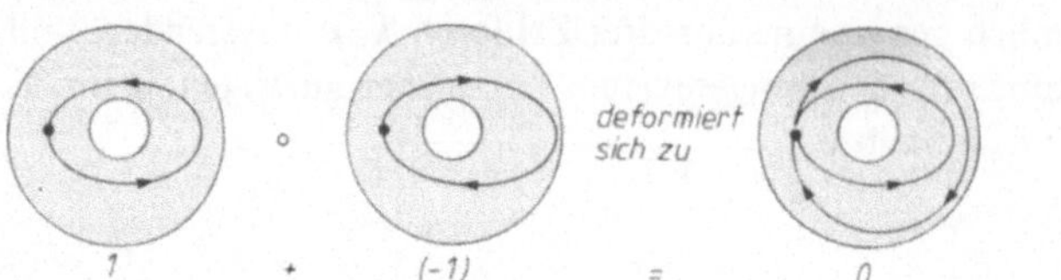

Bild V-35

Kurven mit Umlaufszahl 0 anhängen (oder vorschalten) bedeutet — sichtbar nach passender Deformation — keine Änderung.

Die Klassen ineinander deformierbarer Kurven liefern auf diese Weise mit der Verknüpfung ∘ = „Aneinanderhangen" eine Gruppe, die im obigen Kreisring-Beispiel bis auf Umdeutung gleich der additiven Gruppe der ganzen (Umlaufs-)Zahlen ist, aber bei anderen Flächen ganz anders ausfallen kann; man kann diese sogenannte *Fundamentalgruppe* (Poincaré [1895]) bei beliebigen topologischen Räumen definieren und sie vermoge der Aussage

> wenn zwei bogenweise zusammenhängende topologische Räume topologisch aquivalent sind, haben sie bis auf Umbezeichnung dieselbe Fundamentalgruppe

dazu benutzen, um herauszubekommen, ob zwei topologische Räume topologisch aquivalent sind oder nicht. Beispielsweise hat der Torus eine ganz andere Fundamentalgruppe als die Kugelfläche, und allgemein zeigt man mittels der Fundamentalgruppe, daß Kugelflächen mit g angesetzten Henkeln für verschiedene g topologisch inaquivalent sind.

Neben der Fundamentalgruppe *auf* einer Flache ist oft auch die Fundamentalgruppe im *Außenraum* einer Flache (oder auch z.B. eines Knotens) von Interesse, also in dem topologischen Raum, der entsteht, wenn man die Fläche (oder den Knoten) aus dem Raum herausfrast.

Die Fundamentalgruppe auf einer Flache hangt mit den in Nr. 1 betrachteten Kurvennetzen wie folgt zusammen:

> Jede geschlossene Kurve laßt sich in eine andere Kurve deformieren, die sich aus Netz-Kanten zusammensetzt.

> Deformationen zwischen solchen Netzkurven lassen sich durch sukzessives Hinwegziehen uber Flachenstucke im Netz ausführen.

Eulers Polyederformel wird damit zu einer Aussage uber die Fundamentalgruppe einer Flache.

§ 5   Kompaktheit

Wenn Sie auf einem Klavier unendlich lange spielen — vielleicht am besten nur mit einem Finger, damit Sie nicht zu schnell müde werden — schlagen Sie mindestens eine Taste unendlich oft an: Sie konnen nicht jede Taste schließlich abwahlen.

Wenn Sie auf einer Geige unendlich lange spielen — sagen wir staccato: lauter zeitlich wohlgetrennte Einzeltone — dann gibt es mindestens einen Ton, den Sie im Laufe der Zeit immer genauer treffen: wenn Sie die Saite (ahnlich wie bei einer Gitarre das Griffbrett) in Stücke einer gewissen Hochstlange unterteilen, kommen Sie in mindestens eins dieser Stücke unendlich oft hinein, in mindestens eine Hälfte dieses Stücks also auch unendlich oft etc. Diese sukzessiven Halften ziehen sich auf einen derjenigen Tone zusammen, von denen in unserer Behauptung die Rede war.

Unsere Aussage über das Klavier beruhte auf einem Schubfachschluß (Satz III.6.1). Unsere Aussage über die Geige beruhte auf zwei Ideen:

iterierter Schubfachschluß

Existenz eines Zusammenziehpunkts für absteigende Intervalle mit gegen 0 strebenden Längen.

Diese Beweisideen funktionieren auch zweidimensional (Sie hauen unendlich oft auf die Pauke...) und ebenso in höheren Dimensionen, und die topologischen Räume, bei denen sie funktionieren, heißen *kompakt*. Die exakte Definition dieses Begriffes lautet:

Definition 5.1. Ein topologischer Raum X heißt kompakt, wenn er die folgenden *Überdeckungs-eigenschaften* besitzt: ordnet man jedem Punkt x von X eine Umgebung U_x von x zu, so genugen *endlichviele* dieser Umgebungen – etwa $U_{x_1}, \ldots, U_{x_n}$ – um ganz X zu uberdecken: jedes x ist in mindestens einem U_{x_ν} enthalten.

Man sieht, wie diese Definition genau das festhalt, was notig ist, um einen Schubfachschluß zu machen: endlichviele Abteilungen. Auch die Idee der beliebig feinen Unterteilungen steckt mit darin: man kann die U_x beliebig klein wahlen.

Das vorhin benutzte Resultat vom Zusammenziehpunkt wird dann automatisch mit-geliefert – nicht gerade gratis, denn der Beweis erfordert ein bißchen Bemuhung ins Abstrakte. Das Ergebnis ist der sogenannte *Cantorsche Durchschnittssatz*

Satz 5.2. Zu einer absteigenden Folge von nichtleeren, abgeschlossenen Mengen in einem kom-pakten topologischen Raum gibt es mindestens einen zu allen Mengen dieser Folge gehorigen Punkt, d.h. sie haben, wie man kurz sagt, einen nichtleeren Durchschnitt.

Hierbei heißt eine Menge M abgeschlossen, wenn jeder Punkt x, der *nicht* zu M gehört, sogar eine M nicht treffende Umgebung U besitzt:

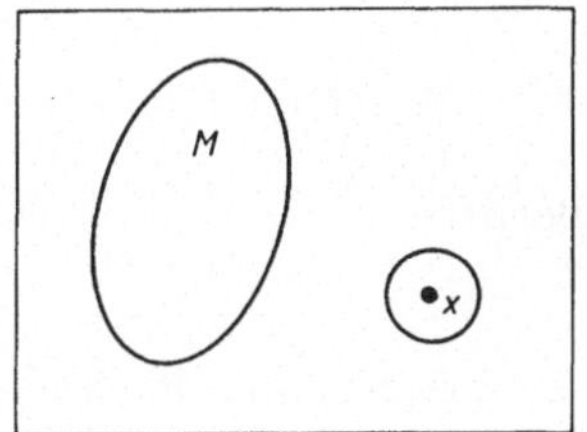

Bild V-36

Ohne naheren Beweis sei verraten: nicht nur die Geigensaite (d.h. ein Intervall wie $[0, 1]$), und nicht nur das Paukenfell (d.h. eine Kreisscheibe incl. Rand) ist kompakt, sondern z.B. auch jeder Knoten, jede Kurve, jede geschlossene Fläche (mit dem endlichen Atlas (§ 3) bekommen wir die Überdeckungseigenschaft, denn die einzelnen Karten haben sie, weil das Paukenfell sie hat).

Das Schubfachprinzip ist das elementare Paradebeispiel eines reinen Existenzsatzes: man erfährt, daß es etwas gibt (ein Schubfach mit mindestens zwei Gegenstanden darin), aber nicht, wie man es findet (dies Schubfach namlich). Ganz ähnlich spielt der Kompaktheitsbegriff in der gesamten Mathematik eine fundamentale Rolle bei reinen Existenzsätzen auf einer gehobenen Stufe des mathematischen Raffinements; Kompaktheit bedeutet ja nichts weiter als die Moglich-keit, Schubfachschlusse massenhaft anzuwenden mit einem Resultat (etwa nach dem Cantorschen Durchschnittssatz), von dem man in vielen Fallen leider nur erfahrt, daß es vorhanden ist, aber nicht, wie man es auch konkret findet.

Ein besonders tiefer und für viele Anwendungen bedeutender reiner Existenzsatz, der sich entscheidend auf den Kompaktheitsbegriff stützt, ist der

Satz 5.3. (Fixpunktsatz von Brouwer [1911]). Ist der topologische Raum X topologisch äquivalent zu einem der folgenden kompakten topologischen Räume

> ein Punkt
>
> Intervall (incl. Endpunkte)
>
> Kreisscheibe (incl. Randlinie)   (1)
>
> Vollkugel (incl. Oberfläche)
>
> usw. in höheren Dimensionen

so besitzt er die *Fixpunkteigenschaft*: jede stetige Abbildung $T: X \to X$ hat mindestens einen *Fixpunkt* $\bar{x}$:

$$T(\bar{x}) = \bar{x} \ .$$

> Dieser Satz umschließt Extreme wie
>
> alle x aus X sind Fixpunkte, d.h. T ist die sogenannte identische Abbildung
>
> T wirft ganz X auf einen einzigen Punkt $\bar{x} = T(\bar{x})$.

Er funktioniert nicht, wenn die Voraussetzungen über X nicht erfüllt sind; so besitzt eine starre Drehung einer Kreislinie um einen Winkel $\alpha \neq 0$ keinen Fixpunkt. Er wird auch sofort unanwendbar, wenn die Abbildung T nicht stetig ist; so besitzt die folgende „Puzzle-Abbildung" keinen Fixpunkt,

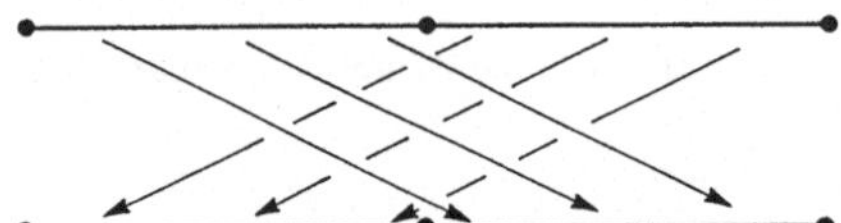

Bild V-37

wenn man über die Endpunkte der Intervallhälften richtig verfügt hat.

> Für die Anwendungen faßt man die Liste (1) gewöhnlich in den Begriff
>
> konvex und kompakt

zusammen. Dabei heißt eine Menge (Figur) in der Ebene *konvex*, wenn sie zu je zweien ihrer Punkte immer auch gleich deren ganze Verbindungsstrecke mit enthält („jeder sieht jeden"):

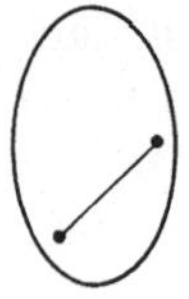
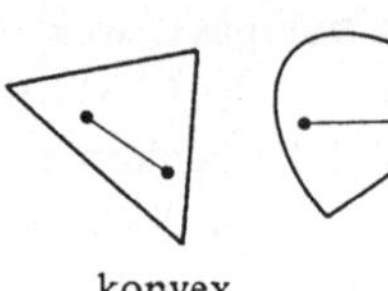

konvex

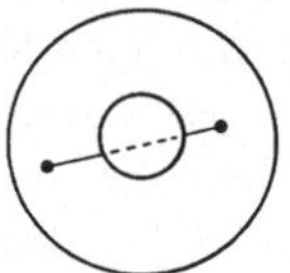
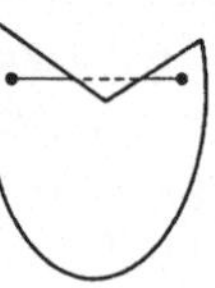
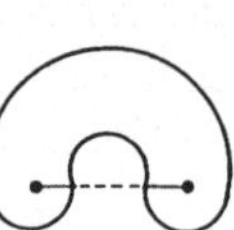

nicht konvex
(wie die eingezeichnete Strecke demonstriert)

Bild V-38

Analog definiert man Konvexität in anderen Dimensionen, alle Figuren der Liste (1) sind konvex und kompakt; der Konvexitätsbegriff, von Herman Minkowski (1864–1909) für innermathematische Zwecke eingeführt (Minkowski [1909]), hat sich als besonders anwendungsnah erwiesen (vgl. z.B. Kap. IV). Der Mathematik-Anwender kennt Brouwers Fixpunktsatz gewöhnlich in der Form

Satz 5.4. (Fixpunktsatz von Brouwer). Ist X konvex und kompakt, so besitzt jede stetige Abbildung $T: X \to X$ mindestens einen Fixpunkt $\bar{x} = T(\bar{x})$.

Noch geeigneter für viele Anwendungen ist der

Satz 5.5. (Fixpunktsatz von Kakutani [1941]). Sei X konvex und kompakt. Jedem x aus X sei in stetiger Weise eine konvexe kompakte Teilmenge $T(x)$ von X zugeordnet; dann tritt mindestens einmal der Fall ein, daß $\bar{x}$ selbst in seiner zugeordneten Menge $T(\bar{x})$ liegt:

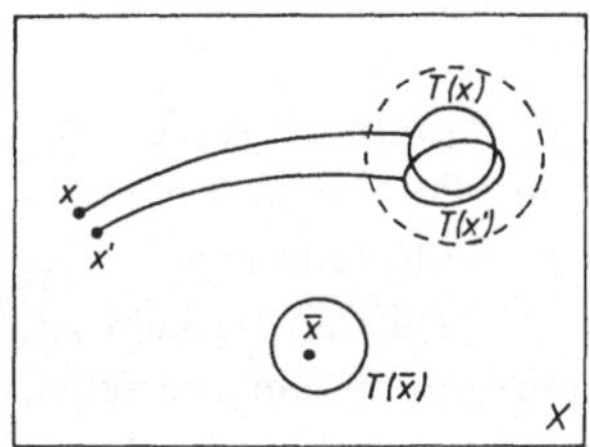

Bild V-39

„In stetiger Weise" heißt, grob gesprochen: liegt x' nahe bei x, so hält sich $T(x')$ in der Nachbarschaft von $T(x)$ auf. Kakutanis Fixpunktsatz ist eine Folgerung aus dem Brouwerschen (vgl. etwa Burger [1959], Franklin [1980]).

Natürlich wollen die Anwender wissen, wie man Fixpunkte nun auch wirklich findet. Man hat zu diesem Zweck das sogenannte *Spernersche Lemma*, das wir nun als Beweismittel für den Brouwerschen Fixpunktsatz kurz kennenlernen wollen, algorithmisch ausgestaltet (Scarf [1973]).

Emanuel Sperner (1905–1980) publizierte sein berühmtes Lemma 1928 als Hilfsmittel für einen erheblich vereinfachten Beweis für Brouwers Satz von der Dimensions-Invarianz (Sperner [1928]). Es stellte sich dann heraus, daß es auch einen besonders einfachen Beweis für den Fixpunktsatz 5.4 liefert. Es bezieht sich auf sogenannte Simplexe (als da sind: Strecken, Dreiecke, Tetraeder, ...) und lautet im typischen Spezialfall eines Dreiecks so:

> Man unterteile ein Dreieck irgendwie vernünftig in Unter-Dreiecke: sogenannte simpliziale Zerlegung. Jeder der dabei auftretenden Unter-Dreiecksecken ordne man eine der Ecken des großen Dreiecks so zu, daß Ecken, die auf dem Rande liegen, in Endpunkte der betreffenden Rand-Seite übergehen. Dann gibt es mindestens ein Unter-Dreieck, dessen drei Ecken gerade alle drei Ecken des großen Dreiecks zugeordnet wurden.

Ein Beispiel:

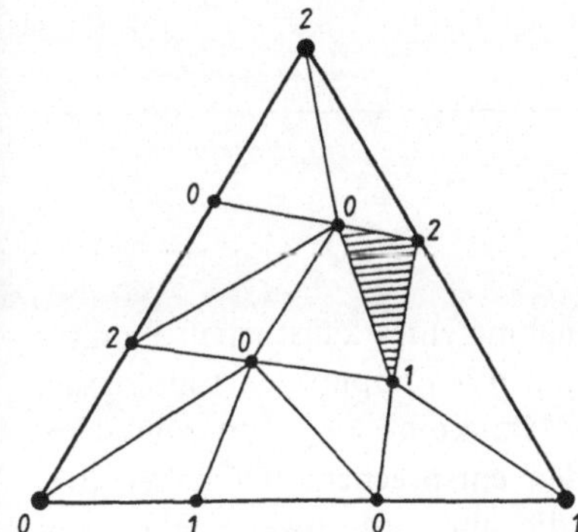

Bild V-40

Will man nun Brouwers Fixpunktsatz fur eine stetige Abbildung T des großen Dreiecks in sich beweisen, so geht man folgendermaßen vor:

Wir sagen, ein Punkt x sei kuhl zu der Ecke E, wenn er seine Distanz zu der E gegenüberliegenden Seite beim Übergang von x zu $T(x)$ nicht vergroßert. Jeder Punkt ist dann zu mindestens einer Ecke $0, 1, 2$ kühl, so daß die drei Bereiche

alle x, die zur Ecke 0 kuhl sind
alle x, die zur Ecke 1 kühl sind
alle x, die zur Ecke 2 kuhl sind

das ganze große Dreieck uberdecken. Es kommt nun darauf an, Punkte zu finden, die allen drei Bereichen gleichzeitig angehoren. Diese „allseits kuhlen" Punkte sind nämlich gerade die Fixpunkte von T. Ordnet man nun bei einer simplizialen Unterteilung jeder der entstandenen Teil-Dreiecksecken eine derjenigen Ecken $0, 1, 2$ zu, zu denen sie kuhl ist, so kann man sich uberlegen, daß das im Rahmen der Anforderungen des Spernerschen Lemmas moglich ist, so daß man ein „allseits kuhles" Teildreieck erhalt. Indem man so immer winzigere „allseits kuhle" Teildreiecke konstruiert, bekommt man mittels eines Kompaktheitsschlusses einen „allseits kühlen" Punkt

(vgl. etwa Jacobs [1983]).

Zum Brouwerschen Fixpunktsatz verwandte Untersuchungen haben populare Theoreme hervorgebracht wie z.B. den

(1) Satz vom Igel: Ein Igel (d.h. eine mit Stacheln besetzte Kugel) kann nicht alle Stacheln flachlegen, mindestens einer steht senkrecht ab, z.B. in der Mitte eines unvermeidlichen Wirbels. Oder das

(2) Sandwich-Theorem: Man kann ein Schinkenbrotchen mit einem ebenen Schnitt so zerteilen, daß Brot, Butter und Schinken allesamt halbiert werden.

Die Darlegungen dieses Abschnitts konnten nur einen kleinen Ausschnitt der reichen mathematischen Landschaft vorzeigen, die vom Kompaktheitsbegriff beherrscht wird. Die Fulle der Aussagen, die dieser Begriff erschließt, legt den Wunsch nahe, Kompaktheit auch dort zu ermöglichen, wo sie zunächst noch nicht fertig vorgegeben vorliegt, also einen nicht-kompakten topologischen Raum zu *kompaktifizieren*, genauer gesagt, durch Hinzufugung eines oder mehrerer kunstlicher Punkte kompakt zu machen.

Beispielsweise legt die folgende Abbildung es nahe, die zunächst nur zum Halbkreis

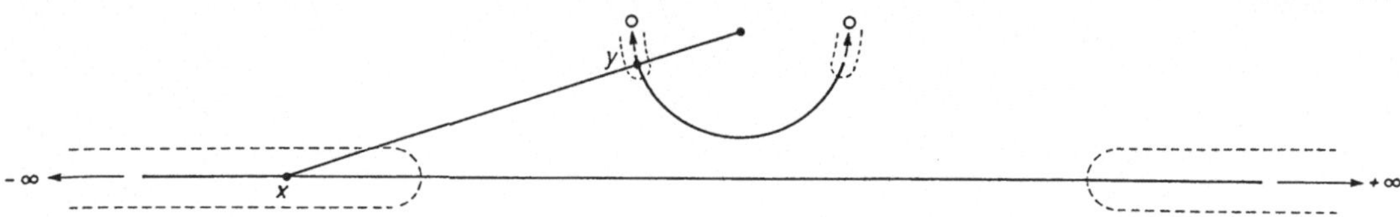

Bild V-41

ohne Enden topologisch aquivalente Zahlengerade durch Hinzunahme eines künstlichen Punktes $+\infty$ rechts und eines kunstlichen Punktes $-\infty$ links zum Halbkreis *mit* Endpunkten topologisch aquivalent zu machen; man muß dazu nur diesen neuen „idealen" Punkten $+\infty$, $-\infty$ auch Umgebungen zuweisen, die den Umgebungen der beiden Kreis-Enden entsprechen. Wir haben dies durch punktierte Linien angedeutet. Nach dieser Operation ist die um $\pm\infty$ erweiterte Zahlengerade so kompakt wie der Halbkreis incl. Enden: wir haben die sogenannte *Zwei-Punkt-Kompaktifizierung* der Zahlengeraden gebildet.

Die folgende Abbildung suggeriert, wie eine *Ein-Punkt-Kompaktifizierung* der Zahlen-

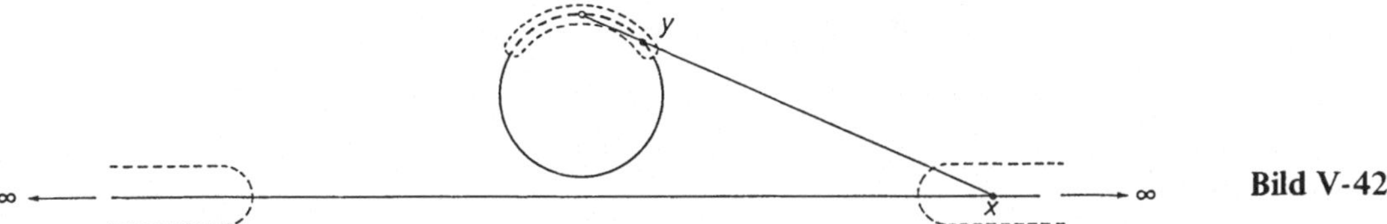

Bild V-42

geraden auszusehen hatte; sie wird dadurch topologisch äquivalent zur Kreislinie, was sich auf der Geraden in der für Laien besonders faszinierenden Vorstellung des Durch-das-Unendliche-Gehen widerspiegelt. Daß man „durch das Unendliche gehen kann", ist kein Satz, sondern ein von den Mathematikern so eingerichteter Sachverhalt: man kann auch einen anderen einrichten, wie wir gesehen haben. Für welche Einrichtung (Kompaktifizierung) man sich entscheidet, hängt nur davon ab, was man innermathematisch gerade gut gebrauchen kann. Diese Freiheit der Mathematik ist Leuten, die sich ihr mit der Sehnsucht nach Zwangsläufigkeit nahen, manchmal schwer nahezubringen.

Wir schließen diese exemplarischen Hinweise auf die mathematische Theorie der Kompaktifizierungen mit der Bitte an den Leser, sich anhand der beiden Abbildungen Gedanken über

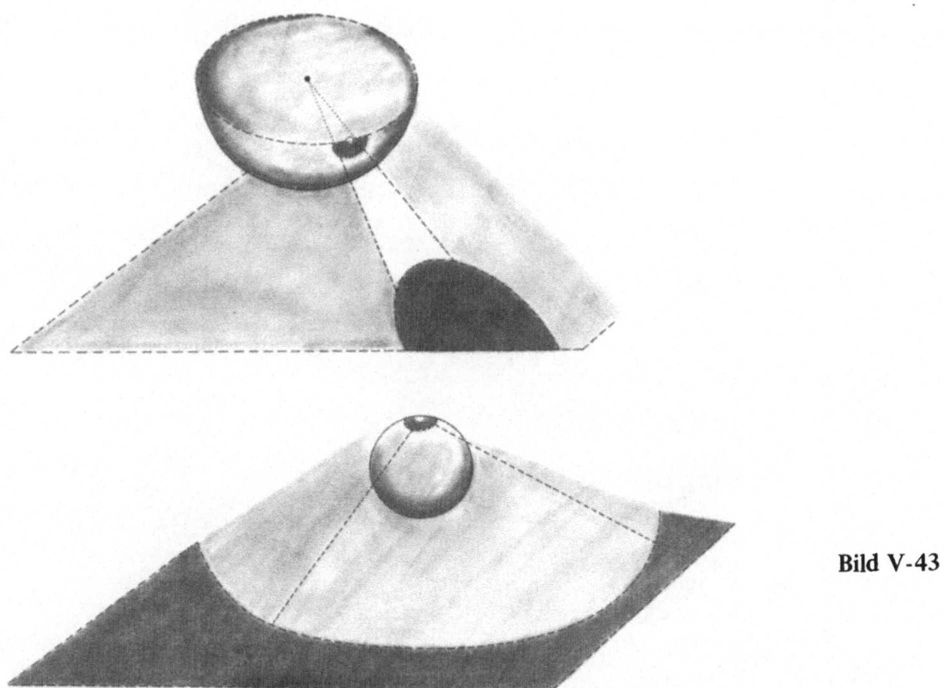

Bild V-43

die Kompaktifizierung der Ebene durch Hinzufügen einer („unendlichfernen" einpunktkompaktifizierten) Geraden einerseits und ihre Einpunkt-Kompaktifizierung andererseits zu machen und dabei auch an die Dimension zu denken. Das Resultat der ersten Kompaktifizierung nennt man auch die *projektive Ebene*; das Resultat der Einpunkt-Kompaktifikation heißt auch die *Riemann-*

sche Zahlenkugel (nach Bernhard Riemann (1826–1868)), weil man namlich die Ebene als komplexe Zahlenebene deuten kann (Bd. 2, Kap. IX).

Das folgende Zitat aus der fingierten Bourbaki-Todesanzeige von 1968 zeigt, wie sich die Mathematik gelegentlich als Hofnarr der Theologie betatigt:

Car Dieu est le compactifié... de l'univers (Groth. IV, 22)

§ 6   Ausblick

In den voraufgehenden Abschnitten haben wir eine Reihe von typischen Begriffen und Schlußweisen der Topologie kennengelernt. Aus keimhaften, im wesentlichen im 19. Jahrhundert entstandenen Ideen dieser Art ist die Topologie im 20. Jahrhundert zu einem ungeheueren Gedankengebaude emporgewachsen. Dabei ging es sowohl um Grundlagensicherung durch Scharfen der Begriffe, Vorstellungen und Beweise, als auch um den Ausbau des methodisch-systematischen Apparats. Die hier nur mit dem Begriff der Fundamentalgruppe angedeuteten Beziehungen zur Gruppentheorie und anderen Bereichen der Algebra haben der Topologie ein riesiges Instrumentarium zur Verfügung gestellt und auch diesen ursprünglich ganz andersartigen Disziplinen gewaltige Impulse gegeben (Stichworte: homologische Algebra, Kategorien-Theorie). Ein Arsenal raffinierter Konstruktionen findet der Leser in Steen-Seebach [1970]; eine solide Einführung in die Topologie geben u.a. Kelley [1955], Massey [1967]. Zur Kategorien-Theorie vgl. MacLane [1972].

Kapitel VI
Dynamik

Ganz allgemein versteht man unter Dynamik die Lehre von sich verändernden Sachverhalten, im Gegensatz zur Statik, die sich mit stillstehenden Verhältnissen befaßt.

Der Physiker, und ebenso der Mathematiker faßt jeden dieser Sachverhalte als den Zustand eines Systems auf. Er legt immer etwas Bleibendes zugrunde: die Gesamtheit („Menge") der Zustände, deren ein System fähig ist, und das Gesetz, nach welchem solche Zustände sich ändern; Zustandsmenge und Änderungsgesetz machen die Beschreibung des Systems aus. Für Physik und Mathematik gilt:

Dynamik = Theorie der Zustandsänderungen eines Systems.

Dabei faßt man das Stillstehen als „Änderung um Null" auf: die Statik wird zum Spezialfall der Dynamik.

Bezeichnet X die Menge aller Zustände, deren das betrachtete System fähig ist, so wird das Änderungsgesetz durch eine Abbildung (= Zuordnung) beschrieben, die jedem Zustand x aus X einen anderen Zustand $T(x)$ aus X zuordnet. Man stellt sich dabei vor: befindet sich das System zu einem Zeitpunkt im Zustand x, so befindet es sich eine Zeiteinheit später im („Folge-") Zustand $T(x)$. Man schreibt z.B.:

$$T : X \rightarrow X$$
$$x \rightarrow T(x);$$

eine weitere Zeiteinheit später folgt auf $T(x)$ der Zustand $T(T(x))$, den man auch mit $T^2(x)$ bezeichnet, und wenn man so weitermacht, bekommt man die Abfolge

$$x, \; T(x), \; T^2(x), \; T^3(x), \ldots$$

der Zustände, in die das System vom Anfangszustand aus nacheinander übergeht. Diese Folge nennt man die *Bahn* von x. Statt $T^t(x)$ sagen wir gelegentlich auch „x zur Zeit t". Ist $T(x) = x$, haben wir also einen *Fixpunkt* von T vor uns, so ist die Bahn von x die konstante Folge $x, x, x, \ldots$ und wir sind im Falle der *Statik*.

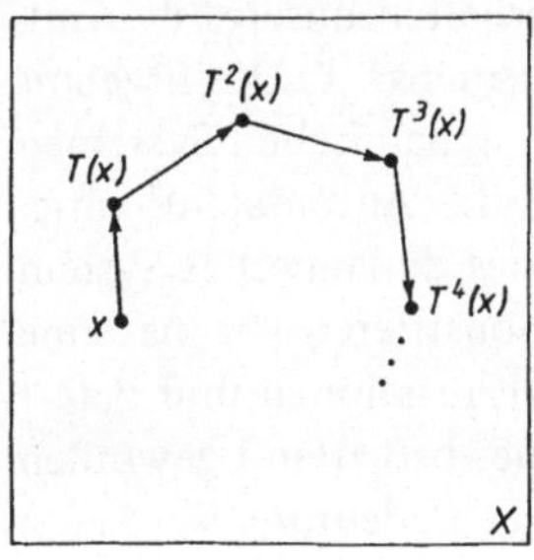

Bild VI-1

X und die Abbildung T bilden zusammen das, was man in der Mathematik ein *dynamisches System* nennt. Man schreibt es kurz $T : X \rightarrow X$ oder auch (X, T). Für die Mathematik gilt.

Dynamik = Theorie der Gestalt der Bahnen von Zustanden dynamischer Systeme.

Bei diesen Erläuterungen haben wir uns stillschweigend zwei Einschrankungen auferlegt.

1. Wir betrachten nur Zustandsänderungen in ganzen Vielfachen einer Zeiteinheit, nach Art einer Filmkamera.

2. Wir nehmen an, daß das Veränderungsgesetz, d.h. die Abbildung T, sich im Laufe der Zeit nicht andert.

Es sei nicht verschwiegen, daß ein Teil der mathematischen Dynamik den damit gesetzten Rahmen überschreitet: man betrachtet sehr wohl auch kontinuierliche Zustandsveranderungen und man untersucht auch Systeme mit sich veranderndem Veranderungsgesetz. Fur die hier angestrebte einführende Darstellung soll es jedoch im wesentlichen bei den beiden genannten Einschrankungen bleiben; abgesehen von einer kurzen Abschweifung in § 3 betrachten wir lediglich im letzten Abschnitt dieses Kapitels Systeme mit kontinuierlicher Veranderung. Fur unsere Beschrankung auf Systeme, bei denen sich das Veranderungsgesetz T selbst nicht andert, konnen wir sogar einen prinzipiellen Grund angeben:

Wenn wir einmal Systeme zulassen, bei denen zu verschiedenen Zeiten verschiedene Veranderungsgesetzt wirken, so werden wir auf jeden Fall nicht rasten, bis wir ein unveranderliches Supergesetz gefunden haben, dem diese Veränderungen des Veranderungsgesetzes folgen. Dies laßt sich mathematisch folgendermaßen fassen:

Sei Ω eine Menge und jedem ω aus Ω ein $T_\omega : X \to X$ zugeordnet. In Ω sei eine weitere Abbildung S gegeben. Wir interpretieren: wirkt in X zur Zeit t das Gesetz T_ω, so wirkt eine Zeiteinheit spater das Gesetz $T_{S(\omega)}$; S gibt also gerade jenes Supergesetz wieder, nach dem sich die in X wirkenden Gesetze ablosen. — Wir bilden nun ein neues System, dessen Zustande die samtlichen Paare (ω, x) mit ω aus Ω und x aus X sind: Angabe von x plus Angabe des auf x loszulassenden Veranderungsgesetzes T_ω. In dieser neuen Zustandsmenge $\hat{X}$ aller Paare (ω, x) definieren wir nun ein alle T_ω samt dem „Supergesetz" S zusammenfassendes Gesetz $\hat{T}. \hat{X} \to \hat{X}$ gemaß

$$\hat{T}(\omega, x) = (S(\omega),\ T_\omega(x)) \ .$$

Die Bahn eines (ω, x) beginnt dann so:

$$(\omega, x),\ (S(\omega),\ T_\omega(x)),\ (S^2(\omega),\ T_{S(\omega)}(T_\omega(x))),\ \dots .$$

Man nennt dieses umfassende System $\hat{T}: \hat{X} \to \hat{X}$ das *schiefe Produkt* aus den $T_\omega : X \to X$ und dem „Supergesetz" $S : \Omega \to \Omega$. Mit Hilfe eines schiefen Produkts wird also die Mathematik, wenigstens im Prinzip, des Problems der Änderung von Veränderungsgesetzen Herr, indem sie es wieder in den Rahmen einer Situation mit unveranderlichem Veranderungsgesetz zurückholt, so daß es hier gerechtfertigt erscheinen mag, sich nur noch mit diesem Falle naher zu beschaftigen.

Wir untersuchen in § 1 einen Fall, in dem sich das zeitliche Verhalten unseres dynamischen Systems vollstandig aufklären läßt: den Fall einer *endlichen* Zustandsmenge X. Das Ergebnis — schließliche Periodizitat — ist fur viele Untersuchungen an allgemeineren dynamischen Systemen ein Leitmotiv, wir schließen diesen Abschnitt mit einem Ausblick auf die Automatentheorie. In § 2 fuhren wir ein gegen 1970 von J. H. Conway (Cambridge) erfundenes dynamisches System mit *unendlicher* Zustandsmenge vor: „Game of Life". An Beispielen demonstrieren wir hier eine gewaltige Fulle moglicher Bahn-Gestalten. „Game of Life" gestattet Interpretationen und liefert Einsichten, die auch fur andere Wissenschaften, besonders fur die Biologie, bedeutend geworden sind. Weitere dynamische Systeme von weitreichender innermathematischer Bedeutung werden in § 3 besprochen: Kreisrotation (sog. Kronecker-Systeme), Backer- (oder auch: Blatterteig-)Transformation, Smale's horseshoe. In § 4 nehmen wir uns ein außerordentlich vielseitiges dynamisches System vor: den sogenannten shift. Gestutzt auf dies Beispielmaterial referieren wir in § 5 uber

Ergebnisse und Probleme der mathematischen Dynamik im allgemeinen. In den §§ 1–5 stehen dynamische Systeme mit diskreter Zeit im Vordergrund. Anhangsweise wird in § 6 über dynamische Systeme mit kontinuierlicher Zeit berichtet, u.z. über zwei gegensätzliche Themen. Stabilität und Instabilität. Die besprochenen Ergebnisse betreffen einerseits die Himmelsmechanik, andererseits die statistische Mechanik und sind mit einer Reihe altberühmter Fragestellungen verknüpft.

Dem Leser sei die Parallel-Lektüre von Ekeland [1984] empfohlen. Mathematikstudenten finden genauere Auskünfte z.B. in den Bändchen Selecta Mathematica IV und V (Springer-Verlag 1972 und 1979).

§ 1   Dynamische Systeme mit endlichvielen Zuständen

In diesem Abschnitt untersuchen wir dynamische Systeme, bei denen die Zustandsmenge X endlich ist. Wir werden ein ganz einfaches Resultat erhalten:

> Bei endlicher Zustandsmenge ist jede Bahn periodisch oder schwenkt nach endlichvielen Schritten in eine solche ein.

Man kann dies so zeichnen:

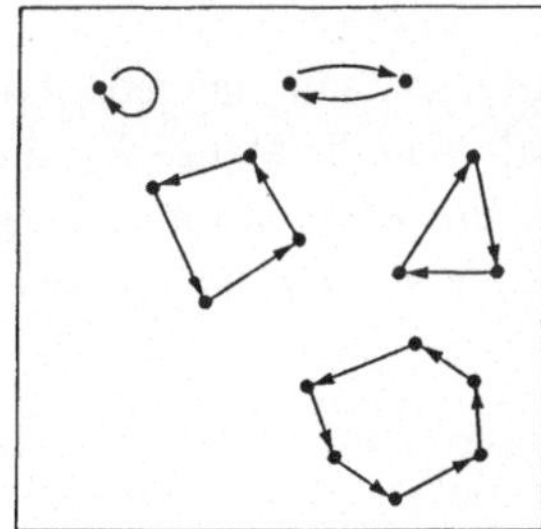

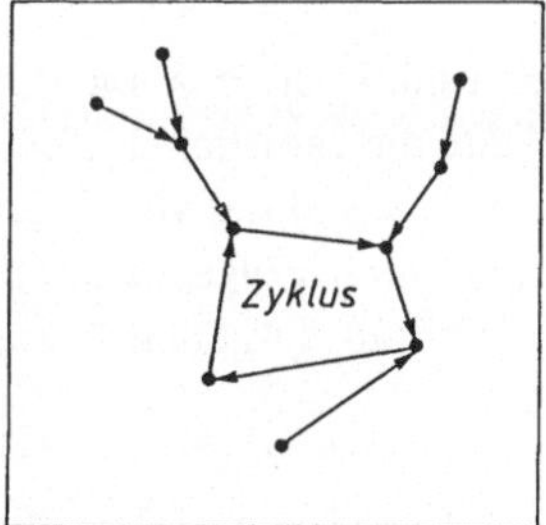

Bild VI-2

1.1   Der injektive Fall

Wir erledigen zunächst den Fall, daß die Abbildung $T: X \to X$, wie man sagt, *injektiv* ist, damit ist gemeint:

> T bildet verschiedene Zustände in verschiedene Folgezustände ab: $x \neq y \Rightarrow T(x) \neq T(y)$.

Satz 1.1. Ist X endlich und $T: X \to X$ injektiv, so zerfällt X in periodische Bahnen, genauer: zu jedem Zustand x gibt es eine Zahl d (seine sog. Periode), derart, daß $x, T(x), \ldots, T^{d-1}(x)$ d verschiedene Zustände sind, aber $T^d(x) = x$ (und damit $T^{d+1}(x) = T(x)$ etc.) gilt; der Sonderfall $d = 1$, d.h. $T(x) = x$ bedeutet, daß sich der Zustand x überhaupt nicht ändert, wofür man auch sagt:

> x ist stationär
>
> x ist invariant
>
> x ist ein Fixpunkt von T

(dies ist der Sonderfall der Statik).

Beweis. X bestehe aus n Zuständen. Sei x einer von ihnen. Wir sehen uns die ersten $n+1$ Glieder x, $T(x)$, $T^2(x)$, ..., $T^n(x)$ der Bahn von x an. Für x schreiben wir auch $T^0(x)$ (= „x zur Zeit 0"). Nach dem Schubfachprinzip (Satz III.6.1) können diese Zustände nicht alle verschieden sein, da sie sich ja mit den n Schubfächern, aus denen X besteht, begnügen mussen. Also kommt $0 \leqslant j < d \leqslant n$ mit $T^j(x) = T^d(x)$ vor. Wir wollen annehmen, daß wir hier das *kleinste* d vor uns haben, bei dem $T^d(x)$ mit einem früheren $T^j(x)$ zusammentrifft. Dann kann aber nur $j = 0$ sein, denn sonst wurde $T^d(x) = T^j(x)$ von zwei verschiedenen Punkten $T^{d-1}(x) \neq T^{j-1}(x)$ aus erreicht, was der Injektivität von T widerspricht. Also kehrt x zur Zeit d erstmals in seine Ausgangslage zurück ($T^d(x) = x$) und läuft daher mit der Periode d herum: $T^{d+1}(x) = T(x)$, ..., $T^{2d}(x) = T^d(x) = x$, ... , so daß die Bahn von x die periodische Gestalt x, $T(x)$, ..., $T^{d-1}(x)$, x, $T(x)$, ..., $T^{d-1}(x)$, ... hat. − Da diese Argumentation für jeden beliebigen Zustand x aus X gilt, gehört jedes x zu genau einer periodischen Bahn, deren übrige Punkte natürlich alle dieselbe Periode haben wie x. In verschiedenen Bahnen − diese haben dann keinen Zustand gemeinsam − konnen freilich verschiedene Perioden auftreten: X zerfällt in „Zyklen" eventuell verschiedener Periode („Länge").

In der Mathematik nennt man injektive Abbildungen endlicher Mengen auch *Permutationen* und zitiert den obigen Satz auch als die

> Zyklenzerlegung von Permutationen.

1.2   Der allgemeine Fall

Ist nun X endlich und $T : X \to X$ nicht notwendig injektiv, so kann man jedenfalls sagen: durch Anwendung von T auf die sämtlichen Zustände aus X erhalt man die Menge X_1 aller Folgezustande; durch abermalige Anwendung von T erhält man aus X_1 die Menge X_2 aller Folge-Folge-zustande; diese sind sämtlich auch Folgezustände (z.B. der Zustände aus X_1) usw. In der Schreib-weise der Mengenlehre druckt man dies auch so aus:

$$X \supseteq X_1 \supseteq X_2 \supseteq \dots .$$

Hat X n Zustände, X_1 n_1 Zustände usw., so gilt

$$n \geqslant n_1 \geqslant n_2 \geqslant \dots .$$

Diese Zahlen sinken nie unter 1, denn jede der Mengen $X_1, X_2, \dots$ enthalt mindestens einen Zustand. Dann bleibt nichts anderes übrig als daß von einem Zeitpunkt t an

$$n_t = n_{t+1} = \dots$$

gilt, was

$$X_t = X_{t+1} = \dots \tag{1}$$

bedeutet. Wir schreiben nun X_0 für X_t und finden nach (1): verschiedene Zustände aus X_0 haben verschiedene Folgezustande, denn sonst hätte X_{t+1} mindestens einen Zustand weniger als $X_t = X_0$. Also liegt, wenn wir alles, was außerhalb X_0 liegt, für einen Augenblick vergessen, in X_0 der injektive Fall vor: X_0 zerfällt nach Satz 1.1 in periodische Bahnen. Da jeder Zustand x aus X nach spätestens t Schritten in $X_0 = X_t$, also in einer der X_0 ausfüllenden periodischen Bahnen landet, ist unser anfänglich formuliertes Resultat bewiesen:

Satz 1.2. Ist X eine endliche Menge und $T : X \to X$ eine beliebige Abbildung, so gibt es mindestens eine periodische Bahn in X. Die Bahn eines beliebigen Zustandes verläuft nach endlichvielen Schritten als eine von den periodischen Bahnen.

Man sagt auch kurz:

> Bei endlicher Zustandsmenge X entwickelt sich jeder Zustand schließlich (= „asymptotisch") periodisch.

1.3   Ausblick auf den Automatenbegriff

Betrachtet man auf einer endlichen Menge X mehrere Abbildungen $T_1, \ldots, T_r$, so hat man das vor sich, was man in der Mathematik einen (endlichen) *Automaten* nennt. Man kann sich dabei einen Apparat vorstellen, dessen mögliche Zustände durch die Menge X wiedergegeben werden; der Apparat hat r Knopfe; drückt man auf Knopf Nr. k und ist der Apparat im Zustand x, so geht er in den Folgezustand $T_k(x)$ über. Drückt man dann auf den Knopf Nr. j, so ergibt sich der Folge-Folgezustand $T_j(T_k(x))$ usw.

Gibt es nur einen Knopf ($r = 1$) oder sind alle T_k gleich ($T_1 = \ldots = T_r$), so kann man $T = T_1$ setzen und kommt auf ein dynamisches System mit endlicher Zustandsmenge zurück: der Automat verhalt sich schließlich periodisch. Im allgemeinen braucht man jedoch nur die Knöpfe in hinreichend bunter Folge zu drücken, um Periodizität zu vermeiden.

Sieht man die Welt als dynamisches System, so sieht man sie als Automat (z.B. als Uhr) mit nur einem Knopf, auf den immer wieder gedrückt wird (dies ist eine extreme Variante des sog. Deismus). Billigt man der Welt dann nur endlichviele Zustände zu, so greift Satz 1.2: die Welt versinkt in periodischer Wiederholung. Der Gedanke der ewigen Wiederkehr ist in der Tat immer wieder aufgetreten, u.z. praktisch immer in Verbindung mit Annahmen über die Endlichkeit der Welt oder einer ahnlichen Aussage. Wir werden in diesem Kapitel besonderes Gewicht auf Wiederkehraussagen legen.

§ 2   Game of Life

„Game of Life" ist ein dynamisches System, das in den 60er Jahren von dem bedeutenden Mathematiker J. H. Conway (Cambridge) erfunden wurde und seither vielfältiges Interesse, vor allem auch bei Biologen (vgl. Eigen-Winkler [1975]), gefunden hat. Eine zusammenfassende Darstellung findet sich in Berlekamp-Conway-Guy [1982] Teil 4.

Sowohl die Zustandsmenge X als auch die Abbildung $T: X \to X$ sind bei „Game of Life" etwas umstandlich, aber doch recht anschaulich zu beschreiben.

2.1   Die Zustandsmenge von „Game of Life"

Um die Zustandsmenge X des dynamischen Systems „Game of Life" zu beschreiben, denken wir uns die Ebene wie folgt in quadratische Zellen zerlegt:

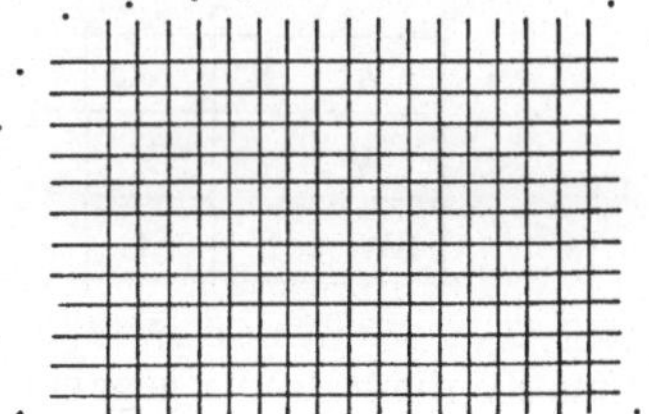

Bild VI-3

Ein Zustand x aus X wird dadurch gegeben, daß man endlichviele dieser Zellen mit schwarzen Kreisscheiben besetzt (dabei denken wir uns auch den Extremfall eingeschlossen, daß alle Zellen leerbleiben (sog. *Nullzustand*)). Ein Zustand x von „Game of Life" ist nichts anderes als eine solche Besetzung oder Konfiguration. Einige Beispiele samt ihren in der Literatur eingeburgerten englischen Namen:

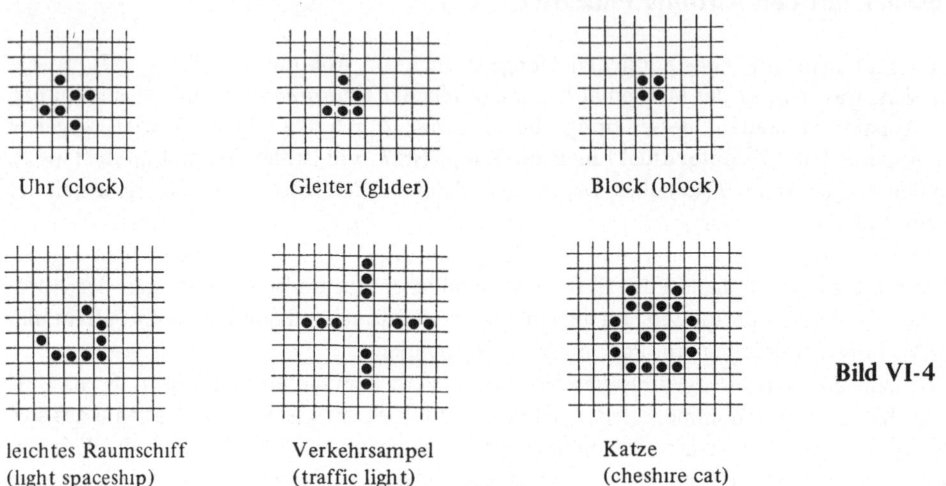

| Uhr (clock) | Gleiter (glider) | Block (block) |

| leichtes Raumschiff
(light spaceship) | Verkehrsampel
(traffic light) | Katze
(cheshire cat) |

Bild VI-4

Die Menge X aller derartiger Zustände ist abzahlbar: Man zahlt erst die endlichvielen Konfigurationen durch, die besetzte Zellen nur in einem fest gewählten Quadrat der Seitenlange 10 haben; dann zahlt man diejenigen abermals endlichvielen Konfigurationen durch, die neu hinzukommen, wenn man zu einem konzentrischen Quadrat der Seitenlänge 100 ubergeht usf. Offensichtlich kommt bei diesem Verfahren jeder Zustand von „Game of Life" genau einmal dran: die wachsenden Quadrate überdecken schließlich die ganze Ebene. – Demnach konnte man auch 1, 2, … als die Zustandsmenge unseres dynamischen Systems wahlen: man müßte dazu nur jede Konfiguration durch ihre Nummer bei der Aufzahlung reprasentieren. Bei diesem Vorgehen ginge jedoch der geometrische Reiz von „Game of Life" vollig verloren.

2.2   Das Änderungsgesetz von „Game of Life"

Wir geben nun die zu „Game of Life" gehorige Abbildung $T : X \rightarrow X$ an, indem wir sagen, wie man zu einem beliebigen Zustand (Konfiguration) x aus X den Folgezustand (Folge-Konfiguration) $T(x)$ zu bilden hat. Wir mussen dazu unter Verwendung von x festlegen, welche Zellen bei $T(x)$ besetzt sind und welche nicht. Hierzu betrachten wir für jede Zelle ihre 8 Nachbarzellen: den nordlichen (N), den nordöstlichen (NO) usw. Nachbarn.

NW	N	NO
W	$\otimes$	O
SW	S	SO

Ist die Konfiguration x gegeben, so steht für jede Zelle fest

ob sie selbst besetzt ist oder nicht   wie viele besetzte Nachbarn sie hat.

$T(x)$ wird nun aus x nach folgendem Regelsystem gebildet:

Regel Nr.	genaue Fassung	Kurzfassung
I	Eine bei x besetzte Zelle bleibt bei $T(x)$ genau dann besetzt, wenn sie genau 2 oder 3 besetzte Nachbarn hat.	2 oder 3 Nachbarn erhalten das Leben
II	Eine bei x leere Zelle wird in $T(x)$ genau dann besetzt, wenn sie genau 3 besetzte Nachbarn hat.	3 Nachbarn sorgen für Leben
III	Alle anderen Zellen bleiben bei $T(x)$ unbesetzt	Einsamkeit oder Gedrangel bedeuten den Tod

Offenbar regeln diese Regeln alle erdenklichen Falle.

2.3   Die Lebensgeschichten (Bahnen) einiger Konfigurationen (Zustände)

Wir stellen im folgenden Angaben über die Bahnen einiger spezieller Zustände von Game of Life zusammen. Dabei stützen wir uns vor allem auf Berlekamp-Conway-Guy [1982]. Die Zustände (Konfigurationen) tragen die eingebürgerten Namen, z.T. auch auf englisch. Besetzte Zellen, die im nächsten Folgezustand unbesetzt sind, werden mit ○, unbesetzte Zellen, die im nächsten Folgezustand besetzt sind, mit · bezeichnet. Viele der Angaben sind nicht von Hand sondern mit Hilfe von Computern ermittelt worden.

a) **Konfigurationen, die sich nicht ändern,**
heißen auch stabil, stationär, invariant oder Fixpunkte von T. Zu ihnen zahlt der „Nullzustand" mit lauter leeren Zellen: sie bleiben nach Regel III alle leer. Weitere solche Zustande sind

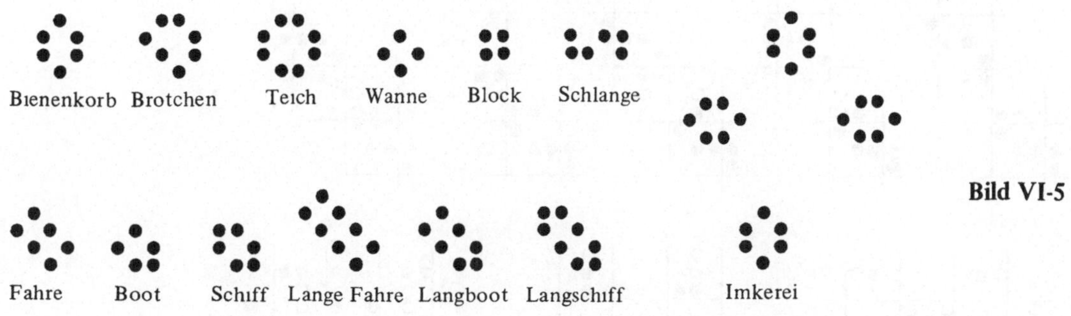

Bild VI-5

b) Konfigurationen (Zustände) mit der Periode 2:

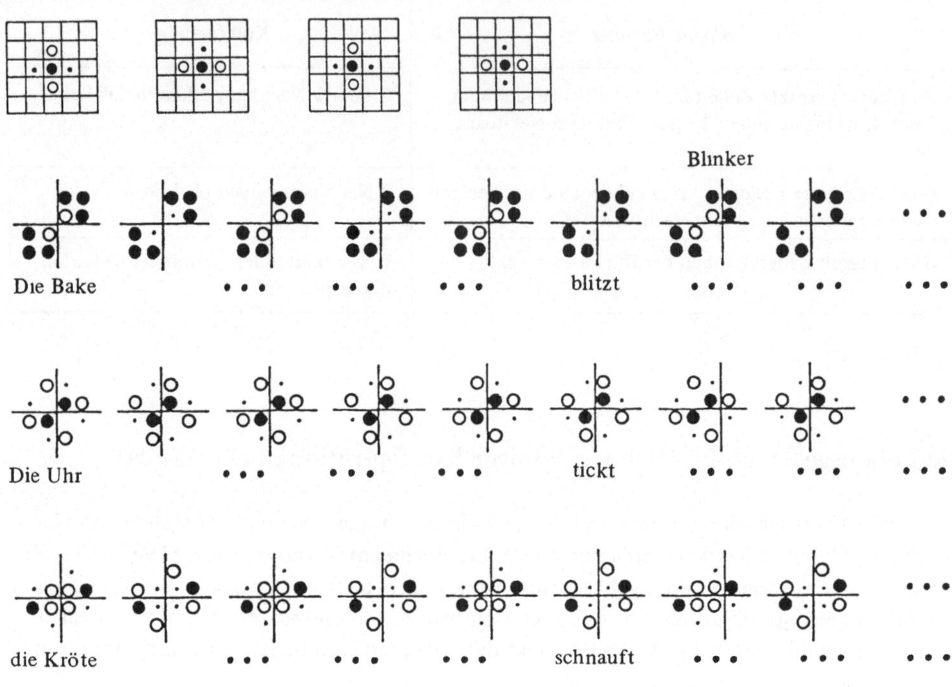

Bild VI-6

c) Konfigurationen (Zustände) mit der Periode 3:

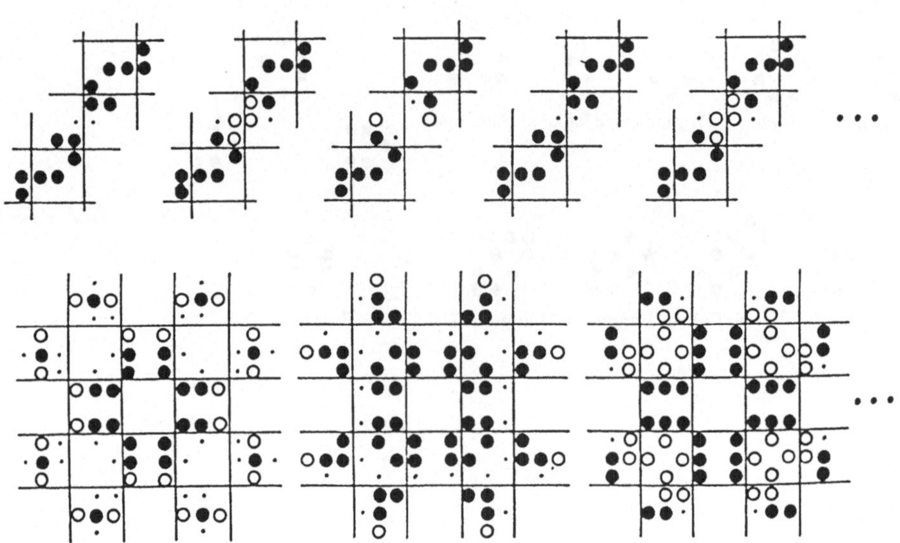

Bild VI-7

d) Eine Konfiguration mit der Periode 15:

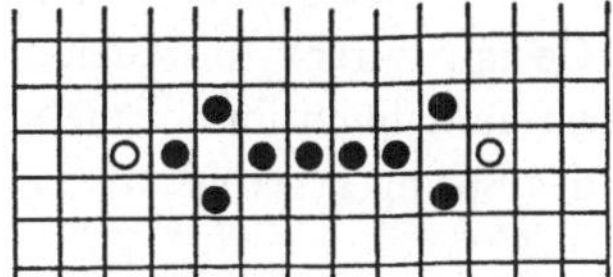

Pentadecathlon
Fünfzehnkampf

Bild VI-8

e) Aussterbende Konfigurationen:

Dies sind Zustande, die nach endlichvielen Schritten in den Nullzustand („alle Zellen unbesetzt")
übergehen („aussterben")

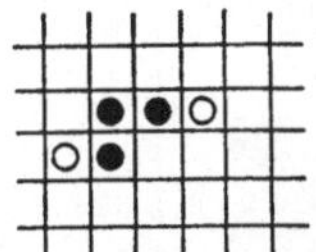

Tod nach 2 Schritten

Tod nach 4 Schritten

Bild VI-9

Man kann untersuchen, welche der Konfigurationen „n besetzte Zellen in einer Reihe" aussterben.

Bild VI-10

Dies ist z.B. für n = 1, 2, 6, 14, 15, 18, 19 der Fall.

**f) Konfigurationen, die nach endlichvielen Schritten in stabile oder periodische Konfigurationen
  übergehen:**

Man weiß einiges über die obige Konfiguration „n besetzte Zellen in einer Reihe":

<pre>
    n = 3 ist der „Blinker" mit Periode 2
    n = 4 wird nach 2 Schritten zum „Bienenstock", also stabil
    n = 5 wird nach 6 Schritten zur „Verkehrsampel" mit der Periode 2
    n = 7 wird nach 14 Schritten zur „Imkerei", also stabil
    n = 8 wird zu 4 Blocken plus 4 „Bienenstöcken", also stabil
    n = 9 wird zu 2 Verkehrsampeln – Periode 2
    n = 10 wird zum „Fünfzehnkampf" mit der Periode 15
</pre>

g) der Gleiter („glider")

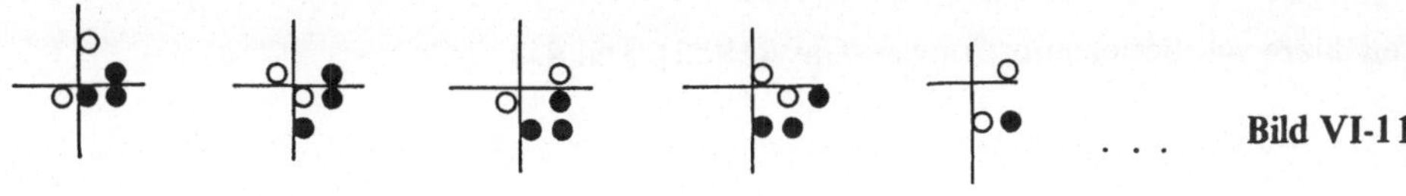

Bild VI-11

gewinnt seine Gestalt alle 4 Schritte wieder, gleitet aber allmählich nach rechts unten ab.

h) Die Gleiter-Kanone („glider gun")

wurde im November 1970 von einem Team in MIT unter der Leitung von R. W. Gosper mittels
Computer gefunden. Sie gewinnt alle 30 Schritte ihre ursprungliche Gestalt zuruck, produziert
dabei aber jedesmal einen Gleiter, so daß die Gesamtkonfiguration sich allmahlich immer mehr
vergroßert. Wir zeigen eine Abbildung aus dem Mathematics Calendar des Springerverlags auf das
Jahr 1977 mit einigen der 30 Schritte:

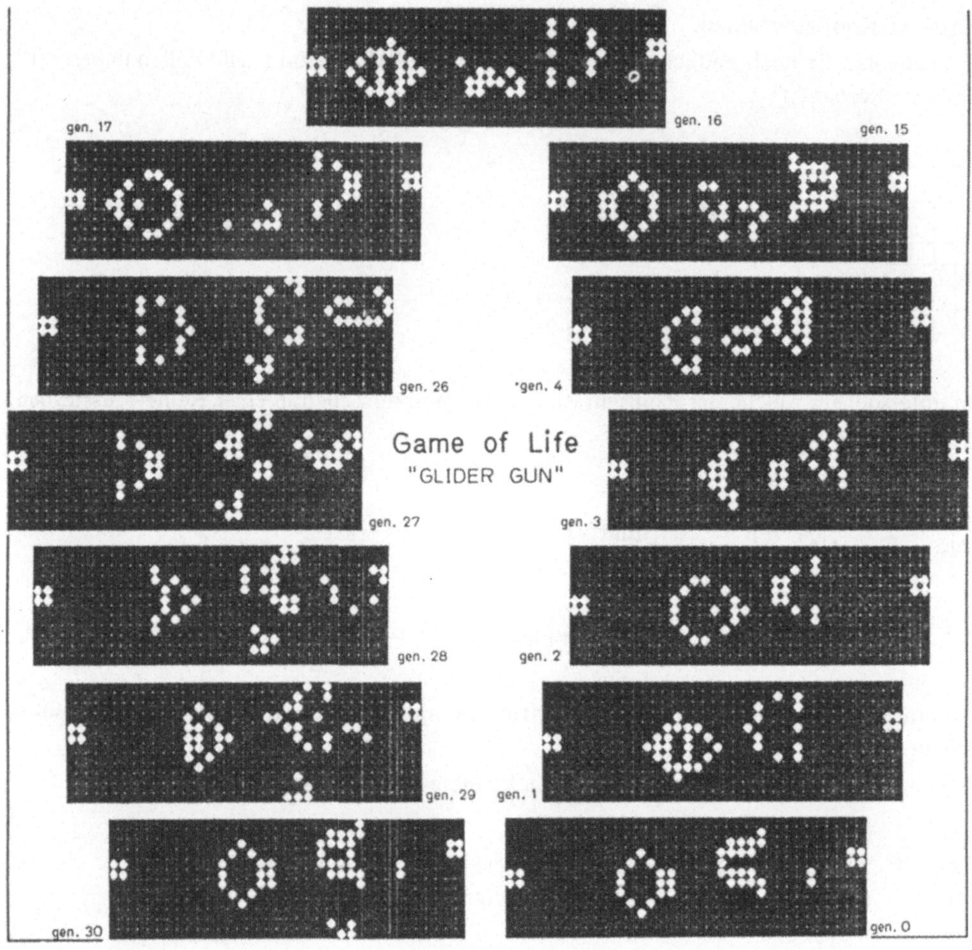

Bild VI-12

Gleiter und Gleiter-Kanone bilden die Grundlage fur den Beweis von

Satz 2.1. Game of Life kann jeden Computer simulieren.

Fur eine Beweisskizze vgl. Berlekamp-Conway-Guy [1982], Teil 4.

2.4   Der Satz vom Paradies („Garden-of-Eden Theorem")

Eine Game-of-Life-Konfiguration x heißt eine *Paradies-* oder *Garden-of-Eden-Konfiguration*, oder auch ein *Waisenkind*, wenn sie keine Vorgängerkonfiguration hat, d.h. wenn es keinen Zustand y mit $T(y) = x$ (x Folgezustand von y) gibt. Hierzu hat man den

Satz 2.2 (Satz vom Paradies, Garden-of-Eden-Theorem, Moore [1962]). Es gibt (massenhaft) Paradies-Konfigurationen.

Beweisskizze: Für irgendein n, das wir später auf eine riesengroße Zahl fixieren werden, betrachten wir ein aus $n \cdot n$ 5×5-Quadraten zusammengebautes Quadrat in unserer gegitterten Ebene; wir nennen es „das $5n \times 5n$-Quadrat" und zeichnen es so:

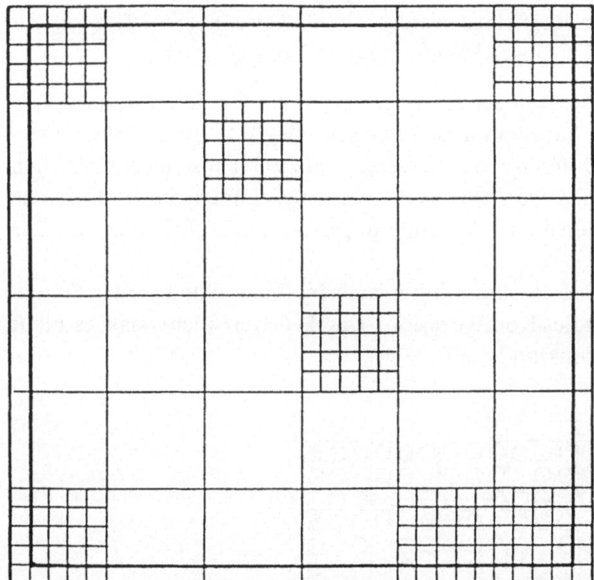

Bild VI-13

Wenn wir hier rundherum einen Saum der Breite 1 abschneiden, wie wir das bereits eingezeichnet haben, so bleibt das übrig, was wir „das $(5n-2) \times (5n-2)$-Quadrat" nennen wollen. Es gibt

$$2^{(5n-2)^2}$$

Konfigurationen, die dadurch entstehen, daß man Besetztzeichen ● irgendwie im $(5n-2) \times (5n-2)$-Quadrat verteilt und den Rest der Ebene leer läßt. Unter den möglichen Vorgängerkonfigurationen solcher Konfigurationen brauchen wir nur solche in Betracht zu ziehen, die die Ebene außerhalb des $5n \times 5n$-Quadrats leer lassen, und unter diesen auch nur solche, bei denen keiner der 5×5-Bausteine leer bleibt; denn bleibt einer leer, so können wir ruhig in seine Mitte ein ● setzen, und es entsteht eine neue Konfiguration, die dieselbe Nachfolge-Konfiguration liefert:

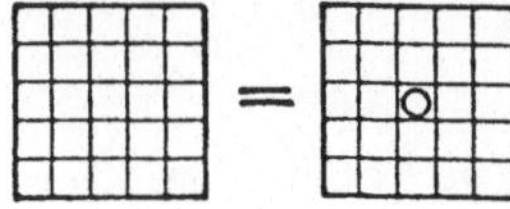

hinsichtlich Nachfolge

Also haben wir zu unseren

$$2^{(5n-2)^2} = 2^{25n^2 - 20n + 4}$$

Konfigurationen im $(5n-2) \times (5n-2)$-Quadrat nur $(2^{25}-1)^{n^2}$ Kandidaten für Vorgangerkonfigurationen im $5n \times 5n$-Quadrat. Wir werden nun zeigen, daß das zu wenige sind, um zu jeder Konfiguration im $(5n-2) \times (5n-2)$-Quadrat einen Vorgänger zu liefern, sofern wir n einen sehr großen Wert erteilen. Es ist nämlich

$$(2^{25} - 1)^{n^2} = 2^{An^2}$$

mit einer reellen Zahl A, die echt kleiner als 25 ist (man kann $A = 24.999999957004337..$ ausrechnen). Läßt man nun n laufen, so bleibt An^2 schließlich hinter $25n^2 - 20n + 4$ zurück $((25-A)n^2$ überwiegt $-20n+4)$. Man kann ausrechnen, daß dies ab $n = 465163200$ sicher der Fall ist. Legen wir also n auf diesen Wert fest, so stehen den $2^{25n^2-20n+4}$ Konfigurationen im $(5n-2) \times (5n-2)$-Quadrat nur 2^{An^2} Vorgängerkandidaten gegenuber: einige weniger. Es muß also im $(5n-2) \times (5n-2)$-Quadrat Konfigurationen geben, die keinen Vorgänger haben: Paradies-Konfigurationen.

In diesem Beweis steckt eine allgemeine Idee, die es gestattet, ein Garden-of-Eden-Theorem ganz allgemein fur sogenannte zellulare Automaten zu beweisen; dies sind dynamische Systeme, bei denen es ähnlich wie bei „Game of Life" um das Besetzen von Zellen aus einem endlichen Symbolvorrat (schwarze Kreisscheiben, Schaltungen etc.) geht, bei denen immer nur endlichviele Zellen wirklich besetzt werden, und bei denen die Veranderungen in den Zellen nur von der Besetzung gewisser Nachbarzellen abhangen.

Nach dem obigen Beweis (plus etwas Rechnung) hat man in einem Quadrat der Seitenlänge 2325816000 mit Sicherheit eine Paradies-Konfiguration. Das bedeutet nicht, daß es nicht auch kleinere gäbe. Ein hübsches kleines Waisenkind ist z.B.

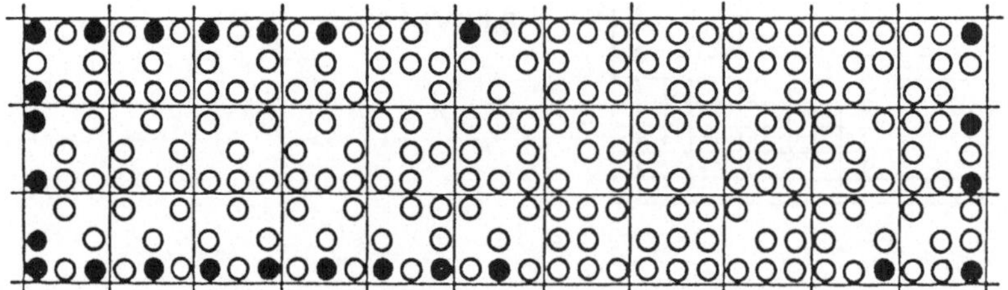

Bild VI-14

wie man per Computer nachgeprüft hat.

§ 3   Einige weitere dynamische Systeme

Wir führen nun drei weitere dynamische Systeme vor, die in der mathematischen Forschung der letzten Jahrzehnte eine bedeutende Rolle gespielt haben.

3.1   Die Kreisrotation (Kronecker [1884])

Hier ist X eine Kreislinie, etwa vom Radius 1. T bedeutet eine starre Rotation der Kreislinie um einen Winkel α:

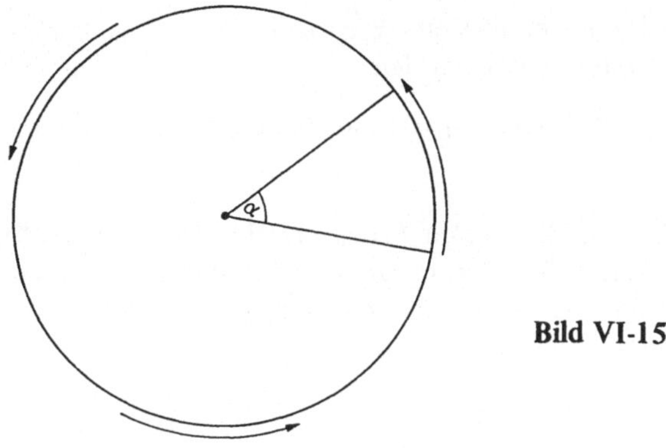

Bild VI-15

Die Bahn eines beliebigen Punktes x auf der Kreislinie ergibt sich also, indem man immer wieder um den Winkel α weiterschreitet:

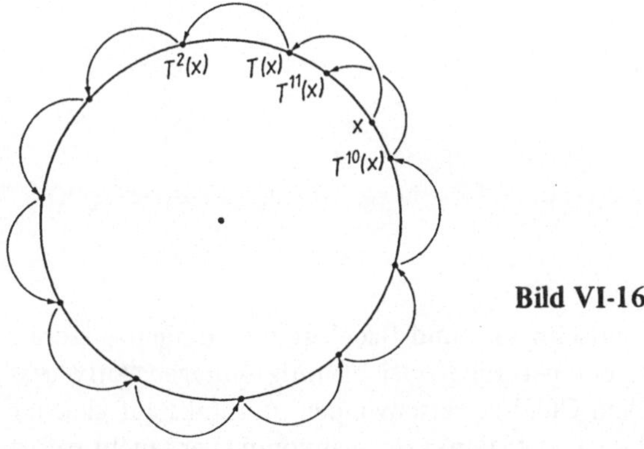

Bild VI-16

Hier sind nun zwei Fälle zu unterscheiden:

Fall I, periodischer Fall: Er liegt genau dann vor, wenn man beim Vorwärtsschreiten längs der Bahn eines Punktes x irgendwann — etwa nach t Schritten — exakt an die Stelle x zurückkehrt; wir konnen annehmen, daß t der *erste* Zeitpunkt dieser exakten Wiederkehr ist. Da die Rotation T starr ist, genügt es, dies für *einen* Punkt x zu prüfen, es gilt dann ebenso für alle anderen. In diesem Falle geht der Marsch ab Zeitpunkt t dann wieder genauso wie ab Zeitpunkt 0, so daß man zu den Zeiten $2t$, $3t$,... immer wieder exakt in der Ausgangsposition ist: man hat die Periode t für die Bahn eines jeden Punktes.

Fall II, sogenannter Kroneckerscher Fall: Er liegt dann vor, wenn Fall I nicht eintritt, wenn also unser Punkt x (und — wegen der Starrheit der Rotation — ebenso jeder andere Punkt) nie wieder exakt in seine Ausgangslage zurückkehrt; die Bahn x, $T(x)$, $T^2(x)$,... besteht dann aus lauter unendlichvielen verschiedenen Punkten auf der Kreislinie; unter diesen muß es wenigstens zwei geben, die weniger als $\frac{1}{1000}$ voneinander entfernt liegen, denn es haben höchstens $2\pi \cdot 1000$ Punkte in Abständen $\geqslant \frac{1}{1000}$ auf der Kreislinie der Länge 2π Platz; das aber bedeutet, daß es eine Schrittzahl t gibt, bei der ein jeder Punkt bis auf $\frac{1}{1000}$ an seine Ausgangslage zurückkehrt. Macht man nun nacheinander t, $2t$, $3t$,... Schritte, so wandert man in Sprüngen einer Weite $\leqslant \frac{1}{1000}$

um den Kreis herum, kommt also jedem Punkt bis auf mindestens $\frac{1}{1000}$ nahe. Was für $\frac{1}{1000}$, gilt, gilt entsprechend für beliebig kleine Distanzen. Damit erhalten wir den

Satz 3.1 (Kronecker [1884]). Im Falle II kommt die Bahn eines jeden Punktes jedem anderen Punkt beliebig nahe.

Dies ist der sogenannte Dichtigkeitssatz von Leopold Kronecker (1823–1891), den man leicht auch auf andere Situationen übertragen kann. Eine solche Übertragung liefert den sogenannten Kronecker-Fluß im Einheitsquadrat. Man erhält ihn aus der obigen Kreisrotation, wenn man diese folgendermaßen in einen zeit-kontinuierlichen Vorgang auflöst

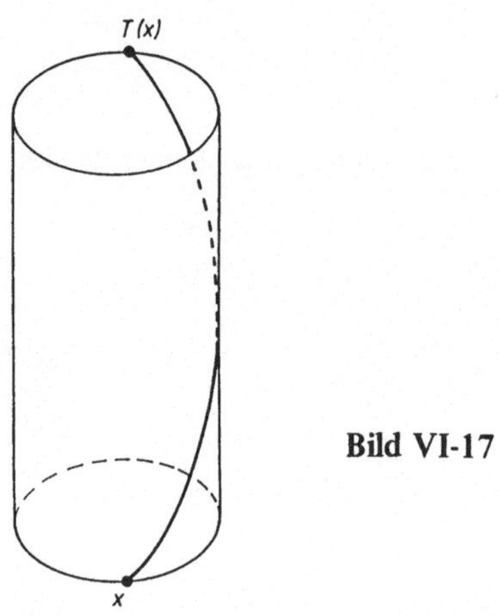

Bild VI-17

und dann den Kreiszylinder irgendwo senkrecht aufschneidet und flachlegt zum Einheitsquadrat. Das bedeutet natürlich, daß man einen Punkt, der bei seiner gleichförmig schrägen Aufwärtsbewegung an die Schnittlinie gerät, rechts aus dem Quadrat verschwinden und links auf gleicher Höhe sofort wiederkehren läßt. Analoges passiert, wenn der Punkt oben ankommt: er taucht sofort unten wieder auf und erneuert sein Ansteigen:

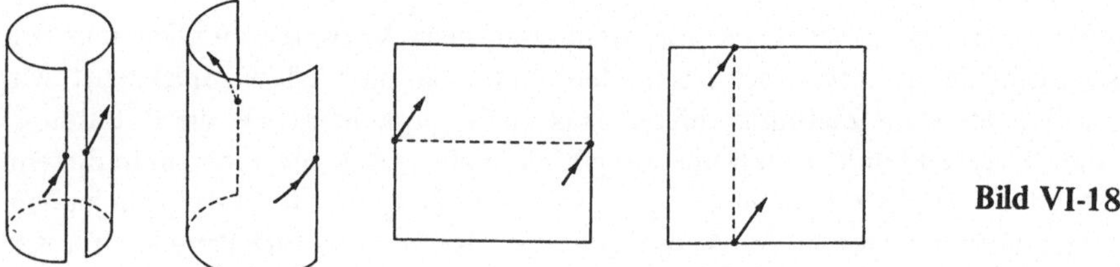

Bild VI-18

Im Fall I schraffiert die kontinuierliche Bahn eines Punkts das Quadrat mit festem Strichabstand, im Fall II wird die Schraffur beliebig dicht.

  Wir betrachten nun noch einmal unsere ursprüngliche Kreisrotation. Hermann Weyl (1885–1955) bewies für sie 1916 eine weitergehende Aussage, wonach sich im Fall II jeder Punkt in einem gegebenen Bogenstück im Mittel beliebig genau proportional zu dessen Bogenlänge aufhält, wenn man nur eine hinreichend lange Zeitstrecke ins Auge faßt. Dies ist der sogenannte Gleichverteilungssatz (Weyl [1916]), der sich inzwischen zu einer ganzen „Gleichverteilungstheorie" ausgewachsen hat; über diese berichtet z.B. Hlawka [1979].

3.2   Die Blätterteig- oder Bäcker-Transformation

„Transformation" ist hier nur ein anderes Wort für „Abbildung". Die sogenannte *Blatterteig*-Abbildung T wirkt im Einheitsquadrat X, bei dem man die rechte und die obere Kante

Bild VI-19

weggelassen hat. In Koordinatenschreibweise kann man X als die Menge aller Paare (x, y) von reellen Zahlen x, y definieren, bei denen $0 \leqslant x < 1$ und $0 \leqslant y < 1$ gilt; das < 1 bedeutet gerade das Weglassen besagter Kanten. T wirkt nun auf dies Einheitsquadrat X so wie man Blatterteig knetet: a) senkrecht halbieren, b) flachdrucken, c) das rechte Stuck oben auf das linke legen.

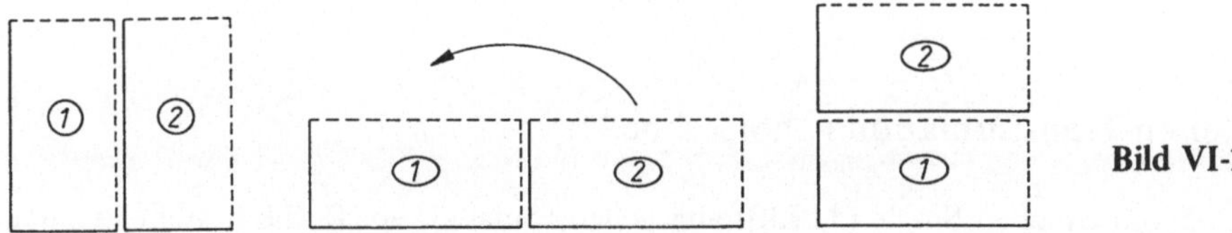

Bild VI-20

In Formeln sieht das so aus:

a) linke Hälfte: $0 \leqslant x < \frac{1}{2}$, $0 \leqslant y < 1$

    rechte Halfte: $\frac{1}{2} \leqslant x < 1$, $0 \leqslant y < 1$

b) flachdrücken: $x \to 2x$, $y \to \frac{1}{2} y$

    linke Hälfte: $0 \leqslant 2x < 1$, $0 \leqslant \frac{1}{2} y < \frac{1}{2}$

    rechte Hälfte: $1 \leqslant 2x < 2$, $0 \leqslant \frac{1}{2} y < \frac{1}{2}$

c) obendrauflegen:

    rechte Halfte: $2x \to 2x - 1$, $\frac{1}{2} y \to \frac{1}{2} y + \frac{1}{2}$

    also $0 \leqslant 2x - 1 < 1$, $\frac{1}{2} \leqslant \frac{1}{2} y + \frac{1}{2} < 1$

Also ist T durch

$$T(x, y) = \begin{cases} (2x, \tfrac{1}{2} y) & \text{fur } 0 \leqslant x < \tfrac{1}{2} \\ (2x - 1, \tfrac{1}{2} y + \tfrac{1}{2}) & \text{fur } \tfrac{1}{2} \leqslant x < 1 \end{cases}$$

zu beschreiben.

Es ist klar, daß T zwar die Form, aber nicht den Flächeninhalt von Teilen von X verandert: Breiten werden verdoppelt, Höhen halbiert. Man sagt: T ist *maßtreu*.

Die Bezeichnung „Blatterteig-Transformation" wird noch plausibler, wenn man die Gestaltanderung der *unteren* und der *oberen* Hälfte (statt der linken und der rechten) von X bei wiederholter Anwendung von T verfolgt.

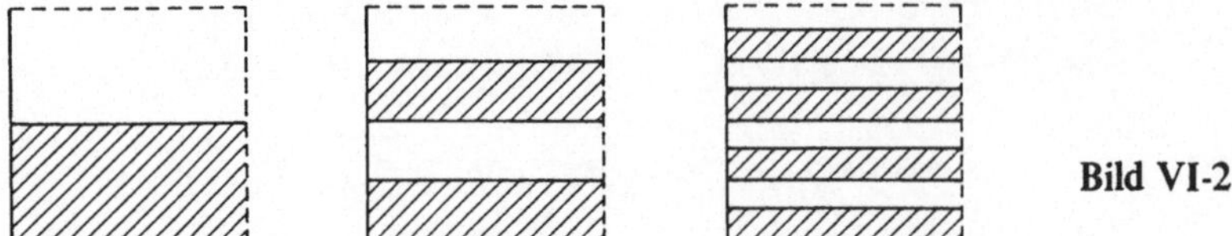

Bild VI-21

Auch Samurai-Schwerter und Damaszenerklingen werden so geschmiedet.

Das, was den Mathematiker an der Blatterteig-Transformation vor allem interessiert, ist ihre *Mischungseigenschaft*. Sie laßt sich so formulieren: macht ein irgendwie geformtes Stuck E von X flächenmaßig die Halfte von X aus, so beansprucht es innerhalb jeder Region in X beliebig genau die Halfte, wenn man nur T hinreichend oft auf E wirken laßt. Die obige Abbildung demonstriert dies für E = untere Halfte von X. Analoges gilt für beliebige andere Bruchteile statt „Halfte". Wir werden in § 4 eine Querverbindung zwischen der Blatterteig-Transformation und dem sogenannten shift herstellen.

3.3   Die Hufeisen-Transformation („horseshoe")

wurde 1965 von Stephen Smale (*1930) angegeben (Smale [1965]). Sie besteht in einer inneren Verzerrung T einer Kreisscheibe X, derart, daß dabei ein bestimmtes Rechteck R erst flachgedruckt und dann hufeisenformig gebogen wird, bis es uber sich selbst zu liegen kommt, wie die folgende Abbildung zeigt:

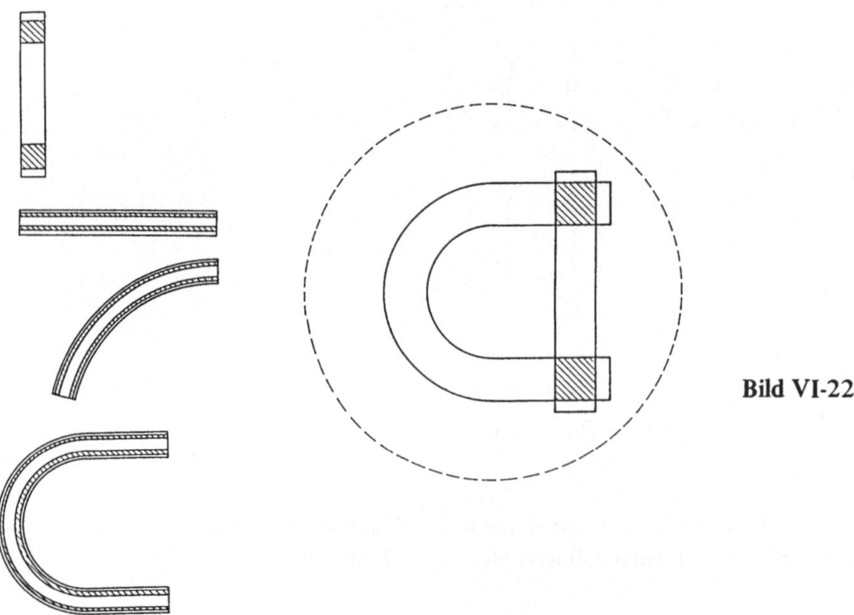

Bild VI-22

Wie T sonst im einzelnen vor sich geht, braucht man nicht zu wissen, um die den Mathematiker interessierende Frage zu untersuchen, was T mit den schraffierten Teilen von R macht:

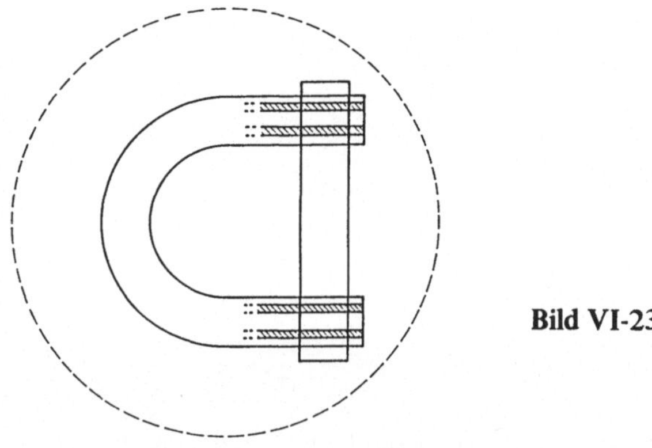

Bild VI-23

Man interessiert sich auch dafur, aus welchen Teilen von R die schraffierten Teile entstehen, d.h. was mit diesen passiert, wenn man T rückwärts anwendet:

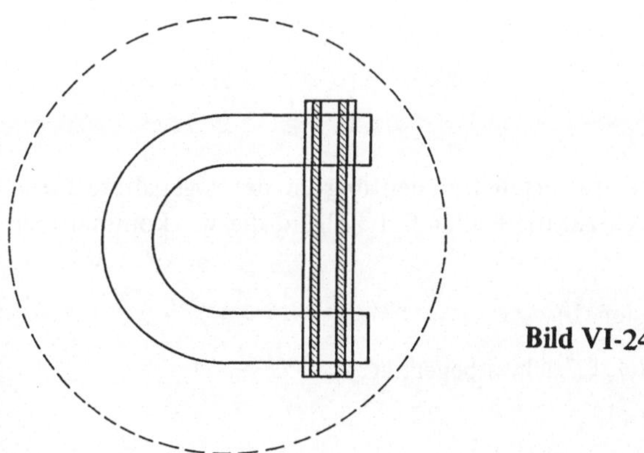

Bild VI-24

Bringt man beide Teilfiguren zum Schnitt, so entsteht die folgende Figur

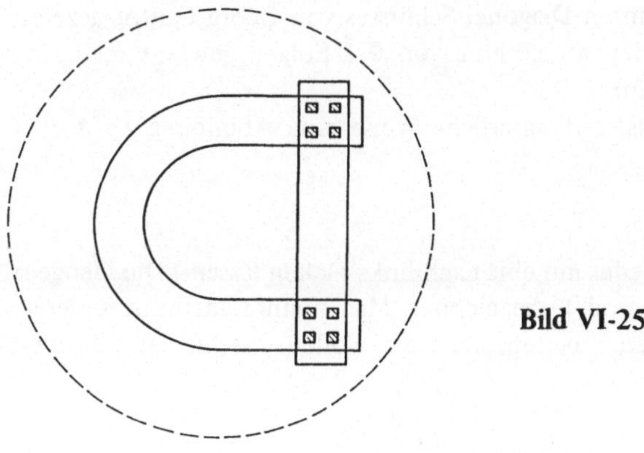

Bild VI-25

mit der man nun abermals die obigen Betrachtungen anstellen kann usf. Was man dabei nacheinander erhalt, sieht etwa so aus.

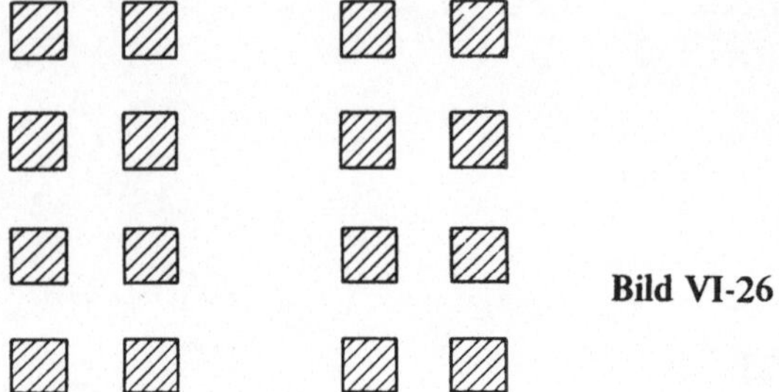

Bild VI-26

Denkt man sich die Konstruktion unendlichoft wiederholt, so entsteht ein Gebilde, das man auch kurz als das Ergebnis unendlichoft wiederholter Anwendung des Prinzips „einen Mittelteil weglassen" beschreiben kann. Das alteste Gebilde dieser Art stammt von Georg Cantor (1848–1920, Cantor [1883]). Man spricht deshalb von einem „Cantorschen Diskontinuum". Auch hier werden wir in § 4 eine Querverbindung zum sogenannten shift herstellen.

§ 4   Der shift

Ein dynamisches System von geradezu universeller Bedeutung ist der sogenannte *shift*. Die zugehorige Zustandsmenge X ist hier die Gesamtheit aller 0-1-Folgen, die wir kommafreier Schreibweise allgemein mit

$$x = x_0 x_1 \ldots \qquad (x_0, x_1, \ldots = 0 \text{ oder } 1)$$

bezeichnen. Einzelne solche x sind uns in Kap. III, § 7 schon begegnet:

$$0\ 0\ 0\ 0\ 0\ 0\ 0\ 0\ 0\ \ldots$$
$$0\ 1\ 0\ 1\ 0\ 1\ 0\ 1\ 0\ \ldots$$
$$1\ 0\ 1\ 0\ 1\ 0\ 1\ 0\ 1\ \ldots$$
$$0\ 1\ 1\ 0\ 1\ 0\ 0\ 1\ 1\ \ldots \quad \text{(Thue-Morse-Folge)}$$
$$0\ 1\ 0\ 0\ 1\ 0\ 0\ 0\ 1\ \ldots \quad \text{(immer seltenere Einsen)}$$

Wir haben damals mittels des sogenannten Diagonal-Schlusses von Georg Cantor gezeigt, daß man dies X nicht abzählen kann: aus jeder Aufzählung von 0-1-Folgen gewinnt man eine 0-1-Folge, die in der Aufzählung nicht vorkommt.

In dieser Menge X aller 0-1-Folgen ist auf naturliche Weise eine Abbildung $T : X \to X$ gegeben, die Schiebung oder der *shift*:

$$T(x_0 x_1 \ldots) = x_1 x_2 \ldots$$

(Anweisung: x_0 wegwerfen, die restlichen Glieder um eins nach links rücken lassen.) Die Menge X wird als der shift-Raum (mit den Symbolen 0 und 1) bezeichnet. Man konnte auch mit anderen, und insbesondere mit mehr als zwei Symbolen arbeiten, aber wir wollen uns hier auf 0 und 1 beschränken.

Auch das dynamische System (X, T) werden wir kurz als shift bezeichnen. Es ist in folgendem Sinne universell. Sei irgendein dynamisches System gegeben: Zustandsmenge Y, Abbildung S. Wir teilen nun Y in zwei Teilmengen Y_0 und Y_1 ein. Ist y irgendein Zustand aus Y, so schicken wir ihn auf seine Bahn

$$y, S(y), S^2(y), \ldots$$

Jeder Zustand aus dieser Folge befindet sich entweder in Y_0 oder in Y_1 und je nachdem notieren wir ein Symbol 0 oder 1. Das liefert uns eine Folge

$$x_0, x_1, x_2, \ldots$$

von Symbolen 0 und 1, also eine 0-1-Folge $x = x_0 x_1 \ldots$ aus X. Wir nennen $x = x_0 x_1 \ldots$ die y (bei der Einteilung von Y in Y_0 und Y_1) repräsentierende 0-1-Folge. Im folgenden Beispiel, bei dem S eine starre Rotation der Kreislinie Y (um einen Winkel α) ist (Abschnitt 3.1), gewinnen wir zu dem markierten y die 0-1-Folge

$$0\,0\,0\,1\,1\,1\,1\,0\,0\,0\,0\,0\,0\,0\,0\,1 \ldots$$

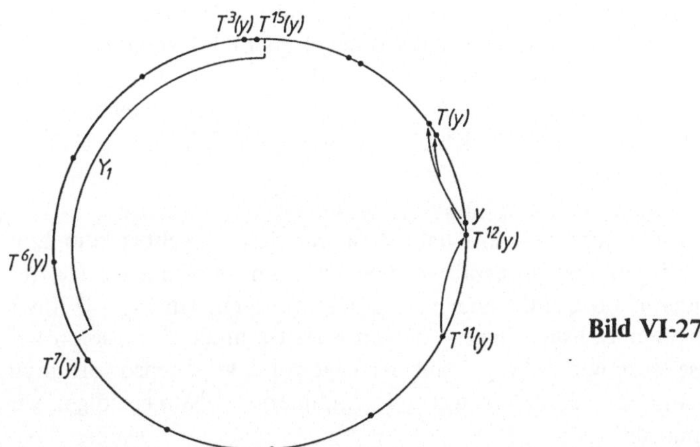

Bild VI-27

Wird y mit seiner Bahn $y, S(y), S^2(y), \ldots$ durch $x = x_0 x_1 x_2 \ldots$ repräsentiert, so wird der Zustand $S(y)$ mit seiner Bahn $S(y), S^2(y), S^3(y), \ldots$ durch $x_1 x_2 x_3 \ldots$ d.h. durch $T(x)$ repräsentiert: beim Repräsentieren von Zuständen aus Y durch 0-1-Folgen aus X wird S durch den shift T dargestellt.

Man sieht, wie hier der shift dazu dienen kann, beliebige dynamische Systeme zu repräsentieren (darzustellen). Dies ist der Grund für die Aussage, der shift sei universell.

Dabei ist allerdings noch eins zu beachten: die Darstellung von (Y, S) durch (X, T) hängt von der zugrundegelegten Einteilung von Y in Y_0 und Y_1 ab; wählt man diese Einteilung ungeschickt, so wird die Darstellung schlecht; beispielsweise kann man Y_0 als die ganze Menge Y und Y_1 als die leere Menge wählen; dann wird jedes y aus Y durch ein und dieselbe 0-1-Folge $0\,0\,0\,0 \ldots$ repräsentiert, was natürlich gar nichts taugt; *treu* ist die Darstellung, wenn es gelingt, Y_0 und Y_1 so zu wählen, daß verschiedene y durch verschiedene 0-1-Folgen repräsentiert werden; dies bedeutet gerade, daß es für zwei verschiedene y, y' aus Y mindestens einen Zeitpunkt gibt, wo sie nicht in demselben Teil Y_0 bzw. Y_1 liegen, also $T^t(y)$ in Y_0 und $T^t(y')$ in Y_1 oder umgekehrt; dann wird nämlich $x_t = 0$ und $x'_t = 1$ oder umgekehrt, d.h. die repräsentierenden x, x' unterscheiden sich in der Komponente Nr. t. Man sagt dann, Y_0 und Y_1 trennen die Bahnen oder bilden einen

Erzeuger. – Eine in diesem Sinne treue Darstellung von (Y, S) durch (X, T) gibt es nicht immer; wann sie möglich ist, laßt sich nur mit Hilfe komplizierterer Untersuchungen entscheiden; eine grundlegende Rolle spielt hierbei die sogenannte Entropie von (Y, S): sie mißt den Grad des Durcheinanders, das die Abbildung S in Y anrichtet. Laßt man statt der Symbole $0, 1$ irgendwelche endlichvielen Symbole (etwa $0, 1, \ldots, n$) zu, so ist eine im wesentlichen treue Darstellung im Falle endlicher Entropie möglich; ım Falle unendlicher Entropie muß man sich auf unendliche „Alphabete" stützen. Diese Andeutungen lassen sich leider nur mit beträchtlichem Aufwand in exakte Mathematik übersetzen. Hierbei wird u.a. die sogenannte Maßtheorie benotigt.

Mit Hilfe von Satz 3.1 (Kronecker) kann man sich leicht überlegen, daß bei unserem vorigen Beispiel mit der Kreisrotation im Fall II (Abschnitt 3.1) eine treue Darstellung vorlıegt, falls man Y_0 als Bogen wählt, schickt man nämlich zwei Punkte $y \neq y'$ gleichzeitig auf die Reise, so gerät der von ihnen eingeschlossene Bogen im Laufe der Zeit in praktisch jede Lage auf der Kreislinie, also sicher einmal in eine Lage, bei der $T^t(y)$ zu Y_0 und $T^t(y')$ zu Y_1 gehort.

Statt nur einseitig unendliche Folgen $x = x_0 x_1 \ldots$ zu bilden, kann man sıch auch mit zweiseitig unendlichen Folgen $\bar{x} = \ldots x_{-1} x_0 x_1 \ldots$ befassen. Sie bilden eine Menge $\bar{X}$, in der der shift $\bar{T}$ durch „um eins nach links rücken" definiert ist: es muß kein vorderstes Symbol weggeworfen werden. Das damit gewonnene dynamische System $\bar{X}, \bar{T}$ wird „zweiseitiger shift" genannt. Es steht in einer interessanten Beziehung zur Blätterteig-Transformation (Abschnitt 3.2); diese Beziehung ergibt sich, wenn man die bei der letzteren auftretenden Punkte (x, y) im Einheitsquadrat durch „dyadische Entwicklung" von x und y in zwei 0-1-Folgen $x_0 x_1 \ldots$ und $x_{-1} x_{-2} \ldots$ – wir vermeiden hier Bezeichnungen wie x fur Symbolfolgen, da x, y momentan für Zahlen reserviert bleiben soll – umwandelt und dann die letztere an die erstere setzt, so daß eine zweiseitig unendlıche 0-1-Folge

$$\ldots x_{-1} x_0 x_1 \ldots$$

entsteht. Das dyadische Entwıckeln von x geht ganz anschaulich so vor sich: x gehort zum Einheitsintervall, d.h. $0 \leqslant x < 1$; wir zerlegen dies Intervall in eine linke und eine rechte Hälfte: $0 \leqslant x < \frac{1}{2}$ und $\frac{1}{2} \leqslant x < 1$. Je nachdem, ob x links oder rechts liegt, notieren wir $x_0 = 0$ oder $x_0 = 1$. Dann halbieren wir diese beiden Hälften: liegt x in seiner Halfte links, so notieren wir $x_1 = 0$, sonst $x_1 = 1$. Auf diese Weise lesen wir $x_0, x_1, \ldots$ aus der Lage von x ab; ebenso verfahren wir mit y und erhalten $y_{-1}, y_{-2}, \ldots$ (mit $-1, -2, \ldots$ statt mit $0, 1, \ldots$ numeriert). Nun verfolgen wır die Wirkung der Blätterteig-Transformation.

Fall 0: $x_0 = 0$. Dann liegt (x, y) in der linken Hälfte des Einheitsquadrats. Hier schreibt die Blätterteig-Transformation Verdoppeln von x und Halbieren von y vor. Man uberlegt sich leicht, daß zu $2x$ die dyadische Entwicklung $x_1 x_2 \ldots$ (statt $x_0 x_1 \ldots$) und zu $\frac{y}{2}$ die Symbolfolge $0\, x_{-1} x_{-2} \ldots$ gehört; dies liefert in $\bar{X}$ die zweiseitig unendliche Folge $\ldots x_{-1}\, 0\, x_1 x_2 \ldots$, die aus $\bar{x} = \ldots x_{-2} x_{-1}\, 0\, x_1 \ldots$ durch Anwendung von $\bar{T}$ (Schiebung) hervorgeht.

Fall 1: $x_0 = 1$. Dann liegt (x, y) in der rechten Hälfte des Einheitsquadrats. Wir uberlassen die entsprechende Diskussion nun dem Leser.

Der shift (X, T) bzw. $(\bar{X}, \bar{T})$ ist ein Modell für perfekt statistisch verlaufende Wiederholungen einfacher Experimente ($0 = $ Opf, $1 = $ Wappen, wenn man an den sog. Münzwurf denkt). Die eben geschilderte Beziehung zwischen dem shift $(\bar{X}, \bar{T})$ und der Blätterteig-Transformation läßt sich daher so ausdeuten:

> Die Blätterteig-Transformation produziert ım Einheitsquadrat ein Chaos, als ob der schiere Zufall am Werke ware.

Zur Präzisierung dieser hier betont informell formulierten Aussagen wird allerdings ein betrachtlicher mathematischer Aufwand benotigt.

Ersetzt man das Einheitsquadrat durch eine Figur, die aus ihm durch sukzessives „Heraus-nehmen mittlerer Drittel" (Cantor [1883]) hervorgeht

so erhält man eine Situation, wie sie uns auch in § 3, Nr. 3 beim sogenannten horseshoe begegnet ist. Auch hier kann man, indem man das dyadische Entwickeln mit „linkes Drittel" und „rechtes Drittel" statt „linke Hälfte" und „rechte Hälfte" durchführt, eine der obigen ähnliche Beziehung zum shift herstellen und dann interpretieren

Der sogenannte horseshoe produziert in gewissen Teilen seines Aktionsbereiches ein Durcheinander, als ob der schiere Zufall am Werke wäre.

Moser [1973] hat gezeigt, daß in gewissen mechanischen Systemen massenhaft horseshoes stecken, so daß diese Systeme zufallsähnliches Verhalten zeigen (vgl. auch Jacobs [1978a]).

Wir wollen nun den Rest dieses Abschnitts damit verbringen, Wiederkehreigenschaften beim dynamischen System „shift" zu untersuchen.

4.1 Fixpunkte

Es gibt in X nur zwei 0-1-Folgen x, die Fixpunkte von T sind, d.h. $T(x) = x$ erfüllen und somit statische Verhältnisse verkörpern:

$$0\ 0\ 0\ 0\ \ldots$$
$$1\ 1\ 1\ 1\ \ldots$$

4.2 Periode 2

Es gibt in X nur zwei 0-1-Folgen x, deren Bahn genau die Periode 2 hat, für die also $T(x) \neq x$ und $T^2(x) = x$ gilt:

$$x = 0\ 1\ 0\ 1\ \ldots$$
$$y = 1\ 0\ 1\ 0\ \ldots$$

Es gilt $T(x) = y$ und $T(y) = x$: Oszillation zwischen x und y.

4.3 Längere Perioden

Ist in x genau jedes n-te Symbol 1 und der Rest 0, also z.B.

$$\underbrace{0\ 0\ \ldots\ 0}_{n-1}\ 1\ \underbrace{0\ 0\ \ldots\ 0}_{n-1}\ 1\ \ 0\ \ldots$$

$$1\ \underbrace{0\ \ldots\ 0\ 0}_{n-1}\ 1\ \underbrace{0\ \ldots\ 0\ 0}_{n-1}\ 1\ \ldots$$

so liegt Periode n vor: die Zustände $x, t(x), \ldots, T^{n-1}(x)$ sind paarweise verschieden und $T^n(x) = x$. Es gibt aber für $n \geqslant 3$ noch andere Möglichkeiten, Periode n zu erzwingen; hier eröffnet sich ein reizvolles Übungsfeld für den Leser.

4.4   Fastperiodizität

Wir wollen einen Begriff kennenlernen, der in der Mathematik und auch z.B. in der Himmelsmechanik eine große Rolle spielt und nur um einen Schritt über den Begriff der Periodizität hinausgeht: Fastperiodizität.

Hierzu definieren wir: zwei 0-1-Folgen $x = x_0 x_1 \ldots$ und $y = y_0 y_1 \ldots$ aus X heißen *einander nahe bis auf $\frac{1}{n}$*, wenn sie in den Komponenten Nr. 0 bis n übereinstimmen:

$$x_0 = y_0, \ldots, x_n = y_n ;$$

wir wollen dann auch asymmetrisch sagen, x ist y bis auf $\frac{1}{n}$ *nahe*, und ebenso: y ist x bis auf $\frac{1}{n}$ *nahe*.

Von einer steigenden Folge $0 \leqslant t_0 < t_1 < \ldots$ von ganzen Zahlen wollen wir sagen, sie habe *beschränkte Lücken*, wenn die Schrittweiten $t_1 - t_0$, $t_2 - t_1$, $\ldots$ unterhalb einer festen Schranke (z.B. 100 oder 1000, oder $\ldots$) bleiben.

Definition 4.1. Eine 0-1-Folge $x = x_0 x_1 \ldots$ heißt fastperiodisch, wenn für jedes n gilt: x kommt sich selbst mit beschränkten Lücken bis auf $\frac{1}{n}$ nahe, genauer: es gibt zu jedem n eine Folge $0 \leqslant t_0 < t_1 \ldots$ von ganzen Zahlen mit beschränkten Lücken und der Eigenschaft: $T^{t_k}(x)$ ist x bis auf $\frac{1}{n}$ nahe $(k = 1, 2, \ldots)$.

Ein x mit Periode d kommt sich selbst zu den Zeiten d, $2d$, $\ldots$ nicht nur beliebig nahe, sondern stimmt zu diesen Zeiten sogar exakt mit sich selbst überein. Bei Fastperiodizität muß man damit rechnen, daß die Schranke für die Lücken zwischen dem Sich-selbst-Nahekommen-bis-auf-$\frac{1}{n}$ für wachsende n immer größer wird.

Unsere Definition ist natürlich nur dann interessant, wenn es nicht-periodische fastperiodische $x = x_0 x_1 \ldots$ gibt. Dies ist massenhaft der Fall; wir werden dies sowohl mit Beispielen als auch mit einem Satz belegen. Vorher müssen wir uns über die Bedeutung von „fastperiodisch" näher unterrichten.

Kommt $x = x_0 x_1 \ldots$ sich selbst zur Zeit t bis auf $\frac{1}{n}$ nahe, so gilt wegen $T^t(x) = x_t x_{t+1} \ldots$.

$$x_0 = x_t, \; x_1 = x_{t+1}, \ldots, x_n = x_{t+n} ,$$

d.h. der „Anfangsblock" $x_0 x_1 \ldots x_n$ tritt zur Zeit t als $x_t x_{t+1} \ldots x_{t+n}$ abermals auf. Fastperiodizität bedeutet also:

Jeder Anfangsblock von x tritt mit beschränkten Lücken erneut in x auf:

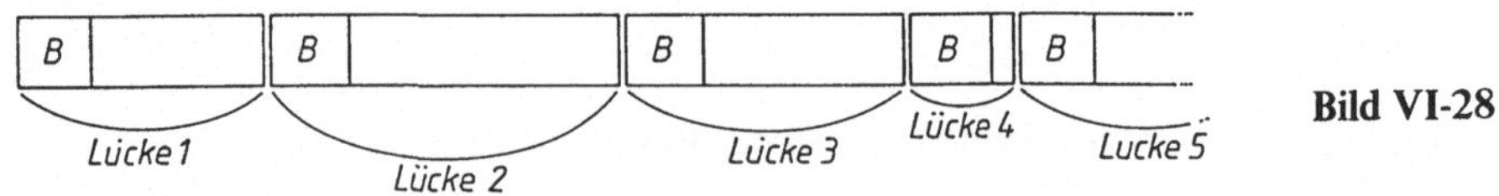

Bild VI-28

Oder:

Jeder Block, der in x überhaupt auftritt, tritt sogar mit beschränkten Lücken auf.

Das ist äquivalent, weil jeder Block, der überhaupt auftritt, in einem hinreichend langen Anfangs-block auftritt und damit immer wieder erscheint, wenn sich dieser Anfangsblock wiederholt. Natürlich muß man damit rechnen, daß längere Blöcke auch längere Lücken des Auftretens haben.

Mit dieser Einsicht über die Fastperiodizität von 0-1-Folgen werden uns nun Betrachtungen aus Kap. III, § 7 verfügbar und wir gewinnen das Beispiel:

die Thue-Morse-Folge 01101001... ist fastperiodisch.

Daß sie nicht periodisch ist, moge sich der Leser übungsweise überlegen (vgl. Jacobs [1969, 1983]). Ebenfalls fastperiodisch aber nicht periodisch ist der „Mephisto-Walzer":

001001110001001110110110001...

(Übung für den Leser) oder die durch die Vorschrift „1) 0 an jede zweite Stelle   2)   1 in jede zweite Lücke   3) 0 in jede zweite Lücke ..." entstehende Folge

010001010100010001000...

Die in diesen beiden Fallen zugrundeliegenden Konstruktionsideen kann man unendlich variieren und so Beispiele fastperiodischer aber nicht periodischer $x = x_0 x_1 \ldots$ en masse gewinnen (vgl. Toeplitz [1928], Jacobs [1969a, 1983], Jacobs-Keane [1969]).

Wir wollen nun noch einen allgemeinen Satz über das Auftreten fastperiodischer $x = x_0 x_1 \ldots$ wenigstens andeutungsweise beweisen.

Satz 4.2. Jede 0-1-Folge kommt einer fastperiodischen Folge beliebig nahe.

Beweis-Skizze. Wir prazisieren als erstes die Aussage unseres Satzes: Zu jeder 0-1 Folge $x = x_0 x_1 \ldots$ gibt es mindestens eine fastperiodische 0-1-Folge $y = y_0 y_1 \ldots$ mit folgender Eigenschaft: zu jedem n gibt es ein t mit: $T^t(x)$ ist y bis auf $\frac{1}{n}$ nahe. Letzteres bedeutet: der 0-1-Block $y_0 y_1 \ldots y_n$ tritt in x als $x_t x_{t+1} \ldots x_{t+n}$ auf. — Was müssen wir also leisten? In x die Anfangsblöcke einer fast-periodischen 0-1-Folge y finden. Idee: Aus x alles hinauswerfen, was nicht mit beschränkten Lücken wiederkehrt. Dies laßt sich — wir deuten die Details nur an — folgendermaßen bewerk-stelligen: Wir nehmen einen kürzesten Block, der in x vorkommt, aber mit beliebig langen Lücken auftritt („kritischer" Block); aus diesen Lücken basteln wir eine 0-1-Folge, in der dieser Block überhaupt nicht mehr vorkommt, die Anfangsblöcke dieser Folge stammen aber alle aus x. Wir wiederholen dies Verfahren und gewinnen eine 0-1-Folge, deren Anfangsblöcke samtlich aus x stammen, in der aber die kürzesten unter den „kritischen" Blöcken aus x nicht mehr vorkommen. Als nächstes werfen wir die zweitkürzesten „kritischen" Blöcke heraus usf. Nach unendlichvielen Schritten steht eine aus x gewonnene 0-1-Folge $y = y_0 y_1 \ldots$ da, die überhaupt keine „kritischen" Blöcke mehr enthält, also fastperiodisch ist (Details z.B. bei Jacobs [1972]). — Natürlich kann es sein, daß man in Spezialfällen mit viel geringerem Aufwand zum Ziele kommt; so gewinnt man aus den „0-Wüsten" in 010010001... leicht die fastperiodische 0-1-Folge 000... .

Natürlich hatten wir diese Überlegungen über 0-1-Folgen ohne den Begriff des „Nahe-kommens" rein mit dem Auftreten von Blöcken durchführen können. Wir haben das obige Vor-gehen gewählt, weil es sich leicht auf andere Fälle, in denen „Nahekommen" z.B. direkt geome-trisch gefaßt wird, ubertragen laßt und damit einen Einstieg in eine ganze mathematische Disziplin, genannt „topologische Dynamik" eröffnet. Nimmt man so eine Übertragung z.B. auf die Kreis-rotation (Abschnitt 3.1) vor, so erweisen sich samtliche x auf der Kreislinie als fastperiodisch (Übung für den Leser), womit man einen extremen Spezialfall der himmelsmechanischen Veran-lassungen für den Fastperiodizitätsbegriff (Anfang 20. Jahrhundert) in die Hand bekommt (Planetenbewegung).

§ 5   Allgemeine Ergebnisse der Dynamik

Wir haben in den §§ 1 bis 4 einige Beispiele von dynamischen Systemen kennengelernt. Nun wollen wir überblicksweise einige der bedeutendsten Begriffsbildungen und Ergebnisse der Dynamik kennenlernen.

Sowie man den Rahmen der dynamischen Systeme X, T mit *endlicher* Zustandsmenge (§ 1) überschreitet, benotigt man zusätzliche Begriffe, um brauchbare Resultate formulieren und beweisen zu können. Man teilt die mathematische Dynamik nach der Art der verwendeten Begriffe in Unterdisziplinen ein.

Verwendet man Begriffe, in denen die Vorstellung „ein x liegt soundso nahe bei y" präzisiert wird – man nennt solche Begriffe „topologisch" (Kap. V) – so bewegt man sich in der sogenannten *topologischen Dynamik*. In § 4 haben wir von „bis auf $\frac{1}{n}$ nahe" gesprochen und eine sehr spezielle Kostprobe aus der topologischen Dynamik kennengelernt; auch in der allgemeinen topologischen Dynamik spielt der in § 4 behandelte Begriff der Fastperiodizität eine wesentliche Rolle und Satz 4.2 gilt in folgender Form: Unter sehr allgemeinen Voraussetzungen („X kompakt, T stetig") kommt jeder Punkt einem fastperiodischen Punkt beliebig nahe. – Die topologische Dynamik kennt noch eine große Fülle weiterer Grundbegriffe und Resultate, auf die wir jedoch hier nicht weiter eingehen.

Verwendet man Begriffe, in denen die Vorstellung einer Massenverteilung in X prazisiert wird – man nennt solche Begriffe „maßtheoretisch" – so bewegt man sich in der sogenannten *Ergodentheorie*. Man setzt dann gewohnlich voraus, daß die Massenverteilung sich nicht ändert, wenn man sie mittels T transportiert („invariantes Maß", „maßtreues T"), dies ist beispielsweise bei der Kreisrotation (Abschnitt 2.1) der Fall, wenn man die dem Bogenlängenmaß entsprechende gleichförmige Massenverteilung auf der Kreislinie ins Auge faßt. Bei allen maßtheoretischen Untersuchungen spielen die Mengen vom Maß (der Masse) 0 – Beispiel: endliche Mengen auf der Kreislinie – eine besondere Rolle (sog. „Nullmengen"); was für alle x außerhalb einer Nullmenge gilt, gilt, wie man auch sagt, *fastsicher* oder für *fastalle x aus X*. Nun konnen wir einige grundlegende Satze der Ergodentheorie formulieren:

(1) *Der Wiederkehrsatz von Poincaré* [1890]: Hat das betrachtete invariante Maß eine endliche Gesamtmasse, so gilt fur jede sogenannte meßbare Teilmenge E von X: fast alle x aus E kehren unendlichoft nach E zuruck. – Wir beobachten hier wie in § 1, daß eine Wiederkehraussage sich auf eine Endlichkeitsannahme stützt.

Laßt man diesen maßtheoretischen Satz mit topologischen Begriffen zusammenspielen – solche Überschneidungen mit der topologischen Dynamik sind typisch für die Ergodentheorie – so erhalt man daraus: bei endlichem invarianten Maß kehrt fast jeder Punkt beliebig nahe zu seiner Ausgangslage zuruck. – Diese Aussage wurde von Ernst Zermelo (1871–1953) in einen Einwand gegen das Entropie-Zuwachs-Theorem (H-Theorem) von Ludwig Boltzmann (1844–1906) umgemunzt (Zermelo [1896]), der m.W. bis heute nicht voll entkräftet ist; mit dem Zermeloschen Einwand beschäftigen sich u.a. Boltzmann [1896] und Ehrenfest-Ehrenfest [1907]. Für neuere Beiträge zu diesem Thema vgl. z.B. Goldstein [1981], Zeh [1984].

(2) *Der Ergodensatz von G. D. Birkhoff* [1931]: Ist E eine sogenannte meßbare Teilmenge von X, so strebt für fastalle x aus X die mittlere Aufenthaltsdauer von x in E fur gegen Unendlich gehende Beobachtungszeiten t einem Grenzwert zu (die mittlere Aufenthaltszeit im Zeitraum bis t ist einfach der Bruchteil der Zeitpunkte $s = 0, 1, \ldots, t - 1$, für welche $T^s(x)$ zu E gehort).

An diese und andere grundlegende Resultate schließt sich eine Fulle von Begriffen und Resultaten an, die sich mit dem Mischungs- und Chaos-Verhalten maßtheoretischer dynamischer

Systeme, zu denen die in §§ 2 bis 4 vorgestellten in prominenter Weise zählen, beschäftigen (vgl. etwa Petersen [1983]). Dem historischen Ursprung der Ergodentheorie (Boltzmann um 1870) entsprechend berühren manche dieser Resultate die physikalische statistische Mechanik; für die dort berühmte *Ergodenhypothese* gibt es bis heute keinen streng mathematischen Beweis.

Schließlich kann man auch Begriffe und Methoden der Analysis (Differential- und Integralrechnung) für die Untersuchung dynamischer Systeme nutzbar machen; man bewegt sich dann in einer Disziplin, die man gelegentlich „differenzierbare Dynamik" oder auch „Dynamik der Diffeomorphismen" nennt. Das horseshoe-Beispiel (§ 2, Abschnitt 3.3) entstammt dieser heute sehr weit ausgebauten Disziplin (vgl. auch § 6).

§ 6   Stabilität und Instabilität

Zum Abschluß dieses Kapitels wenden wir uns zeitkontinuierlichen dynamischen Systemen zu und behandeln zwei Fragenkreise, die in der Theorie dieser Systeme als Kontraste zueinandergehoren: Stabilität und Instabilitat. Stabilitätsfragen haben sowohl die Himmels- als auch die technische Mechanik seit ca. zwei Jahrhunderten intensiv beschäftigt. Das Thema „Instabilität" ist vor allem in den jüngstvergangenen Jahrzehnten intensiv gefördert worden.

Zeitkontinuierliche dynamische Systeme arbeiten ebenso wie die in diesem Kapitel bisher behandelten zeit-diskreten Systeme (X, T) mit einer Zustandsmenge X (oft auch „Phasenraum" genannt), deren Punkte (Zustände) dann mit x, y, ... bezeichnet werden. Statt mit den Iterierten $id = T^0$, $T = T^1$, T^2, ... einer einzelnen Abbildung $T: X \to X$ (Änderungsgesetz) bekommt man es jedoch mit einer auf der kontinuierlichen Zeitachse $\mathbb{R}$ aufgefädelten Schar (T_t) von Abbildungen $T_t: X \to X$ zu tun; hierbei hat man sich vorzustellen, daß ein beliebiger Zustand x aus X nach Ablauf der Zeit t in den neuen Zustand $T_t(x)$ (auch $T_t x$ geschrieben) übergegangen ist; läßt man danach noch die Zeit s vergehen, so findet man x in der Position $T_s(T_t(x))$; dieselbe Position hätte man erhalten, wenn man gleich den Zeitraum $s + t$ hätte verstreichen lassen:

$$T_{s+t} x = T_s(T_t x) \qquad \text{(für alle } x \text{ aus } X\text{)} ,$$

wofür man auch kurz und knapp

$$T_{s+t} = T_s \circ T_t$$

schreibt; hierbei läßt man für s und t beliebige, auch negative reelle Werte zu; für $t = 0$ ändert sich natürlich gar nichts: T_0 ist die identische Abbildung id mit $T_0 x = x$ für alle x aus X; T_{-t} bewirkt das Umgekehrte wie T_t:

$$T_t \circ T_{-t} = T_{t+(-t)} = T_0 = id ,$$

d.h. T_{-t} ist die zu T_t inverse Abbildung.

Ein zeitkontinuierliches dynamisches System ist nichts weiter als so ein Paar $(X, (T_t)_{t\,\text{aus}\,\mathbb{R}})$, kurz $(X, (T_t))$ geschrieben. Hat man so ein System und schränkt man t auf die ganzzahligen Werte $t = 0, 1, \dots$ ein, so braucht man nur $T = T_1$ zu setzen und $T^n = T_{1+\ldots+1} = T_n$ (n mal 1) zu bedenken, um ein zeit-diskretes System (X, T) als (Filmkamera-)Ausschnitt des gegebenen zeitkontinuierlichen Systems zu erhalten. Oft untersucht man zeitkontinuierliche Systeme auf dem Wege über solche zeit-diskreten Ausschnitte.

In einem zeitkontinuierlichen dynamischen System $(X, (T_t))$ durchläuft ein Zustand x im Laufe der Zeit die Bahn $(T_t x)$. In der klassischen Dynamik steht das formal hingeschriebene dynamische System meist am Ende einer Untersuchung, bei der zunächst die Bahnen der Punkte x

als sogenannte Losungen von gewöhnlichen Differentialgleichungen zu gegebenen Anfangspunkten gewonnen und die Abbildungen T_t danach mittels des Durchlaufens dieser Bahnen definiert werden; das Lösen von Differentialgleichungen läuft auf das Bestimmen von Kurven hinaus, die sich einem vorgegebenen (sagen wir: Kraft-)Feld von Richtungspfeilen einpassen, dies Feld reprasentiert die den Systemveränderungen zugrundeliegenden Naturgesetze (Newtonsches Anziehungsgesetz o. dgl.). Wir haben hier gleich von dynamischen Systemen gesprochen, um dem Leser diesen theoretischen Vorspann mit seinen vielen technischen Details zu ersparen.

6.1   Stabilität

Jedes halbwegs physikalisch-realistische dynamische System $(X, (T_t))$ mit kontinuier licher Zeit besitzt die folgende *Stetigkeits-Eigenschaft*: „verwackelt" oder „stort" man einen Punkt x in einen dicht daneben liegenden Nachbarpunkt y, so bleiben die Bahnen von x und y für *begrenzte* Zeit eng beisammen, d.h. $T_t x$ und $T_t y$ bleiben für alle t bis mindestens t_0 eng beisammen, und je weniger man gestort hat, desto enger ist dies Beisammenbleiben und desto weiter kann man t_0 hinausschieben. Kann man hierbei t_0 schlagartig ins Unendliche verlegen, bleibt also der Abstand von $T_t x$ und $T_t y$ *in alle Zukunft* vorgeschrieben klein, falls nur y genugend nahe bei x liegt, so spricht man von *Stabilitat*. Man kann den Unterschied dieser beiden Sachverhalte etwa so skizzieren:

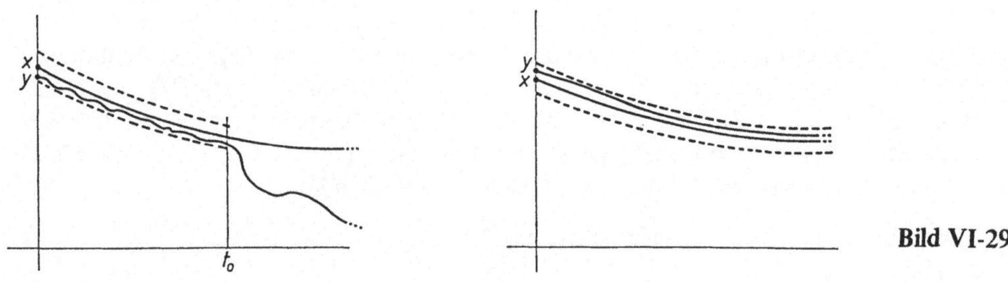

Bild VI-29

Stabilitätsfragen spielen heute in vielen Anwendungen eine grundlegende Rolle. Wir gehen hierauf nicht näher ein und besprechen stattdessen das folgende historisch berühmte Problem: Unser Planetensystem wird immer wieder einmal durch den Durchzug eines einmaligen („hyperbolischen") Kometen gestort, d.h. aus seinem Zustand x in einen abgewandelten Zustand y übergeführt; die Stetigkeit unseres dynamischen Systems besagt: ein hinreichend kleiner Komet bringt für eine begrenzte Weile nur geringfügige Abweichungen; das schließt jedoch nicht aus, daß wir uns in *ferner* Zukunft auf ein völlig neues Planeten-Schicksal umstellen mussen; *Stabilitat* besagt dagegen: ist der Komet hinreichend klein, so ändert sich unser Planeten-Schicksal auch in alle Zukunft nur beliebig wenig. — Dies ist die naturwissenschaftliche Variante zur mittelalterlichen Kometenfurcht; so wie wir sie formuliert haben, schließt sie extreme Sachverhalte natürlich nicht aus, im Guten, daß unser gestortes System nach längerer Zeit sogar wieder beliebig genau auf den alten Verlauf zurückschwenkt, im Bösen, daß ein zu großer Komet unser ganzes System auseinanderfliegen läßt. Die hier angesprochene *Storungsrechnung* feierte einen ihrer großen Triumphe, als Urbain LeVerrier (1811–1877) mit ihrer Hilfe aus beobachteten Storungen der bis dahin bekannten Planeten den neuen Planeten Neptun vorausberechnete, der dann 1846 auch gefunden wurde. Das Problem der Stabilität unseres Planetensystems und mathematisch analog gebauter

Systeme überhaupt gehörte seit der Mitte des 19. Jahrhunderts zu den prominenten Forschungsthemen der Himmelsmechanik. Der damals übliche sogenannte Reihenansatz erwies sich als untauglich, weil, wie Karl Weierstraß (1815–1897) 1878 bemerkte, die Nenner der als Reihenglieder auftretenden Brüche sehr klein werden konnten, was einen Konvergenzbeweis verunmoglichte, ohne Konvergenz kann man aber mit Reihenentwicklungen nichts anfangen. Man spricht daher bis heute vom „Problem der kleinen Nenner". Dies Problem veranlaßte Henri Poincaré (1854–1912) zur Ausarbeitung neuer „qualitativer" Methoden für die Himmelsmechanik. Diese Methoden durchziehen die gesamte Forschung des 20. Jahrhunderts zu diesem Thema und führten um die Jahrhundertmitte zu einem durchschlagenden Erfolg, den man heute nach den Namen der Autoren Andrej Nikolajewitsch Kolmogorov (*1903), Vladimir Igorewitsch Arnol'd (*1937, Schüler von Kolmogorov) und Jürgen Moser (*1928, Schüler von Carl Ludwig Siegel (1896–1981)) *KAM-Theorie* nennt. Originalarbeiten: Kolmogorov [1954, 1957], Arnol'd [1963a, b], Moser [1966], [1973]; gründliche Darstellung für mittlere Mathematiksemester: Rüßmann [1979], vgl. auch Rüßmann [1983]. Das Hauptergebnis dieser Theorie lautet: ungestörte Systeme vom Typ unseres Planetensystems bewegen sich nach dem Muster des Kronecker-Flusses (Abschnitt 3.1), also, wie man sagt, *quasiperiodisch*; stort man ein solches System geringfügig, so bleibt es *mit hoher Wahrscheinlichkeit* quasiperiodisch und wenig geandert; je weniger man stört, desto näher liegt die Wahrscheinlichkeit der Erhaltung der Quasiperiodizität bei 1. Das Besondere bei diesem Ergebnis ist die Einführung des wahrscheinlichkeitstheoretischen Gesichtspunktes: man schließt nicht aus, daß das System chaotisch wird, aber das passiert nur mit geringer Wahrscheinlichkeit.

6.2 Instabilität

Liegt keine Stabilität vor oder kann man sie nicht beweisen, so wird man genauer untersuchen, was die Nachbarpunkte eines ausgewählten Punkts x aus unserem dynamischen System $(X, (T_t))$ machen, wenn man die Zeit (kontinuierlich) vorwärts oder auch ruckwärts laufen läßt. Hier sind zwei extreme Verhaltensformen von besonderem Interesse:

(1) Man sagt, ein Punkt y gehore zur *stabilen Mannigfaltigkeit* des Punktes x, wenn er sich bei *vorwartslaufender* Zeit enger und enger an x anschließt, d.h. wenn der Abstand von $T_t x$ und $T_t y$ für $t \to \infty$ schließlich beliebig klein wird.

(2) Schmiegt sich y an x bei *ruckwartslaufender* Zeit schließlich beliebig eng an, so sagt man, y gehöre zur *instabilen Mannigfaltigkeit* von x und nimmt dies als Ausdruck für Abstoßung zwischen x und y.

Man kann diese Sachverhalte unter Einbeziehung der Zeitachse etwa so zeichnen:

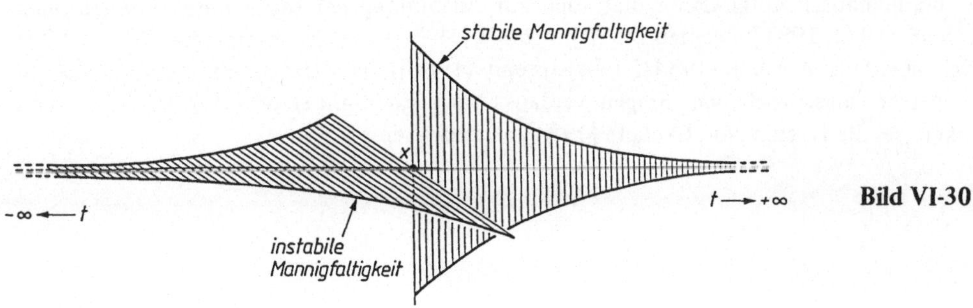

Läßt man die Zeitachse weg und blickt in ihre Vorwärtsrichtung, so bietet sich etwa folgendes
Bild, in das wir das Verhalten weiterer Punkte (erst Anziehung, dann Abstoßung) mit eingetragen
haben:

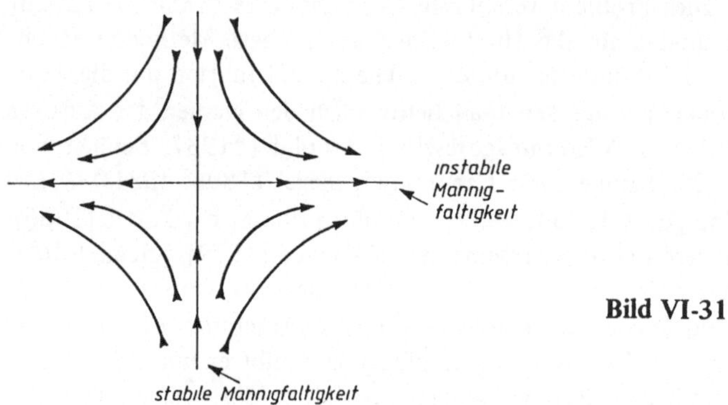

Bild VI-31

Nicht immer bilden sich stabile und instabile Mannigfaltigkeiten aus, aber für diejenigen Systeme,
bei denen dies durchgängig der Fall ist, verfügt man heute über eine vorzüglich ausgebaute *Theorie
des instabilen oder chaotischen Verhaltens*. Ergebnisse dieser Art machen es verstandlich, warum
im Prinzip streng deterministische Systeme bei globaler Betrachtung *statistisches* Verhalten zeigen,
eine Denkschwierigkeit, die seit über 100 Jahren mit der sogenannten *statistischen Mechanik*
einhergeht; auch die Theorie der *Turbulenz* (Ruelle-Takens [1971]) und die *Meteorologie*, die in
jüngster Zeit ein besonders eindrucksvolles Modell chaotischen Verhaltens beigesteuert hat, den
sogenannten Lorenz-Attraktor (vgl. z.B. Ruelle [1980]) sind an dieser Thematik besonders interessiert. Von einer besonders befriedigenden Antwort kann man sprechen, wenn es gelungen ist, in
einem dynamischen System *shifts* (§ 4) nachzuweisen, die ja den Paradefall stochastischen Verhaltens darstellen; dies gelingt oft, indem man das Auftreten von Smaleschen *horseshoes* (§ 3, Abschnitt 3) sicherstellt, vgl. z.B. Moser [1973], auch Jacobs [1978a].

Das einem klassischen Gas (elastische Kugeln in einem Kasten mit elastisch reflektieren-
den Wanden) entsprechende dynamische System hat bisher allerdings fast allen Bemühungen
getrotzt, vgl. immerhin Sinai [1963]. Ein durch stark vereinfachende Annahmen hieraus hervor-
gehendes System, das sogenannte Sinai-Billard (Photonen, die − in zwei Dimensionen − an periodisch verteilten Hindernissen reflektiert werden, Sinai [1970]) ist jedoch bestens untersucht; das
Gipfelresultat bildet seine durch Gallavotti-Ornstein [1974] gewonnene Shift-Darstellung.

Die Aufgabe, instabiles, von einem Ablauftyp in einen ganz anderen umschlagendes
Verhalten mathematisch aufzuklären, hat auch zur Ausbildung der sogenannten *Katastrophen-
theorie* (Thom [1972, 1984]; Zeeman [1977]; Arnol'd [1984]) und der sogenannten *Bifurkations-
theorie* (vgl. ebenfalls Arnol'd [1984]; Iooss-Joseph [1980]) beigetragen. Pionierleistungen für
mehrere der hier angesprochenen Fragen verdankt man Eberhard Hopf (1902−1983). Nichtmathematikern sei die Lektüre von Ekeland [1984] besonders empfohlen.

Literaturverzeichnis

[1979] *Ahlswede, R.,* und *I. Wegener,* Suchprobleme, Stuttgart (Teubner) 1979

[1924] *Alexander, J. W.,* An example of a simply connected surface bounding a region which is not simply connected, Proc. Nat. Acad. Sci. USA **10** (1924), 8–10

[1927] *Alexander, J. W.,* and *B. G. Briggs,* On types of knotted curves, Ann. of Math. **28** (1927), 562–586

[1963a] *Arnol'd, V. I.,* Proof of a theorem of A. N. Kolmogorov on the invariance of quasi-periodic motions under small perturbations of the Hamiltonian, Russ. Math. Surveys (Uspekhi) **18**, (1963), 9–36

[1963b] *Arnol'd, V. I.,* Small divisor problems in classical and celestial mechanics, Russian Math. Surveys (Uspekhi) **18** (1963), 85–192

[1984] *Arnol'd, V. I.,* Catastrophe theory, Berlin–Heidelberg–New York (Springer-Verlag) 1984

[1951] *Arrow, K.,* Social choice and individual values, New York (Wiley) 1951

[1979] *Aubin, J. P.,* Mathematical methods of game and economic theory, Amsterdam (North-Holland) 1979

[1894] *Barlow, W.,* Über die geometrischen Eigenschaften homogener starrer Strukturen und ihre Anwendungen auf Krystalle, Z. Krist. **23** (1894), 1–63

[1979] *Beck, A ,* Ein Paradoxon: der Hase und die Schildkrote, Sel. Math. V, 1–21, Berlin–Heidelberg–New York (Springer-Verlag) 1979

[1977] *Beckmann,P.,* A history of π (pi), Boulder/Col. (Golen Press) 1977

[1982] *Berlekamp, E. R., J. H. Conway* and *R. K. Guy,* Winning Ways, 2 vols, New York (Academic Press) 1982, dt. Übers.: Gewinnen, 4 Bde., Braunschweig (Vieweg) 1985/86

[1985] *Beth, Th., D. Jungnickel* and *H. Lenz,* Design Theory, Mannheim–Wien–Zurich (Bibl. Inst.) 1985

[1952] *Bieberbach, L.,* Theorie der geometrischen Konstruktionen, Basel (Birkhäuser) 1952

[1931] *Birkhoff, G. D.,* Proof of the ergodic theorem, Proc. Mat. Acad. Sci. USA **17** (1931), 656–660

[1958] *Black, D.,* The theory of committees and elections, Cambridge (Univ. Press) 1958

[1916] *Blaschke, W.,* Kreis und Kugel, Leipzig (Veit) 1916, 2. Aufl. Berlin (de Gruyter) 1956

[1974] *Boeckmann, J.,* und *G. Schill,* Knotenstrukturen in der Chemie, Tetrahedron **30** (1974), 1945–1957

[1896] *Boltzmann, L.,* Entgegnung auf die warmetheoretische Betrachtung des Herrn Zermelo, Ann. Phys. **57** (1896), 773–784

[1832] *Bolyai, J.,* Appendix, scientiam spatii absolute veram exhibens, Anhang zu W. Bolyai's Tentamen etc. 1832, Faksimile Budapest (Akad. Kiadó) 1973, dt. Übers. Leipzig (Teubner) 1913

[1983] *Brams, S. I.,* Superior Beings, Heidelberg–New York (Springer-Verlag) 1983

[1985] *Brams, S. I.,* Superpower Games, New Haven (Yale U.P.) 1985

[1981] *Brieskorn, E.,* und *H. Knörrer,* Ebene algebraische Kurven, Basel–Boston–Stuttgart (Birkhauser) 1981

[1973] *Brocker, Th.,* und *K. Janich,* Einführung in die Differentialtopologie, Berlin–Heidelberg–New York (Springer-Verlag) 1973

[1911] *Brouwer, L. E. J.,* Über Abbildungen von Mannigfaltigkeiten, Math. Ann. **71** (1911), 97–115

[1913] *Brouwer, L. E. J.,* Über den naturlichen Dimensionsbegriff, Crelle's J. **142** (1913), 146–152.

[1978] *Brown, H., R. Bulow, J. Neubuser, H. Wondratschek* und *H. Zassenhaus,* Crystallographic groups of four-dimensional space, New York (Wiley) 1978

[1959] *Burger, E.,* Einführung in die Theorie der Spiele, Berlin (de Gruyter) 1959

[1878] *Cantor, G.,* Ein Beitrag zur Mannigfaltigkeitslehre, Crelle's J. **84** (1878), 242–258

[1883] *Cantor, G.,* 4. Über unendliche lineare Punktmannigfaltigkeiten, Ges. Abh., Berlin (Springerverlag) 1932, 139–246

[1981] *Cassels, I. E. W.,* Economics for Mathematicians, Cambridge (Univ. Press) 1981

[1968] *Chiu Chang Suan Shu* (Neun Bucher arithemetischer Technik), Ed. K. Vogel, Braunschweig (Vieweg) 1968

[1966] *Collatz, L.* und *W. Wetterling,* Optimierungsaufgaben, Berlin–Heidelberg–New York (Springer-Verlag) 1966

[1976] *Conway, J. H.,* On numbers and games (ONAG), New York (Academic Press) 1976, dt. Übers.: Über Zahlen und Spiele (ZUS), Braunschweig (Vieweg) 1983

[1981] *Coxeter, H. S. M.,* Unvergangliche Geometrie, Basel–Stuttgart (Birkhäuser) 1981

[1982] *Coxeter, H. S. M., P. Du Val, H. T. Flather* and *J. F. Petrie,* The fifty-nine icosahedra, New York–Heidelberg–Berlin (Springer-Verlag) 1982

[1976] *Critchlow, K.,* Islamic Patterns, London (Thames & Hudson) 1976

[1951] *Dantzig, G. B.*, Maximization of a linear function of variables subject to linear inequalities, Cowles Comm. Monogr. 13, 19–32, New York (Wiley) 1951

[1986] *Danzer, L.*, Zur Lösung des Gallai'schen Problems uber Kreisscheiben in der euklidischen Ebene, Stud. Sci. Math. Hung. (to appear)

[1972] *Davis, M. D.*, Spieltheorie für Nichtmathematiker, Munchen (Oldenbourg) 1972

[1976] *Dawkins, R.*, The selfish gene, Oxford (Univ. Press) 1976

[1959] *Debreu, G.*, Theory of value, New Haven (Yale Univ. Press) 1959, dt. Übers. Springer-Verlag 1976

[1888] *Dedekind, R.*, Was sind und was sollen die Zahlen, Braunschweig (Vieweg) 1888, Neudruck (der 8. Aufl.) 1960

[1900] *Dehn, M.*, Über raumgleiche Polyeder, Nachr. Ges. Wiss. Gottingen **1900**, 345–354

[1902] *Dehn, M.*, Über den Rauminhalt, Math. Ann. **55** (1902), 465–478

[1979] *Dekking, F. M.*, Strongly non-repetitive sequences and progression-free sets, J. Comb. Th. A **27** (1979), 181–185

[1968] *Dembowski, P.*, Finite geometries, Berlin–Heidelberg–New York (Springer-Verlag) 1968

[1637] *Descartes, R.*, La géométrie, 1637

[1984] *Driver, R. D.*, Why Math?, Berlin–Heidelberg–New York–Tokyo (Springerverlag) 1984

[1985] *Dubrovin, B. A., A. T. Fomenko* and *S P. Novikov*, Modern geometry-methods and applications, 2 vol., Berlin–Heidelberg–New York–Tokyo (Springer) 1984/85

[1983] *Ebbinghaus, H.-D , H. Hermes, F. Hirzebruch, M. Koecher, K. Mainzer, A. Prestel, R. Remmert*, Zahlen, Berlin–Heidelberg–New York–Tokyo (Springer-Verlag) 1983

[1977] *Edwards, H M.*, Fermat's last theorem, Berlin–Heidelberg–New York (Springer-Verlag) 1977

[1907] *Ehrenfest, P.*, und *T. Ehrenfest*, Über zwei bekannte Einwande gegen das Boltzmannsche H-Theorem, Phys. Z. **8** (1907), 311–314

[1975] *Eigen, M.*, und *R Winkler*, Das Spiel, Munchen (Piper) 1975

[1915] *Einstein, A* , Zur allgemeinen Relativitatstheorie, Sber. Preuß. Akad. Wiss. 1915, 778–786, 799–801, auch 831–839, 844–847

[1916] *Einstein, A* , Grundlagen der allgemeinen Relativitatstheorie, Ann. Phys. (4) **48** (1916), 769–822

[1984] *Ekeland, I* , Le calcul, l'imprévu, Paris (Seuil) 1984, dt. Übers.: Das Vorhersehbare und das Unvorhersehbare, Munchen (Harnack) 1985

[1976] *El-Said, I.*, and *A. Parman*, Geometric concepts in islamic art, London (World of Islam Festival Publ. Comp.) 1976

[1977] *Engel, A.*, Elementarmathematik vom algorithmischen Standpunkt, Stuttgart (Klett) 1977

[1984] *Escher, M. E* , Leben und Werk, Eltville (Rheingauer VG) 1984

[1891] *Fedorov, E S.*, The symmetry of regular systems of figures, Petersburg 1891, Neudruck New York (Polycrystal Book Service) 1971

[1953] *Fejes Tóth, L* , Lagerungen in der Ebene, auf der Kugel und im Raum, Berlin–Gottingen–Heidelberg (Springer-Verlag) 1953

[1964] *Fejes Tóth, L.*, What the bees know and what they don't know, BAMS **70** (1964), 468–481

[1965] *Fejes Tóth, L.*, Regulare Figuren, Leipzig (Teubner) 1965

[1822] *Feuerbach, Karl*, Eigenschaften einiger merkwurdigen Punkte des geradlinigen Dreiecks, Nurnberg 1822

[1930] *Fisher, R. A* , The genetical theory of natural selection, Oxford (Univ. Press) 1930

[1956] *Ford, L R.*, and *D. R. Fulkerson*, Maximal flow through a network, Can J. Math. **8** (1956), 399–404

[1962] *Ford, L. R.*, and *D R. Fulkerson*, Flows in networks, Princeton (Univ. Press) 1962

[1980] *Franklin, J.*, Methods of Mathematical Economics, Berlin–Heidelberg–New York (Springer-Verlag) 1980

[1903] *Frege, G.*, Über die Grundlagen der Geometrie, 3 Teile, Jber. DMV **12** (1903), 319–324, 368–375, **15** (1906) 423–430

[1937] *Freudenthal, H.*, Zur intuitionistischen Deutung logischer Formeln, Compos. Math. **4** (1937), 112–116

[1953] *Freudenthal, H* , Zur Geschichte der vollstandigen Induktion, Arch. Int. Hist. Sci. **22** (1953), 17–37

[1974] *Gallavotti, G.*, and *D. S. Ornstein*, Billiards and Bernoulli schemes, Comm. Math. Phys. **38** (1974), 83–101

[1796] *Gauß, C. F* (publ. durch E. A. W. Zimmermann), Zur Kreistheilung, Intelligenzblatt d. alg. Literaturzeitung 1.6.1796, S. 554, Werke X, 3; vgl. ferner ebenda S. 120–126

[1936] *Gentzen, G.*, Die Widerspruchsfreiheit der reinen Zahlentheorie, Math. Ann. **112** (1936), 493–565

[1825] *Gergonne, J D.*, Ann. de Math. **16** (1825), 209–231

[1973] *Gibbard, A.*, Manipulation of voting schemes: a general result, Econometrica **41** (1973), 587–601

[1931] *Godel, K* , Über formal unentscheidbare Satze der Principia Mathematica und verwandter Systeme I., Monatsh. Math. Phys. **38** (1931), 173–198

[1981] *Goldstein, S* , Entropy increase in dynamical systems, Isr. J. Math. **38** (1981), 241–256

[1964] *Gottschalk, W. H.*, A characterization of the Morse minimal set, Proc. AMS **15** (1964), 70–74

[1980] *Graham, R.*, B. Rothschild and J. Spencer, Ramsey Theory, New York (Wiley) 1980

[1983] *Grunbaum, B.*, and *G. L. Shephard*, Tilings, patterns, fabrics and related topics in discrete geometry, Jber. DMV **85** (1983), 1−32

[1955] *Guggenbuhl, L.*, Karl Wilhelm Feuerbach, mathematician, The Sci. Monthly **81** (1955)

[1957] *Hadwiger, H.*, Vorlesungen uber Inhalt, Oberfläche und Isoperimetrie, Berlin−Göttingen−Heidelberg (Springer-Verlag) 1957

[1950] *Halmos, P. R.*, Measure theory, New York (Nostrand) 1950

[1935] *Hall P.*, On representations of subsets, J. London Math. Soc. **10** (1935), 26−30

[1950] *Halmos, P. R.*, and *H. Vaughan*, The marriage problem, Amer. J. Math. **72** (1950), 214−215

[1954] *Hardy, G. H.*, and *E. M. Wright*, An introduction to the theory of numbers, 4. Aufl. Oxford (Univ. Press) 1960

[1944] *Hedlund, G.*, and *M. Morse*, Unending chess, Symbolic dynamics and a problem in semi-groups. Duke J. Math. **11** (1944), 1−7

[1968] *Heinisch, K. I.*, Kaiser Friedrich II. in Briefen und Berichten seiner Zeit, Darmstadt (Wiss. Buchges.) 1968

[1830] *Hessel, J. F. C.*, Krystallometrie oder Krystallonomie und Krystallographie, Gehler's physikalisches Worterbuch Bd. 5 (1830)

[1831] *Hessel, J. F C.*, Kristallometrie, Leipzig 1831

[1891] *Hilbert, D.*, Über die stetige Abbildung einer Linie auf ein Flachenstuck, Math. Ann. **38** (1891), 459−460

[1899] *Hilbert, D.*, Grundlagen der Geometrie, Leipzig (Teubner) 1899

[1900] *Hilbert, D.*, Mathematische Probleme, Gottinger Nachr. **1900**, 253−297, Ges. Abh. Bd. III, 290−329

[1985] *Hildebrandt, S*, and *A Tromba*, Mathematics and optimal form, New York (Freeman) 1985

[1975] *Hildenbrand, W.*, und *K. Hildenbrand*, Lineare ökonomische Modelle, Berlin−Heidelberg−New York (Springer-Verlag) 1975

[1979] *Hlawka, E.*, Theorie der Gleichverteilung, Mannheim (BI) 1979

[1984] *Hofbauer, J*, und *K. Sigmund*, Evolutionstheorie und dynamische Systeme, Berlin (Parey) 1984

[1980] *Iooss, G.*, and *D. D. Joseph*, Elementary stability and bifurcation theory, Berlin−Heidelberg−Tokyo (Springer-Verlag) 1980

[1969a] *Jacobs, K.*, Maschinenerzeugte 0-1-Folgen, Selecta Math. I, Berlin−Heidelberg−New York (Springer-Verlag) 1969, 1−27

[1969c] *Jacobs, K.*, Der Heiratssatz, Sel. Math. I, Berlin−Heidelberg−New York (Springer-Verlag) 1969, 103−141

[1972] *Jacobs, K.*, Einige Grundbegriffe der topologischen Dynamik, Sel. Math. IV (1972), 1−30

[1978a] *Jacobs, K.*, Stochastics and mechanics, Bull. Inst. Math. Acad. Sinica **6** (1978) 429−456

[1983a] *Jacobs, K.*, Einfuhrung in die Kombinatorik, Berlin (de Gruyter) 1983

[1983b] *Jacobs, K.*, Arithmetische Progressionen, Jber. DMV **85** (1983) 55−65

[1969] *Jacobs, K.*, and M. Keane, 0-1-Sequences of Toeplitz type, ZfW **13** (1969), 123−131

[1984] *Jacobs, K.*, and *H. Utz*, Erlangen programs, Math. Intell. **6** (1984), 79

[1968] *Jessen, B.*, The algebra of polyhedra and the Dehn-Sydler theorem. Math. Scand. **23** (1968), 241−256

[1868] *Jones, O.*, The grammar of ornament, London (Quaritch) 1868

[1941] *Kakutani, S.*, A generalization of Brouwer's fixed point theorem, Duke J. Math. **8** (1941), 457−459

[1968] *Keane, M.*, Generalized Morse sequences, Z. f. Warsch. **10** (1968), 335−353

[1955] *Kelley, J. L.*, General topology, New York (van Nostrand) 1955

[1619] *Kepler, J.*, Harmonia Mundi, 1619

[1977] *Kleber, W.*, Einführung in die Kristallographie, Berlin (Verlag Technik) 1977

[1872] *Klein, F.*, Vergleichende Betrachtungen uber neuere geometrische Forschungen, 48 S., Erlangen (Deichert) 1872 (dies „Erlanger Programm" ist als Faksimile erhältlich v. K. Jacobs, Math. Institut, Bismarckst. 1 1/2, D-8520 Erlangen, BRD), erw. Text in Math. Ann. **43** (1893) u. Ges. Abh. Bd. I

[1882] *Klein, F.*, Über Riemanns Theorie der algebraischen Funktionen und ihrer Integrale, Leipzig (Teubner) 1882, Ges. Abh. Bd. 3, 499−586

[1884] *Klein, F.*, Vorlesungen uber das Ikosaeder, Leipzig 1884

[1979] *Kline, M.*, (ed.), Mathematics, an introduction to its spirit and use. San Francisco (Freeman) 1979

[1973] *Klingenberg, W.*, Eine Vorlesung über Differentialgeometrie, Berlin−Heidelberg−New York (Springer-Verlag) 1973

[1968] *Knuth, D.*, The art of Computer Programming, 3 vols. Reading/Mass. (Addison-Wesley) 1968 ff.

[1983] *Koecher, M.*, Lineare Algebra und analytische Geometrie, Berlin−Heidelberg−New York−Tokyo (Springer-Verlag) 1983

[1916] *Konig, D.*, Über Graphen und ihre Anwendungen, Math. Ann. **77** (1916), 453−465

[1985] *Konig, H.*, und *M. Neumann*, Mathematische Wirtschaftstheorie, Konigstein (Hain/Athenaum) 1985

[1982] *Kötter, R.*, General equilibrium theory – an empirical theory ?, Stud. Contemp. Ec. **2** (1982), 103–117

[1971] *Kornai, J.*, Anti-Equilibrium, Amsterdam (North-Holland) 1971

[1970] *Kowalsky, H.*, Lineare Algebra, 5. Auf., Berlin (de Gruyter) 1970

[1884] *Kronecker, L.*, Die Periodensysteme von Funktionen reeller Variablen. Naherungsweise ganzzahlige Auflösung linearer Gleichungen, Kgl. Preuß. Akad. Wiss. **1884**, 1071–1080, 1179–1193, 1271–1299; Werke Bd. III, 31–46, 47–109.

[1950] *Kuhn, W.*, Extensive games, Proc. Nat. Acad. Sci. USA **36** (1950), 570–576

[1980] *Lam Lay-Yong*, The connection between the Pascal Triangle and the solution of numerical equations of any degree, Hist. Math. **7** (1980), 407–424

]1930] *Landau, E.*, Grundlagen der Analysis, Leipzig (Akad. Verlagsgesell.) 1930

[1953] *Lietzmann*, Der pythagoreische Lehrsatz, Stuttgart (Teubner) 1953

[1882] *Lindemann, F.*, Über die Zahl π, Math. Ann. **20** (1882), 213–225

[1829] *Lobatschevski, N. I.*, Über die Anfangsgründe der Geometrie (russ.) Kaz. Vestnik (Kasaner Bote) 1829

[1940] *Loomis, E. S.*, The Pythagorean Proposition, 2. Nachdruck, Washington D.C. (Natl. Counc. of Teachers of Math.) 1972

[1935] *Maak, W.*, Eine neue Definition der fastperiodischen Funktionen, Abh. Math. Sem. Hamburg **11** (1935), 240–244

[1972] *Mac Lane, S.*, Kategorien, Berlin–Heidelberg–New York (Springer-Verlag) 1972

[1930] *Maennchen, Ph.*, Gauss als Zahlenrechner, Gauss Werke X, 2, Nr. 6 Berlin (Springer-Verlag) 1930

[1937] *Mahler, K.*, Arithmetische Eigenschaften einer Klasse von Dezimalbruchen, Proc. Acad. Wet. Amsterdam **40** (1937), 421–428

[1977] *Mandelbrot, B. M.*, Fractals; form, chance and dimension, San Francisco (Freeman) 1977

[1967] *Massey, W. S.*, Algebraic topology: an introduction, Berlin–Heidelberg–New York (Springer-Verlag) 1967

[1909] *Minkowski, H.*, Theorie der konvexen Korper, insbesonders Begründung ihres Oberflachenbegriffs; aus dem Nachlaß veröff. in Ges. Abhandlungen Bd. II, 131–229, Leipzig (Teubner) 1911

[1977] *Moise, E. E.*, Geometric topology in dimensions 2 and 3, Berlin–Heidelberg–New York (Springer-Verlag) 1977

[1962] *Moore, E F*, Machine models of self-reproduction, Proc. Symp. Appl. Math. **14** (1962), 17–33

[1921] *Morse, M.*, Recurrent geodesics on a surface of negative curvature, TAMS **22** (1921), 84–100

[1966] *Moser, J*, On the theory of quasi-periodic motions, Lectures held at Stanford Univ. 1965, SIAM Review **8** (1966), 145–172

[1973] *Moser, J.*, Stable and random motions in dynamical systems with special emphasis on celestial mechanics, Princeton (Univ. Press) 1973

[1950] *Nash, J.*, Equilibrium points in n-person games, Proc. Nat. Acad. Sci. USA **36** (1950), 48–49

[1951] *Nash, J.*, Non-cooperative games, Ann. of Math (2) **54** (1951), 286–295

[1928] *Nelson, L.*, Kritische Philosophie und mathematische Axiomatik, Unterrichtsbl. f. Math. u. Naturw. **34** (1928), 108–115, 136–142, abgedruckt in: Thiel, C., Erkenntnistheoretische Grundlagen der Mathematik, Hildesheim (Gerstenberg) 1982

[1961] *Nemeth, L.*, A két Bolyai (Die beiden Bolyai), Budapest (Szépirodalmi Könyvkiadó) 1961, Urauffuhrung 20.4.61 im Katona-Jószef-Theater Budapest.

[1928] *Neumann, J. v.*, Zur Theorie der Gesellschaftsspiele, Math. Ann. **100** (1928), 295–320

[1975] *Nobeling, G.*, Einfuhrung in die nichteuklidischen Geometrien der Ebene, Berlin (de Gruyter) 1975

[1968] *Owen, G.*, Game theory, Philadelphia (Saunders) 1968, Dt. Übers. Springer-Verlag 1972

[1977] *Paris, J.*, and *L. Harrington*, A mathematical incompleteness in Peano arithmetic, in: Handbook of Math. Logik (ed. Barwise), 1133–1142, Groningen (North-Holland) 1977

[1665] *Pascal, B.*, Traite du triangle arithmétique etc. Paris (Desprez) 1665

[1889] *Peano, G.*, Arithmetices principia novo modo exposita, Torino (Bocca) 1889, in Op. Sc. II (1958)

[1890] *Peano, G.*, Sur une sourbe qui remplit toute une aire plane, Math. Ann. **36** (1890), 157–160

[1978] *Peleg, B.*, Consistent voting schemes, Econometrica **46** (1978), 153–161

[1984] *Peleg, B*, Game theoretic analysis of voting in committees, Cambridge (Univ. Press) 1984

[1933] *Perron, O.*, Eine neue Winkeldreiteilung des Schneidermeisters Kopf, Sber. Bayr. Akad. Wiss. **1933**, 439–445

[1962] *Perron, O.*, Nichteuklidische Elementargeometrie der Ebene, Stuttgart (Teubner) 1962

[1983] *Petersen, K.*, Ergodic Theory, Cambridge Univ. Press (1983)

[1955] *Pickert, G.*, Projektive Ebenen, Berlin–Gottingen–Heidelberg (Springer-Verlag) 1955

[1983] *Potters, W.*, La natura e L'origine del sonetto. Una nuova teoria, Firenze, Olschki 1983, I, 71–78

[1890] *Poincaré, H.*, Sur le problème des trois corps et les équations de la dynamique, Acta Math. **13** (1890), 1–271

[1895] *Poincaré, H.*, Analysis situs, J. Ec. Polyt. **1** (1895), 1–121, Oeuvres vol. **6**, 193–288

[1924] *Pólya, G.*, Über die Analogie der Kristallsymmetrie in der Ebene, Z. Krist. Min. **60** (1924), 278–282

[1962] *Pólya, G.*, Mathematik und plausibles Schließen, 2 Bde. Basel–Stuttgart (Birkhäuser) 1962

[1970] *Rabinovitch, N. L.*, Rabbi Levi Ben Gershon and the origins of mathematical induction, Arch. Hist. Ex. Sci. **6** (1970), 237–248

[1930] *Ramsey, F. P.*, On a problem of formal logic, Proc. London Math. Soc. **30** (1930), 264–286

[1932] *Reidemeister, K.*, Knotentheorie, Berlin (Springer-Verlag) 1932

[1961] *Rempel, L. I.*, Architekturnij Ornament Uzbekistana, Taschkent (Gos. Izd.) 1961

[1979] *Ribenboim, P.*, 13 Lectures on Fermat's last theorem, Berlin–Heidelberg–New York (Springer-Verlag) 1979

[1854] *Riemann, B.*, Über die Hypothesen, welche der Geometrie zugrundeliegen, Werke (Leipzig/Teubner) 1876, 254–269

[1525] *Riese, A* , Rechnung auf der Linien etc., Frankfurt (Egenolph) 1525, Faksimile Hannover (Vincentz) 1978

[1979] *Roberts, F. S.*, Measurement theory, Reading/Mass. (Addison-Wesley) 1979

[1972] *Rosenmuller, J.*, Konjunkturschwankungen, Sel. Math. IV, 143–173, Berlin–Heidelberg–New York (Springer-Verlag) 1972

[1985] *Rowe, D. E.*, Klein's „Erlanger Antrittsrede", Hist. Math. **12** (1985), 123–141

[1971] *Ruelle, D.*, and *F Takens*, On the nature of turbulence, Comm. Nath. Phys. **26** (1971), 167–192

[1980] *Ruelle, D.*, Strange attractors, Math. Intell. **2** (1980), 126–137

[1979] *Rußmann, H* , Konvergente Reihenentwicklungen in der Störungstheorie der Himmelsmechanik, Sel. Math. V, 93–260, Berlin–Heidelberg–New York (Springer-Verlag) 1979

[1983] *Rußmann, H.*, Das Werk C. L. Siegels in der Himmelsmechanik, Jber DMV **85** (1983), 174–200

[1963] *Ryser, H. I.*, Combinatorial mathematics, New York (Wiley) 1963

[1977] *Sachs, R. K.*, and *H. Wu*, General relativity for mathematicians, Berlin–Heidelberg–New York (Springer-Verlag) 1977

[1975] *Satterthwaite, M A.*, Strategy proofness and Arrow's conditions: existence and correspondence theorems for voting procedures and social welfare functions, J. Ec. Th. **10** (1975), 187–217

[1973] *Scarf, H.*, The computation of economic equilibria, New Haven (Yale Univ. Press) 1973

[1923] *Schmidt, E.*, Über den Jordan'schen Kurvensatz, S. Ber. preuß. Akad. Wiss. **28** (1923), 318–329

[1891] *Schoenflies, A.*, Krystallsysteme und Krystallstruktur, Leipzig (Teubner) 1891, Nachdruck Berlin–Heidelberg–New York (Springer-Verlag) 1983

[1962] *Seidenberg, A.*, The ritual origin of geometry, Arch. Hist. Ex. Sci. **1** 1962), 488–527

[1978] *Seidenberg, A.*, The origin of mathematics, Arch. Hist. Ex. Sci. **18** (1978), 301–342

[1934] *Seifert, H.*, und *W. Threlfall*, Lehrbuch der Topologie, Leipzig (Teubner) 1934

[1980] *Selten, R.*, A note on evolutionary stable strategies in asymmetric animal conflicts, J. theor. Biol. **84** (1980), 93–101

[1982] *Selten, R.*, Einführung in die Theorie der Spiele mit unvollständiger Information, Schr. Ver. Soc. Pol. **126** (1982), 81–147

[1972] *Shafarewitsch, I. R.*, Grundzüge der algebraischen Geometrie, Berlin (Dt. Verl. d. Wiss.) 1972

[1974] *Shubnikow, A. V.*, and *V A. Koptsik*, Symmetry in science and art, New York (Plenum) 1974

[1963] *Sinai, Ya. G.*, On the foundations of the ergodic hypothesis for a dynamical system of statistical mechanics, Dokl. Akad. Nauk SSSR **153** (1963), 1261–1264; engl. Übers. in Soviet Math. Dokl. **4** (1963), 1818–1822

[1970] *Sinai, Ya. G.*, Dynamical systems with elastic reflections, Uspekhi Mat. Nauk **25** (1970), 141–192, engl. Übers. in Russian Math. Surveys **25** (1970), 137–189

[1965] *Smale, S.*, Diffeomorphisms with many periodic points, Diff. and Comb. Top., Princeton (Univ. Press) 1965, 63–80

[1982] *Smith, J. M.*, Evolution and the theory of games, Cambridge (Univ. Press) 1982

[1928] *Sperner, E.*, Neuer Beweis für die Invarianz der Dimensionszahl und des Gebietes, Abh. math. Sem. Hamburg **6** (1928), 265–272

[1952] *Spoerri, Th.*, Genie und Krankheit; eine psychopathologische Untersuchung der Familie Feuerbach, Basel (Karger) 1952

[1970] *Steen, L. A.*, and *I. A. Seebach*, Counterexamples in topology, New York (HRW) 1970

[1980] *Straffin, P. D.*, Topics in the theory of voting, Basel–Stuttgart–Boston (Birkhauser) 1980

[1969] *Strassen, U.*, Gaussian elimination is not optimal, Numer. Math. **13** (1969), 354–356

[1986] *Strubecker, K.*, Wilhelm Blaschkes mathematisches Werk, JBer. DMV **88** (1986), 146–157

[1952/   *Sydler, I. P.*, Sur les conditions nécessaires pour l'équivalence des polyèdres euclidéennes, Elem. d.
 65]   Math. 7 (1952), 49–53; Sur L'équivalence des polyèdres à dièdres rationnels, Elem. d. Math. 8 (1953),
        75–79; Conditions nécessaires et suffisantes pour l'équivalence des polyèdres de l'espace euclidien à
        trois dimensions, Comm. Math. Helv. **40** (1965), 43–80

[1975]   *Szemerédi, E.*, On sets of integers containing no k in arithmetic progression, Acta Arith. **27** (1975),
        199–245

[1972]   *Thom, R.*, Stabilité structurelle et morphogenèse, Reading/Mass. (Benjamin) 1972

[1984]   *Thom, R.*, Paraboles et Catastrophes, Paris (Flammarion) 1984

[1904]   *Thue, A.*, Über unendliche Zeichenreihen, Christiania Vid. Selsk. Skr. **1906** T. 7, 22 S. Lex. 8^0, Werke
        139–158

[1928]   *Toeplitz, O.*, Beispiele zur Theorie der fastperiodischen Funktionen, Math. Ann. **98** (1928), 281–295

[1953]   *Trost, E.*, Primzahlen, Basel–Stuttgart (Birkhauser) 1953

[1936]   *Voderberg, H.*, Zur Zerlegung eines ebenen Bereiches in kongruente, Jber. DMV **46** (1936), 229–231

[1937]   *Voderberg, H.*, Zur Zerlegung der Ebene in kongruente Bereich in Form einer Spirale, Jber. DMV **47**
        (1937), 159–160

[1927]   *Waerden, B. L. van der*, Beweis einer Baudet'schen Vermutung, Nieuw Ark. Wisk. **15** (1927), 212–216

[1966]   *Waerden, B. L. van der*, Algebra I, 7. Aufl. Berlin–Heidelberg–New York (Springer-Verlag) 1966

[1983]   *Waerden, B. L. van der*, Geometry and algebra in ancient civilizations, Berlin–Heidelberg–New York–
        Tokyo (Springer-Verlag) 1983

[1985]   *Waerden, B. L. van der*, A history of algebra from al-Khwarizmi to Emmy Noether, Berlin–Heidelberg–
        New York–Tokyo (Springer-Verlag) 1985

[1985]   *Wagon, S.*, Is π normal? Math. Intell. **7** (1985), 65–67

[1986]   *Wagon, S.*, Fermat's last theorem, Math. Intell. **8** (1986), 59–61

[1856]   *Waltershausen, Sartorius von*, Gauss zum Gedächtnis, Leipzig 1856, Reprint Wiesbaden 1965

[1837]   *Wantzel, P. L.*, Recherches sur les moyens de reconnaître si un Problème de Géométrie peut se resoudre
        avec la règle et le compas, J. de math. pures et appl **2** (1837), 366–372.

[1916]   *Weyl, H.*, Über die Gleichverteilung von Zahlen mod Eins, Math. Ann. **77** (1916), 313–352

[1949]   *Weyl, H.*, Almost periodic vector sets in a metric vector space, Amer. J. Math. **71** (1949), 178–205

[1955]   *Weyl, H.*, Symmetrie, Basel–Stuttgart (Birkhauser) 1955

[1977]   *Wickler, W.*, und *U. Seibt*, Das Prinzip Eigennutz, Hamburg (Hoffmann & Campe) 1977

[1921]   *Wittgenstein, L*, Tractatus logico-philosophicus, Ann. der Naturphil. **14**, 1921

[1948]   *Zassenhaus, H.*, Über einen Algorithmus zur Bestimmung der Raumgruppen, Comm. Math. Helv. **21**
        (1948), 117–141

[1977]   *Zeeman, E. C*, Catastrophe Theory, selected papers, Reading/Mass. (Addison-Wesley) 1977

[1984]   *Zeh, H. D.*, Die Physik der Zeitrichtung, Lect. Notes Phys. **200** (1984)

[1896]   *Zermelo, E.*, Über einen Satz der Dynamik und der mechanischen Warmetheorie, Ann. Phys **57** (1896),
        485–494, Über die mechanische Erklarung irreversibler Vorgange, Ann. Phys. **59** (1896), 793–801

Quellenverzeichnis

Seite	Bild	
7, 19	I-8, I-20	nach *H. S. M. Coxeter,* Introduction to Geometry, 2nd ed., New York (John Wiley & Sons) 1969: Fig. 10.2a, Seite 151.
7, 20	I-9 (links), I-21	ebd. Fig. 10.5a, Seite 158.
7	I-9 (rechts)	ebd. Fig. 22.4c, Seite 407.
22	I-22	Fejes Tóth [1965]: Seite 23–41 (zusammengefaßt).
23	I-23 (links)	Critchlow [1976]: Seite 91.
23	I-23 (rechts)	Kline [1970]: Umschlag.
25		*D. Hilbert,* Grundlagen der Geometrie, 9. Auflage, Stuttgart (Teubner) 1962: Seite 2–30 (Zitat auszugsweise).
30	I-28	nach *Hilbert-Cohn Vossen,* Anschauliche Geometrie, Berlin (Springer) 1932: Abb. 31, Seite 21.
34	I-32	nach Voderberg [1936]: Seite 231.
74	III-7	*B. Pascal,* Oeuvres Complètes, Paris (Editions Gallimard) 1954, Bibliothèque de la Pleïade: "Triangle arithmétique", Seite 97.
138	V-11	*R. H. Crowell* and *R. H. Fox,* Introduction to Knot Theory, New York (Springer) 1963: Seite 6.
139	V-12	*J. G. Hocking* and *G. S. Young,* Topology, Reading, Massachusetts (Addison-Wesley) 1961: Seite 177.
140	V-13	Reidemeister [1932]: Knotentabelle Seite 70–72.
141	V-14	*A. Durer,* Das graphische Werk, Wien–München (Anton Schroll Verlag) 1964: S. 246–251 (Lizenzausgabe; Original bei AMG, arts et métiers graphiques, Paris 1964)
146	V-23	*I. M. Singer* and *J. A. Thorpe,* Lecture Notes on Elementary Topology and Geometry, New York (Springer) 1967: Fig. 5.17, Seite 148.
165	VI-5	nach Berlekamp, Conway, Guy [1982], Vol. 2: Fig. 3, Seite 819.
166	VI-6	ebd. Fig. 4, Seite 820.
166	VI-7	ebd. Fig. 5, Seite 820.
170	VI-14	ebd. Fig. 16, Seite 829.
168	VI-12	Mathematics Calendar 1977, New York (Springer): Januar-Bild.

Register

Die Auswahl der Stichworte erfolgte nach dem Prinzip „lieber zuviel als zuwenig", um das Wiederfinden durch Assoziation zu erleichtern und zugleich einen Einblick in den Wortschatz der Mathematiker zu geben.

Z

Zahl, algebraische 9
–, gerade/ungerade 5, 41, 114
–, natürliche 59 ff, 69 ff, 80 ff
–, rationale 36, 39 f, 44, 46, 48 f, 51, 58
Zahlen, komplexe 51, 158
–, reelle 101 ff
Zahlenebene, komplexe 158
Zahlengerade 156 f
Zahlenkugel, Riemannsche 157
zahme Fläche 148
zahmer Knoten 138 ff
Zeh, H. D. 182
Zeeman, C. 186
Zeit, diskrete 161–181, 183
Zeitachse 185 f
zeit-kontinuierlich 160 f, 172, 183 ff
Zeitparameter 138
Zelle 163–170
–, leere 164 ff
zellularer Automat 170
Zeltdach-Konstruktionen 35
Zenon von Elea 63
Zerlegung, simpliziale 155 f
zerlegungsgleich 13
Zermelo, E. 182
Zickzackpfad 73 f

Zirkel und Lineal 1, 8 ff
Zirkelschluß 70, 80, 84
Zucker 63
zufällig 9
Zufall 112, 125, 127, 178 f
Zufallszug 124 f
zuordnen 155 f
zusammenhängend 133, 137, 148
zusammenkleben 145 ff
zusammenziehen 152 f
zuschnallen, falsch herum 145
Zustand(sänderung) 159–186
Zustandsmenge, endliche 160 ff, 182
Zwangsläufigkeit 157
Zweckmäßigkeit, fremddienliche 117
Zweideutigkeit der Quadratwurzel 45, 57
zweidimensional 1, 142, 148, 153
Zweierpotenzen 66
zwei mal zwei ist vier 43
2-Mannigfaltigkeit 148
Zweipersonenspiel 91, 111–118, 129 ff
Zwei-Punkt-Kompaktifizierung 155
zweischaliges Hyperboloid 30
zweiseitiger shift 178
Zwischenwertsatz 111
Zwischenraum 71
Zyklenverbot 97
Zyklenzerlegung von Permutationen 162

Elwyn R. Berlekamp, John H. Conway
und Richard K. Guy

Gewinnen

Strategien für mathematische Spiele

Band 1: Von der Pike auf

(Winning Ways for your mathematical plays, Vol. 1, Spade work, dt.).
Aus dem Engl. übers. von Gerta Seiffert. 1985. XVI, 260 S. 17 x 24 cm.
Kart.
Inhalt: Wer macht das Rennen – Die wichtigste Zahl zu finden, ist das
Einfachste von der Welt – Schwierige Spiele und wie man sie leichter
macht – Nimm und teile! – Zahlen, Nim-Zahlen und zahllose Merk-
würdigkeiten – In der Hitze des Gefechts – Hackenbush – Eine kleine, kleine . . . Welt!
Im ersten Band wird „Von der Pike auf" die allgemeine Theorie von Spielen entwickelt, die dem
Nim-Spiel verwandt sind.

Band 2: Bäumchen-wechsle-dich.

(Winning Ways for your mathematical plays, Vol. 1, Change of Heart, dt.). Aus dem Engl. übers.
von Maria Reményi. 1986. XVI, 176 S. 17 x 24 cm. Kart.
Inhalt: Wen man nicht besiegen kann, mit dem verbünde man sich! – Kalte Kriege nach heißen
Schlachten – Unendliche und unbestimmte Spiele – Ewige und nachwirkende Spiele – Über-
leben in der Wildnis.
Im zweiten Band „Bäumchen-wechsle-dich" geht es vorwiegend um verschiedene Formen
zusammengesetzter Spiele.

Band 3: Fallstudien.

(Winning Ways for your mathematical plays, Vol. 2, Games in Clubs, dt.). Aus dem Engl. übers.
von Maria Reményi. 1986. XVI, 274 S. 17 x 24 cm. Kart.
Inhalt: Drehen und Wenden – Chips und Streifen – Käse-Kästchen – Punkte und Kohlköpfe –
Der Herrscher und sein Geld – Der König und der Konsument – Fuchs und Gänse – Hase und

Hunde (oder Schnitzeljagd) – Quadrate und Linien.
Der dritte Band „Fallstudien" bietet eine Fülle von speziellen Beispielen („Fallstudien").

Band 4: Solitairspiele

(Winning Ways for your mathematical plays, Vol. 2, Solitaire Dia-
monds, dt.). Aus dem Engl. übers. von Konrad Jacobs. 1985. XIV, 159
S. 17 x 24 cm. Kart.
Inhalt: Flott floppen die Pflöcke – Wohlüberlegtes Puzzlespiel – Was
heißt „Leben"?
Der vierte Band „Solitairspiele" behandelt Ein-Personen-Spiele mit
Ausnahme von Schach, Go etc. Ein Hauptteil ist einer umfassenden
Darstellung des berühmten „Game of Life" gewidmet.